1分钟秘笈

会声会影视频编辑实战秘技250招

吕品品　编著

清华大学出版社
北　京

内 容 简 介

本书以技巧的形式，介绍会声会影在视频编辑应用中的实战方法，打破了按部就班讲解知识的传统模式，通过250个实战秘技全面涵盖了读者在视频编辑中所遇到的问题及其解决方案。

全书共分10章，分别介绍会声会影的入门技巧、素材的添加与模板制作技巧、精彩视频的捕获技巧、素材的编辑与调整技巧、覆叠素材的叠加技巧、视频滤镜的应用技巧、漂亮转场的应用技巧、字幕效果的制作技巧、音频效果的应用技巧、视频的输出与共享技巧等内容。

本书内容丰富、图文并茂，适合于广大DV爱好者、数码照片工作者、影像相册工作者、数码家庭用户以及视频编辑处理人员阅读，同时也可作为各类计算机培训中心、中职院校、高职高专等院校及相关专业的辅导教材。

图书在版编目(CIP)数据

会声会影视频编辑实战秘技250招 / 吕品品编著. —北京：清华大学出版社，2017
(1分钟秘笈)
ISBN 978-7-302-47375-6

Ⅰ. ①会… Ⅱ. ①吕… Ⅲ. ①视频编辑软件 Ⅳ. ①TN94

中国版本图书馆CIP数据核字(2017)第124190号

责任编辑：韩宜波
装帧设计：杨玉兰
责任校对：张彦彬
责任印制：沈 露

出版发行：清华大学出版社
网 址：http://www.tup.com.cn，http://www.wqbook.com
地 址：北京清华大学学研大厦A座 **邮 编：**100084
社 总 机：010-62770175 **邮 购：**010-62786544
投稿与读者服务：010-62776969，c-service@tup.tsinghua.edu.cn
质量反馈：010-62772015，zhiliang@tup.tsinghua.edu.cn
印 装 者：北京嘉实印刷有限公司
经 销：全国新华书店
开 本：185mm×260mm **印 张：**19.75 **字 数：**477千字
版 次：2017年7月第1版 **印 次：**2017年7月第1次印刷
印 数：1~3000
定 价：49.80元

产品编号：074508-01

会声会影 X9 是 Corel 公司推出的一款操作简单、功能强大的 DV、HDV 视频编辑软件，其精美的操作界面和革命性的新增功能带给用户全新的创作体验。本书以通俗易懂的语言、生动有趣的实操技巧带领读者进入精彩的会声会影世界。

本书特色

- 快速索引，简单便捷：本书充分考虑到读者实际遇到问题时的查找习惯，从而在目录中即可快速检索出自己需要的技巧。
- 传授秘技，招招实用：本书讲述了 250 个使用会声会影会遇到的常见难题，并对会声会影的每一个操作都进行详细讲解，从而使读者轻松掌握实用的操作秘技。
- 知识拓展，学以致用：本书中的每个技巧都含有知识拓展内容，对每个技巧的知识点进行延伸，能够让读者学以致用，对日常的工作、学习有所帮助。
- 图文并茂，视频教学：本书采用一步一图形的方式，使技巧的讲解形象而生动。另外，本书配备了所有技巧的教学视频，使读者学习会声会影更加直观、生动。

本书内容

- 第 1 章　会声会影的入门技巧：介绍新建、打开或保存项目文件，设置常规属性参数，设置项目属性参数，在素材库中导入媒体文件，以及创建库项目等内容。
- 第 2 章　素材的添加与模板制作技巧：介绍从素材库添加图像素材、从外部添加视频素材、添加字幕素材、添加 Flash 素材等内容。
- 第 3 章　精彩视频的捕获技巧：介绍 DV 捕获视频、设置捕获格式、捕获静态图像、从数字媒体导入媒体文件等内容。
- 第 4 章　素材的编辑与调整技巧：介绍设置素材的显示模式、复制素材、选取并移动素材、替换素材、重新链接素材、旋转视频、反转视频、变频调速视频、调整图像的色调、调整图像的亮度、调整图像的对比度等内容。
- 第 5 章　覆叠素材的叠加技巧：介绍添加单个覆叠素材、添加多个覆叠素材、调整覆叠素材的大小和形状、应用对象覆叠、应用边框覆叠等内容。
- 第 6 章　视频滤镜的应用技巧：介绍添加单个视频滤镜、添加多个视频滤镜、隐藏视频滤镜、删除视频滤镜以及应用各种类型的滤镜等内容。
- 第 7 章　漂亮转场的应用技巧：介绍应用转场效果、应用随机效果、应用当前转场效果、移动转场效果、设置转场效果等内容。
- 第 8 章　字幕效果的制作技巧：介绍添加字幕预设、创建字幕、转换标题、设置字幕对齐方式、设置字体样式、使用预设标题格式、为字幕设置动画等内容。

- 第 9 章　音频效果的应用技巧：介绍添加音频文件、添加自动音乐、分割音频文件、为音频添加淡入淡出效果、应用音频滤镜等内容。
- 第 10 章　视频的输出与共享技巧：介绍输出影片、创建宽屏视频、创建独立视频、录制视频、输出为智能包等内容。

本书作者

本书由淄博职业学院的吕品品老师编著，其他参与编写的人员还有张小雪、罗超、李雨旦、孙志丹、何辉、彭蔓、梅文、毛琼健、胡丹、何荣、张静玲、舒琳博等。

由于作者水平有限，书中错误、疏漏之处在所难免。在感谢您选择本书的同时，也希望您能够把对本书的意见和建议告诉我们。

读者服务邮箱为 luyubook@foxmail.com。

编　者

目录

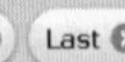

第3章 精彩视频的捕获技巧......47

第4章 素材的编辑与调整技巧......59

第5章 覆叠素材的叠加技巧......103

第 7 章　漂亮转场的应用技巧……185

第 8 章 字幕效果的制作技巧 237

第 9 章 音频效果的应用技巧 271

第10章 视频的输出与共享技巧......291

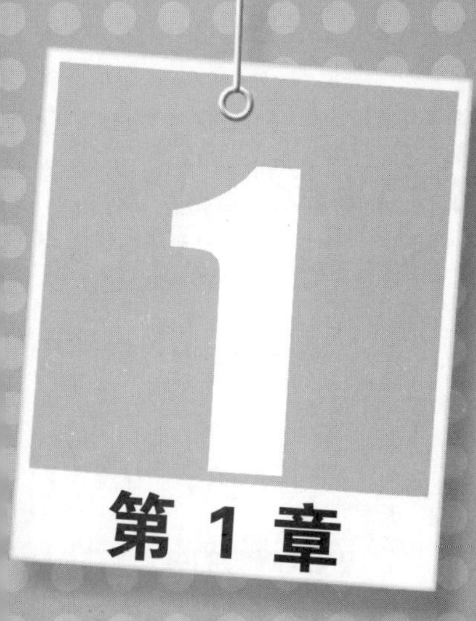

会声会影的入门技巧

会声会影 X9 是 Corel 公司推出的一款视频编辑软件，它凭借着简单方便的操作、丰富的效果和强大的功能，成为家庭 DV 用户的首选编辑软件。在学习会声会影 X9 软件之前，读者应该学习该软件的入门技巧，其内容包括新建、打开或保存项目文件，设置常规属性参数，设置项目属性参数，在素材库中导入媒体文件，以及创建库项目，等等。通过对本章的学习，可以帮助读者快速掌握入门知识，为后面的学习打下基础。

招式 001 快速启动会声会影

Q 安装好会声会影 X9 软件后，想通过该软件制作相册，您能教教我如何快速启动会声会影 X9 吗?

A 没问题。会声会影 X9 的启动方法有很多种，您可以根据自己的习惯进行选择。

1. 双击图标法

在系统桌面上，双击 Corel VideoStudio X9 的快捷方式图标即可。

控制面板
回收站
Corel VideoStudio X9
双击

2. “开始”菜单法

❶单击“开始”按钮，❷展开“开始”菜单，选择Corel VideoStudio X9 文件夹，❸再次展开菜单，选择 Corel VideoStudio X9 命令。

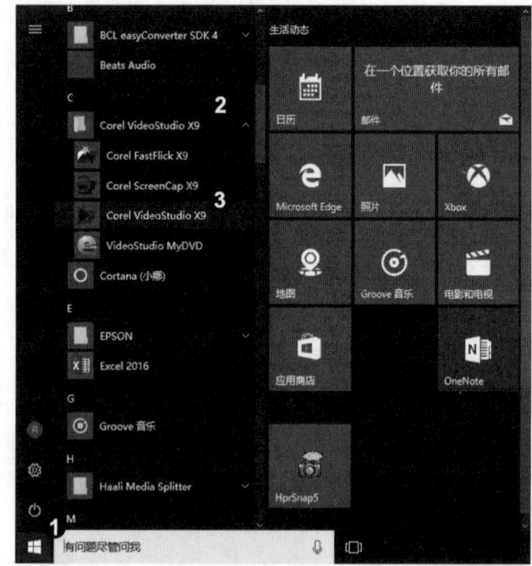

3. 单击任务栏图标法

如果已经将会声会影 X9 锁定到任务栏上，直接单击任务栏中的会声会影 X9 图标即可。

4. 双击文件法

双击会声会影的项目文件即可。

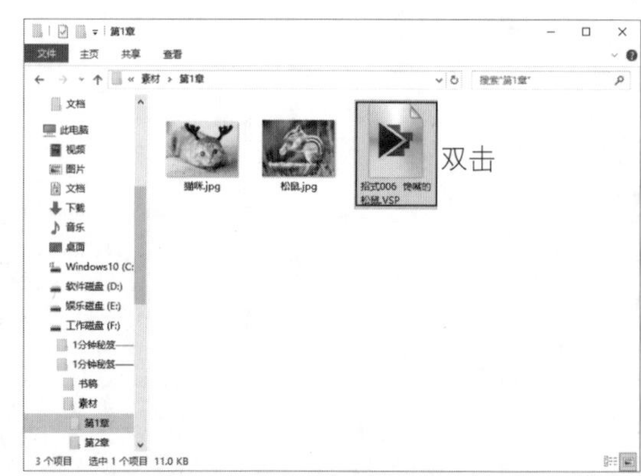

知识拓展

在使用会声会影 X9 制作视频之前，每次都启动会声会影 X9 很麻烦，用户可以将会声会影 X9 设置为开机自动启动，从而节省会声会影 X9 的启动时间。❶在“开始”菜单中，选择 Corel VideoStudio X9 命令，即右击，弹出快捷菜单，选择“更多”命令，再次展开下拉菜单，选择“打开文件所在的位置”命令，❷打开对应的文件夹窗口，选择 Corel VideoStudio X9 程序图标，右击，弹出快捷菜单，选择“复制”命令，❸按 Win + R 快捷键，弹出“运行”对话框，在“打开”文本框中输入“shell:startup”，单击“确定”按钮，❹打开系统启动文件夹窗口，在窗口空白处右单击，弹出快捷菜单，选择“粘贴”命令即可。

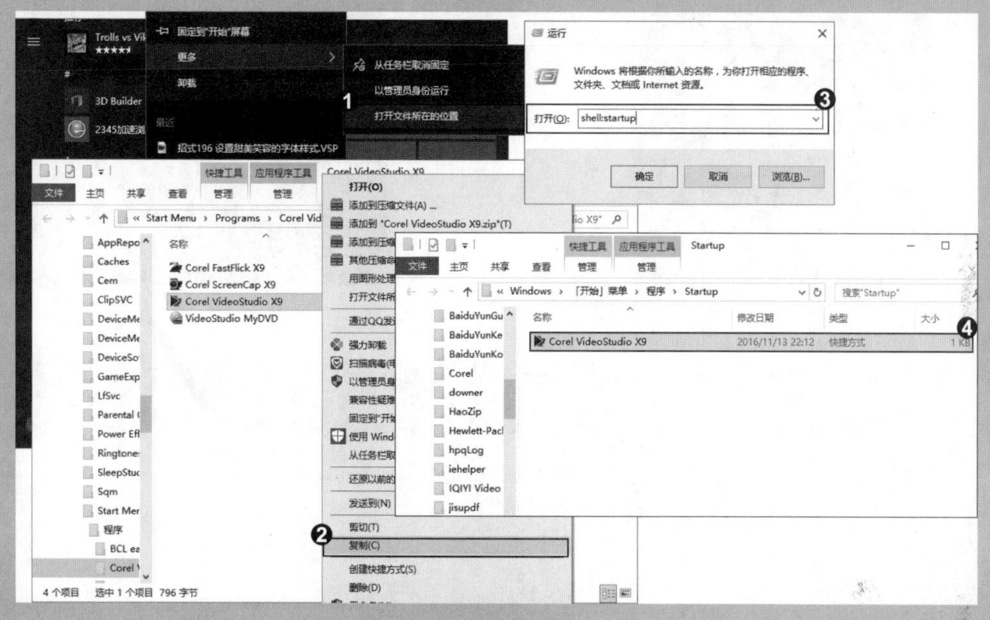

招式 002 快速退出会声会影

Q 在不使用会声会影 X9 软件时，想将该软件进行关闭，您能教教我如何快速退出会声会影 X9 吗?

A 没问题，您只要通过 3 种方法进行操作即可实现。

1. 单击按钮法

在会声会影 X9 程序界面中，单击标题栏右上角的“关闭”按钮即可。

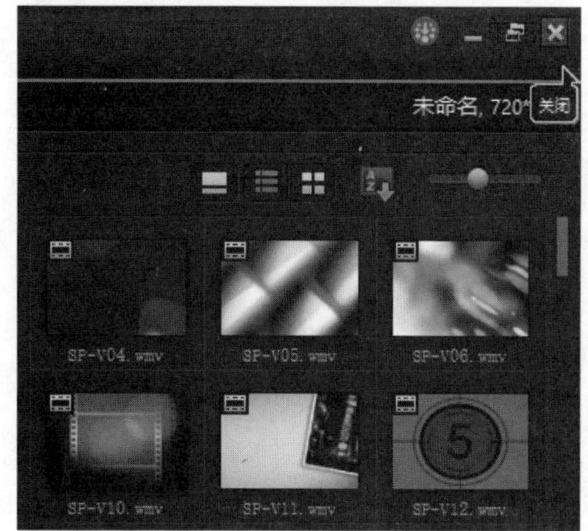

2. 菜单栏命令选择法

在标题栏上选择“文件”|“退出”命令即可。

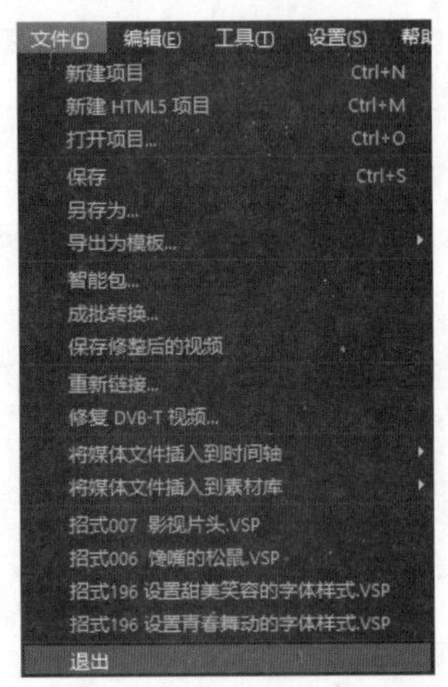

3. 快捷菜单选择法

在标题栏上右击，弹出快捷菜单，选择“关闭”命令即可。

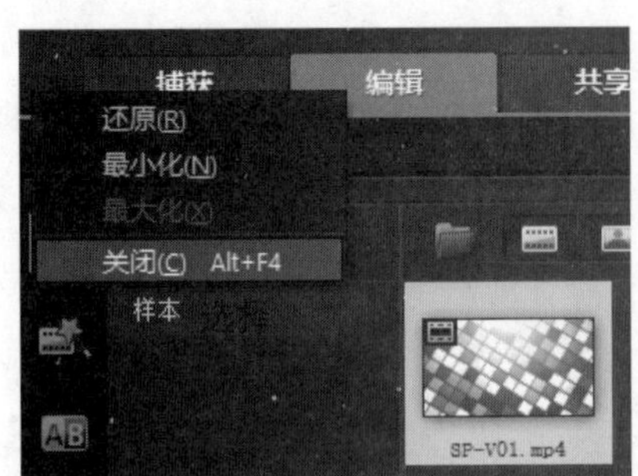

知识拓展

在退出会声会影X9程序时，如果程序中的项目文件没有保存，则会弹出提示对话框，提示用户是否保存项目文件。

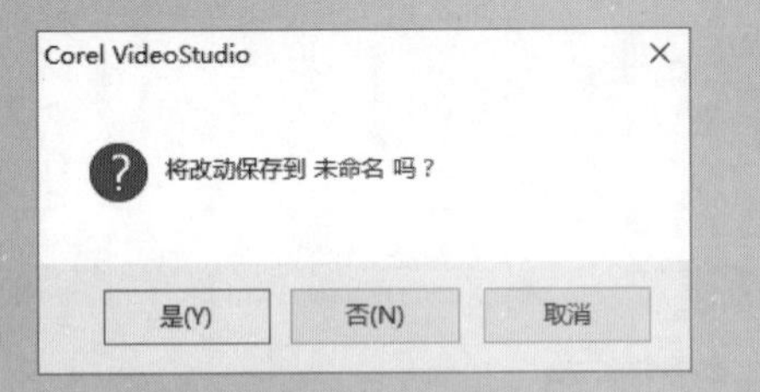

专家提示

除了可以通过单击“关闭”按钮或选择“关闭”命令退出会声会影X9程序外，用户还可以按Alt + F4快捷键快速关闭。

招式 003 重新更改界面的布局

Q 在使用会声会影X9时，发现会声会影的程序界面布局不是自己想要的效果，想调整一下，您能教教我如何重新更改界面的布局吗？

A 没问题，您可以通过鼠标拖曳调整窗口的布局样式来实现。

1. 拖动面板

拖动鼠标，移动光标至面板左上角，单击鼠标左键不放并拖动。

2. 调整面板的位置和大小

释放鼠标即可调整面板的位置。移动光标至面板边缘，当光标变成双向箭头时拖动鼠标，即可调整面板的大小。

3. 更改界面布局

❶ 使用同样的方法，根据需要调整其他面板的位置和大小。❷ 在菜单栏中选择“设置”|“布局设置”|“保存至”|“自定义 #1”命令，即可保存更改后的界面布局。

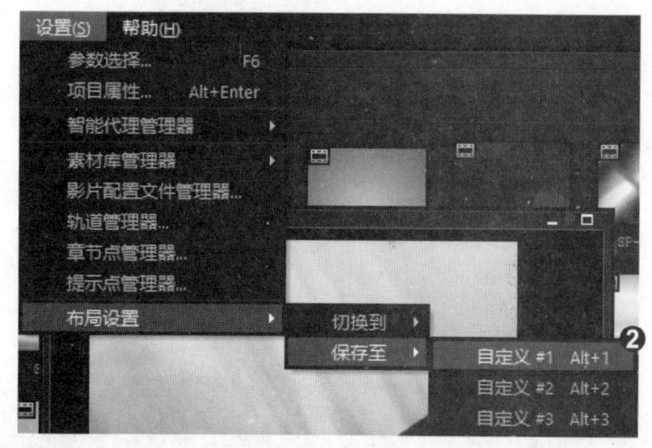

知识拓展

当更改了界面的布局后，如果想要重新恢复到默认布局，可以使用“默认”命令。在菜单栏中选择“设置”|“布局设置”|“切换到”|“默认”命令即可。

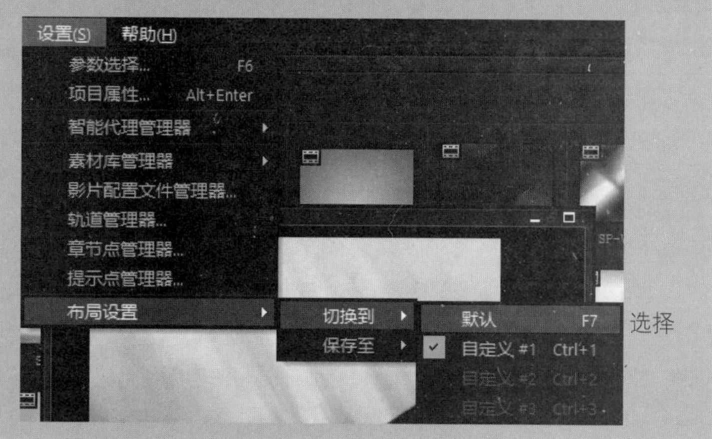

招式004 应用自定义的界面

Q 在会声会影中调整好更改后的界面布局后，一不小心还原到默认的界面了，您能教教我如何应用自定义的界面吗？

A 没问题，您可以通过“参数选择”对话框中的“界面布局”选项卡来实现。

1. 弹出“参数选择”对话框

❶在会声会影程序界面的菜单栏中选择“设置”|“参数选择”命令，❷弹出“参数选择”对话框。

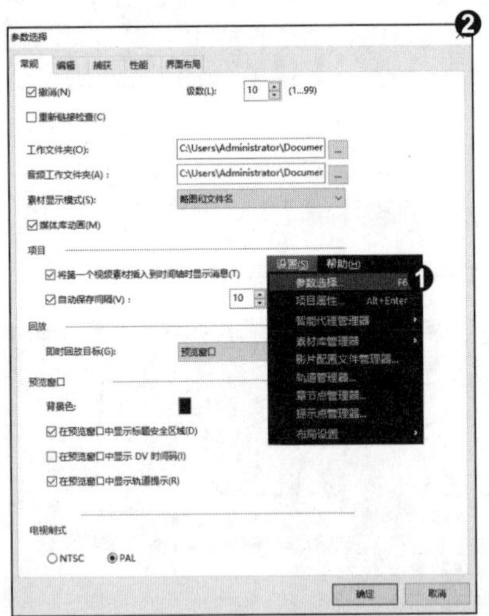

2. 应用自定义界面

❶切换至“界面布局”选项卡，选中“自定义2”单选按钮，❷单击“确定”按钮，即可应用自定义的界面。

知识拓展

在“界面布局”选项卡中有3个自定义的界面布局，用户不仅可以使用“自定义2”界面布局，还可以使用“自定义3”界面布局。❶在“参数选择”对话框的“界面布局”选项卡中，选中“自定义3”单选按钮，❷单击“确定”按钮，即可应用“自定义3”界面布局。

★★★★★ 招式 005 快速新建项目文件

Q 在启动会声会影 X9 时，虽然系统会自动新建一个未命名的新项目文件，但是在完成编辑后，想重新再新建一个项目文件，您能教教我如何快速新建项目文件吗?

A 没问题，您可以使用“新建项目”命令来实现。

1. 选择“新建项目”命令

在菜单栏中选择“文件” | “新建项目”命令。

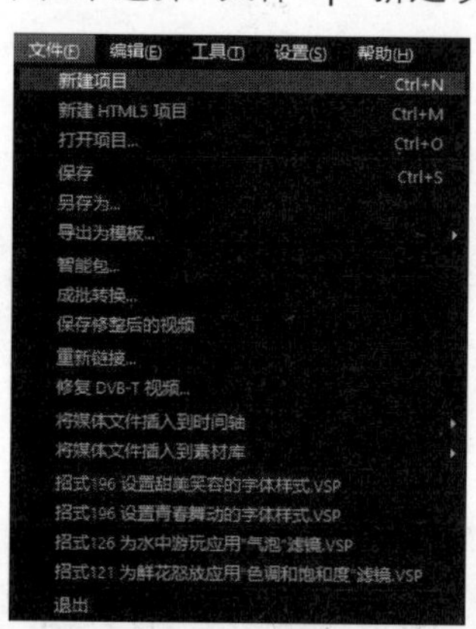

2. 创建项目文件

此时即可重新创建一个项目文件。

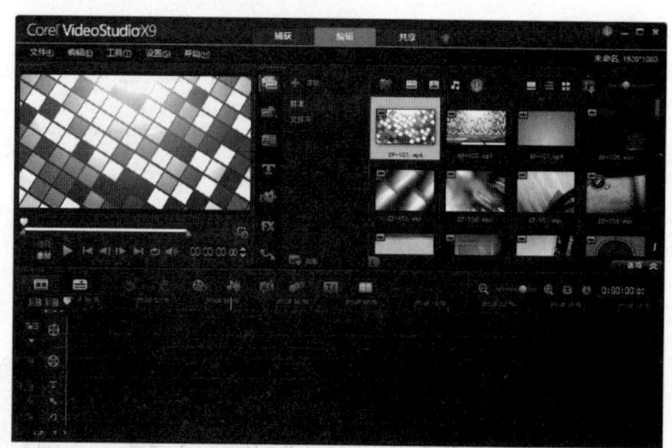

知识拓展

会声会影的“新建项目”功能非常强大，不仅可以创建常规的项目文件，还可以创建 HTML5 项目文件。❶ 在菜单栏中选择“文件” | “新建 HTML5 项目”命令，❷ 弹出提示对话框，单击“确定”按钮，即可完成 HRML5 项目文件的新建操作。

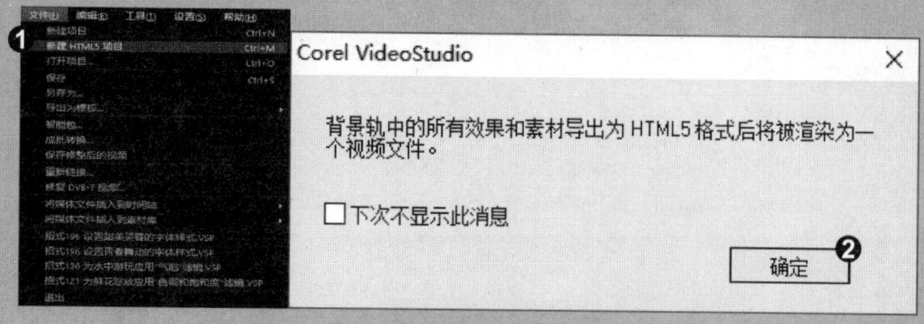

★★★★★ 招式 006 打开馋嘴的松鼠项目文件

Q 在会声会影 X9 中，常常需要打开已经保存好的项目文件进行编辑操作，您能教教我如何打开项目文件吗?

A 没问题，您可以使用“打开项目”命令来实现。

1. 选择项目文件

❶ 在菜单栏中选择“文件”|“打开项目”命令，❷ 弹出“打开”对话框，选择要打开的项目文件。

2. 打开项目文件

单击“打开”按钮，即可打开选择的项目文件，并查看项目文件中的图像效果。

知识拓展

在打开项目文件时，用户可以通过“信息”按钮，查看需要打开的项目文件的所有信息情况。❶ 在“打开”对话框中，选择需要打开的项目文件，单击“信息”按钮，❷ 弹出“项目属性”对话框，即可查看项目文件的所有信息。

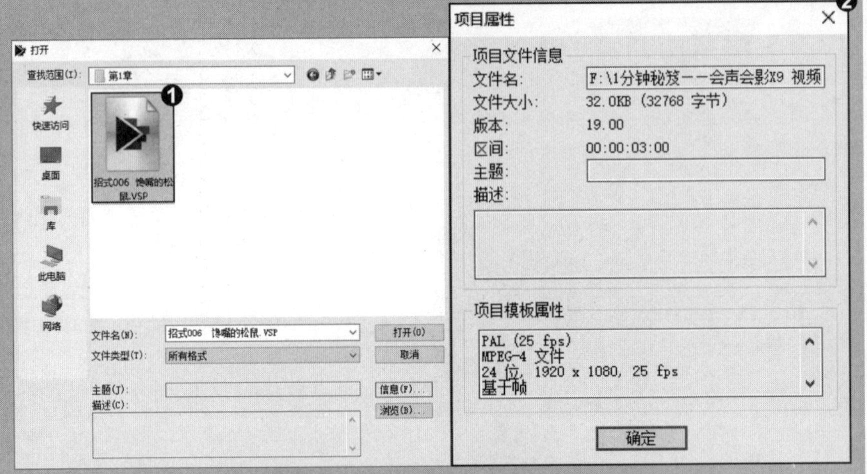

招式 007 保存影视片头项目文件

Q 在完成影片的制作后，想将影片完整地保存起来，以备日后使用，您能教教我如何保存项目文件吗？

A 没问题，您只要使用“保存”命令即可实现。

1. 选择“保存”命令

❶ 新建一个项目文件，并添加视频素材，❷ 在菜单栏中选择“文件”|“保存”命令。

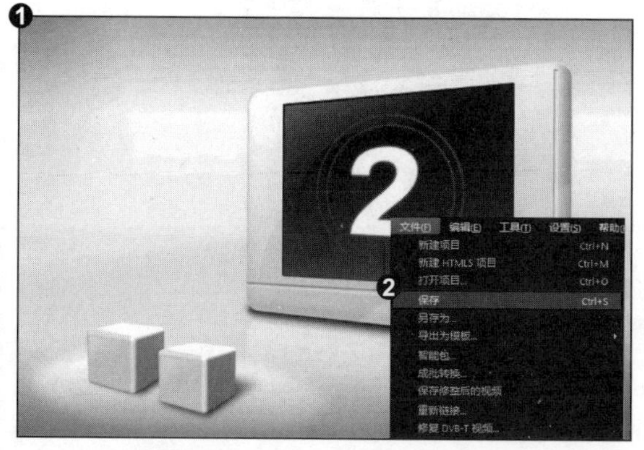

2. 保存项目文件

❶ 弹出“另存为”对话框，设置文件名和保存路径，❷ 单击“保存”按钮，即可保存项目文件。

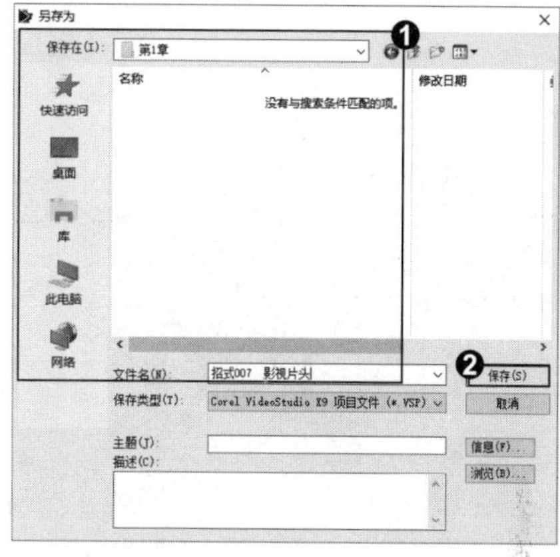

知识拓展

在会声会影中，不仅可以保存项目文件，还可以将已经保存好的项目文件进行“另存为”操作。❶ 打开已有的项目文件，在菜单栏中选择“文件”|“另存为”命令，❷ 弹出“另存为”对话框，修改文件名和保存路径，单击“保存”按钮即可。

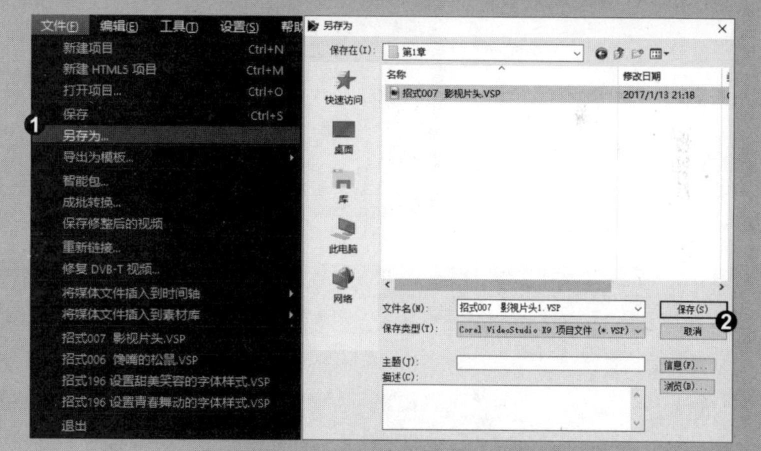

招式 008 保存修整后的视频

Q 在制作影片时，常常需要对项目文件中的文件进行修整操作，但想将该视频进行保存，又不想替换原来的视频文件，您能教教我如何保存修整后的视频吗？

A 没问题，您可以使用“保存修整后的视频”命令来实现。

1. 选择视频素材

❶ 打开本书配备的“素材\第 1 章\招式 008　沙滩嬉戏 .vsp”项目文件，❷ 在“时间轴”面板中，选择视频素材。

2. 显示渲染进度

❶ 在菜单栏中选择“文件”|“保存修整后的视频”命令，❷ 弹出“正在渲染”面板，即可开始渲染视频，并显示渲染进度。

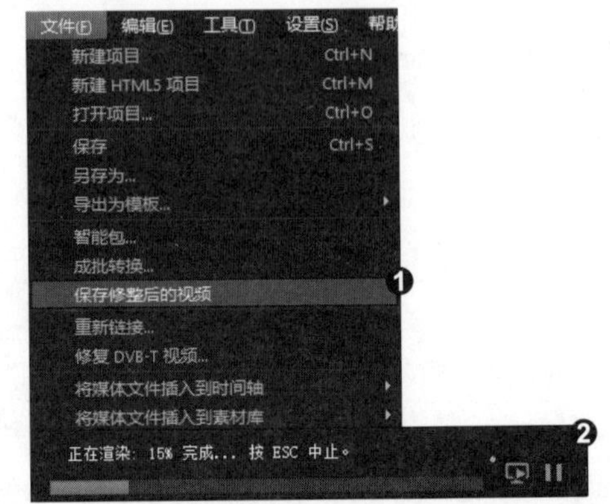

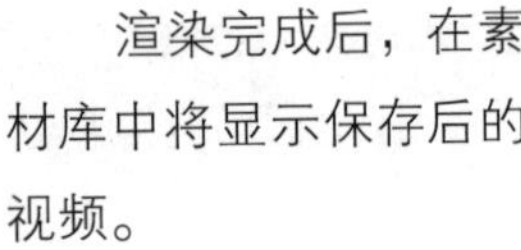

3. 显示保存后的视频

渲染完成后，在素材库中将显示保存后的视频。

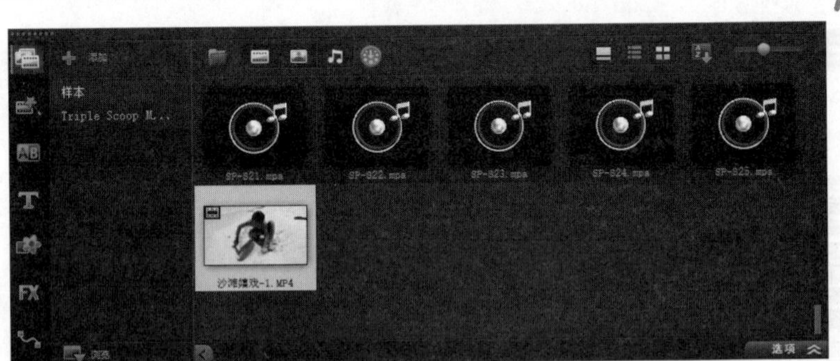

知识拓展

在保存修整后的视频的过程中，用户可以按 Esc 键终止视频的保存操作，还可以单击“暂停”按钮，暂时停止保存。

正在渲染：15% 完成... 按 ESC 中止。

招式 009 设置常规属性参数

Q 在制作影片之前，需要对软件的常规属性参数进行设置，但是却不知道需要设置哪些属性参数，您能教教我如何设置常规属性参数吗?

A 没问题，您只要使用“参数选择”对话框中的“常规”选项卡即可设置。

1. 修改“级数”参数

❶在菜单栏中选择“设置”|“参数选择”命令，❷弹出“参数选择”对话框，在“常规”选项卡中，修改“级数”为 25。

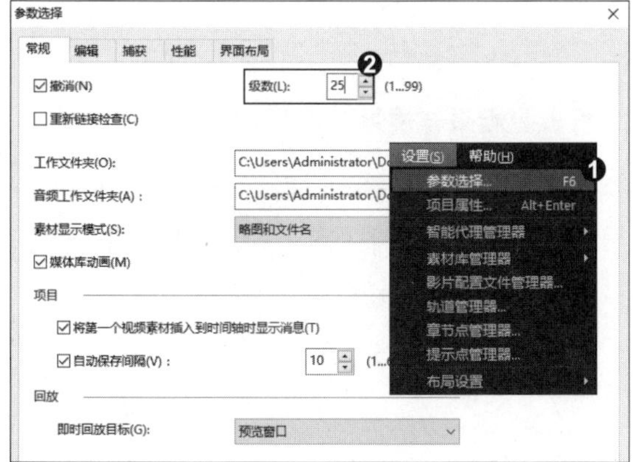

2. 修改自动保存间隔和背景色

❶在“项目”选项组中，修改“自动保存间隔”为 5，❷在“预览窗口”选项组中，单击“背景色”右侧的颜色色块，弹出颜色面板，选择“白色”。

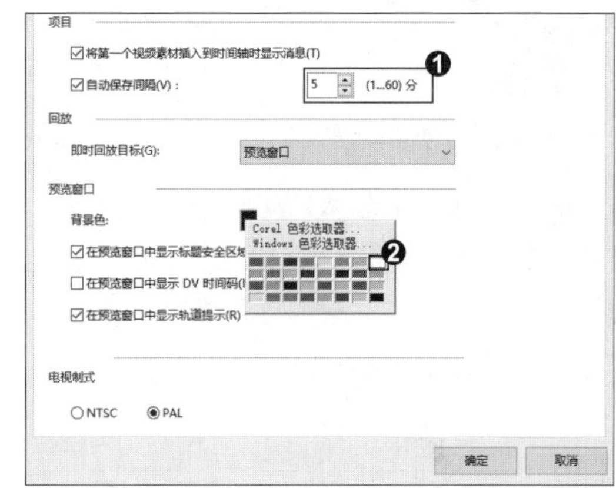

3. 常规属性参数设置完成

单击“确定”按钮，即可完成常规属性参数的设置，且属性窗口的背景颜色更改为白色。

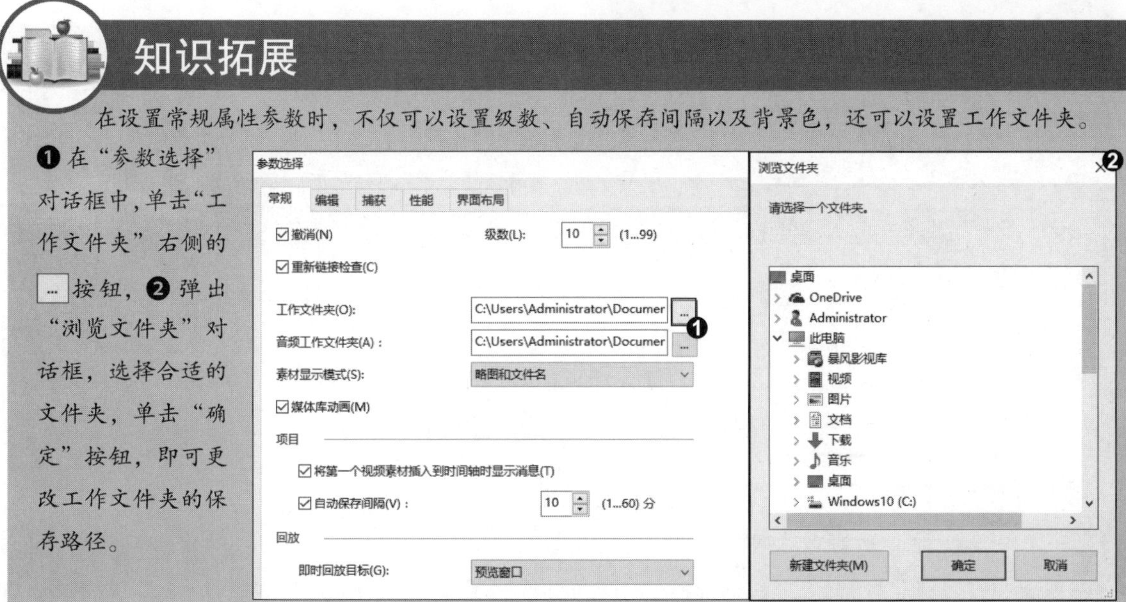

知识拓展

在设置常规属性参数时，不仅可以设置级数、自动保存间隔以及背景色，还可以设置工作文件夹。

❶在“参数选择”对话框中，单击“工作文件夹”右侧的 ... 按钮，❷弹出“浏览文件夹”对话框，选择合适的文件夹，单击“确定”按钮，即可更改工作文件夹的保存路径。

招式010 设置编辑属性参数

Q 在制作影片之前，需要对编辑属性参数的色彩滤镜以及重新采样质量进行设置，您能教教我如何设置编辑属性参数吗？

A 可以的，您只要使用“参数选择”对话框中的“编辑”选项卡即可设置。

1. 限制调色板的色彩滤镜

❶ 在菜单栏中选择“设置”|“参数选择”命令，❷ 弹出“参数选择”对话框，切换至“编辑”选项卡，勾选“应用色彩滤镜”复选框，即可限制调色板的色彩滤镜。

2. 设置重新采样质量

❶ 单击“重新采样质量”右侧的下三角按钮，展开下拉列表，选择“好”选项，❷ 单击“确定”按钮，即可设置重新采样质量。

知识拓展

在设置重新采样质量时，不仅可以将其调整为最佳和好质量，还可以将其调整为中等的采样质量。在“参数选择”对话框的“编辑”选项卡中，单击“重新采样质量”右侧的下三角按钮，展开下拉列表，选择“更好”选项即可。

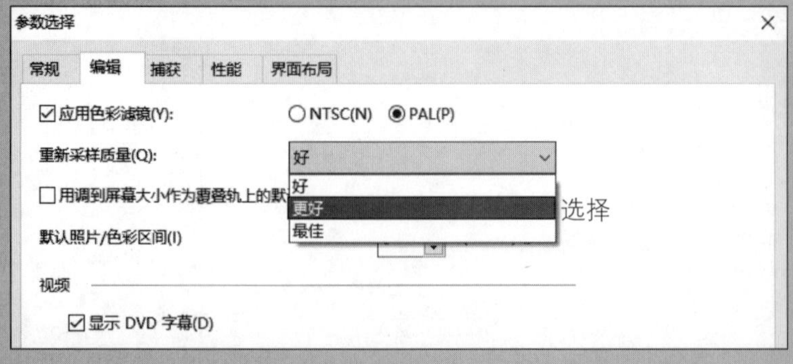

招式 011 设置性能属性参数

Q 会声会影 X9 的软件程序比较大，因此使用该软件的计算机的性能也显得至关重要。在使用该软件之前，需要对软件程序的性能属性参数进行设置，您能教教我如何设置性能属性参数吗?

A 没问题，您只要使用“参数选择”对话框中的“性能”选项卡即可设置。

1. 勾选“启用硬件解码器加速”复选框

❶ 在菜单栏中选择“设置”|“参数选择”命令，弹出“参数选择”对话框，切换至“性能”选项卡，❷ 在“编辑过程”选项组中，勾选“启用硬件解码器加速”复选框。

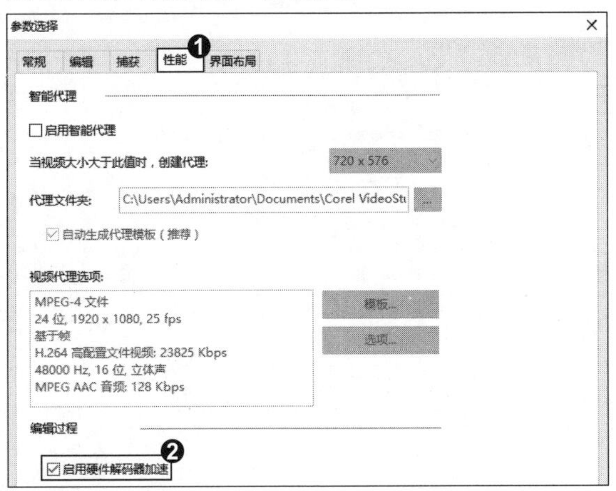

2. 勾选相应复选框

❶ 在“文件创建”选项组中，勾选“启用硬件解码器加速”和“启用硬件编码器加速”复选框，❷ 在“性能优化”选项组中，勾选“启用硬件加速优化”复选框，❸ 弹出提示对话框，单击“是”按钮。

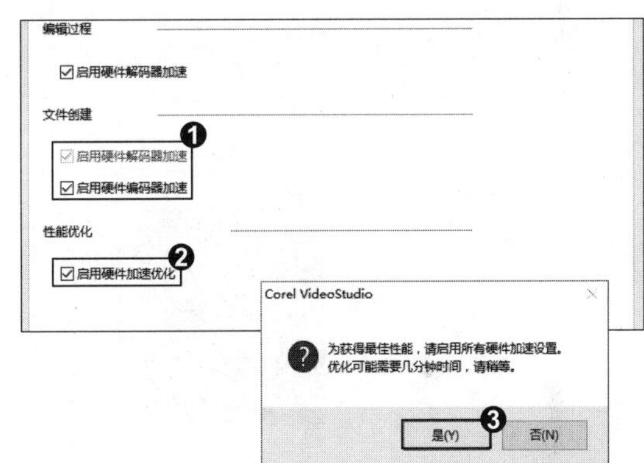

3. 性能属性参数设置完成

单击“确定”按钮，即可完成性能属性参数的设置。

知识拓展

一般情况下，不建议用户启用智能代理功能来编辑视频文件，但是如果要启用智能代理功能，则用户可以勾选“自动生成代理模板（推荐）”复选框，此时将自动生成视频的代理模板。

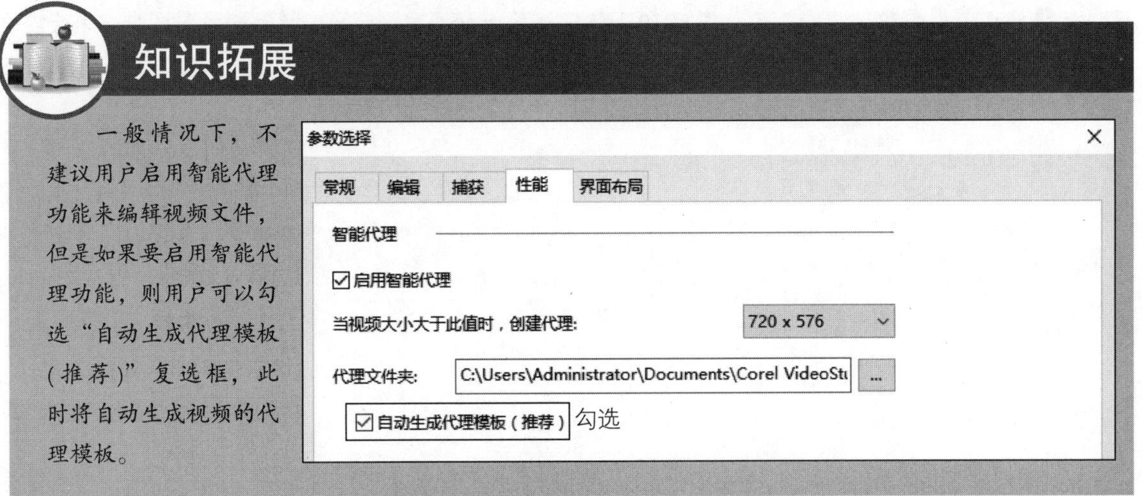

招式 012 设置 MPEG 项目属性参数

Q 项目属性决定了影片在预览时的外观和质量，因此在使用会声会影制作影片之前，设置好一个合适的 MPEG 项目属性参数至关重要，您能教教我如何设置 MPEG 项目属性参数吗？

A 没问题，您可以通过“项目属性”命令来实现。

1. 单击“编辑”按钮

❶ 在菜单栏中选择“设置”|“项目属性”命令，❷ 弹出“项目属性”对话框，选择第一个 MPEG 选项，单击“编辑”按钮。

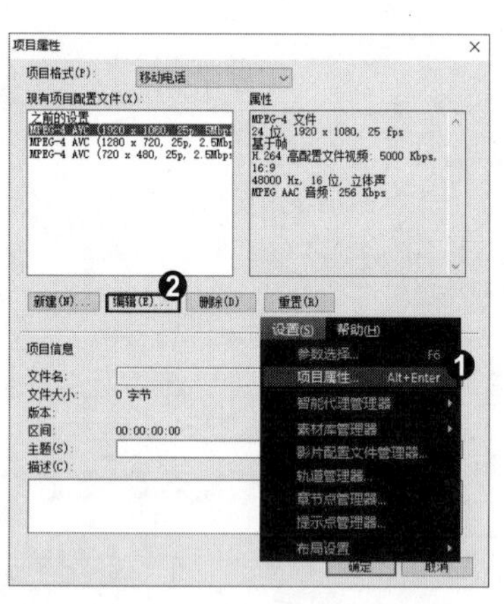

2. 设置参数

❶ 弹出“编辑配置文件选项”对话框，在“配置文件名称”文本框中输入“MPEG 项目参数”，❷ 切换至“常规”选项卡，在“标准”下拉列表中设置影片的尺寸大小。

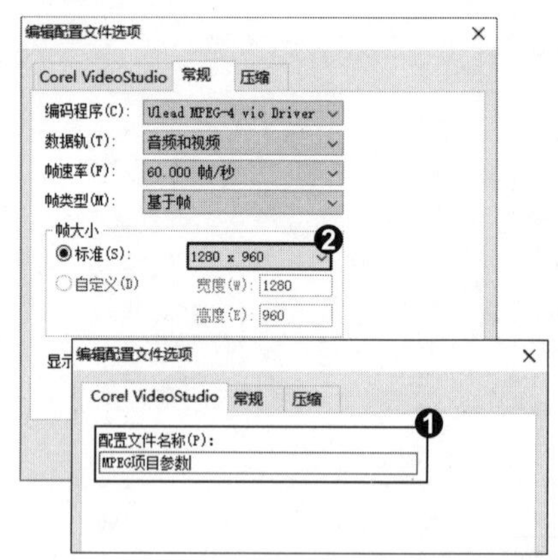

3. 设置项目属性参数

❶ 切换至“压缩”选项卡，单击“视频类型”右侧的下三角按钮，展开下拉列表，选择“H.264-MAIN”选项，❷ 修改“视频数据速率”参数为 6000，❸ 依次单击“确定”按钮，弹出提示对话框，单击“确定”按钮，即可完成 MPEG 项目属性参数的设置。

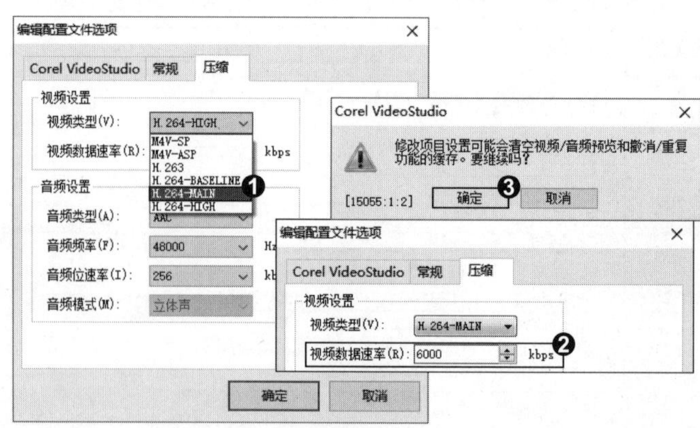

知识拓展

在设置 MPEG 项目属性参数时，不仅可以使用已有的 MPEG 项目属性进行编辑操作，还可以新建 MPEG 项目属性。❶ 在“项目属性”对话框中，单击“新建”按钮，❷ 弹出“编辑配置文件选项”对话框，修改相应的名称、常规和压缩参数即可。

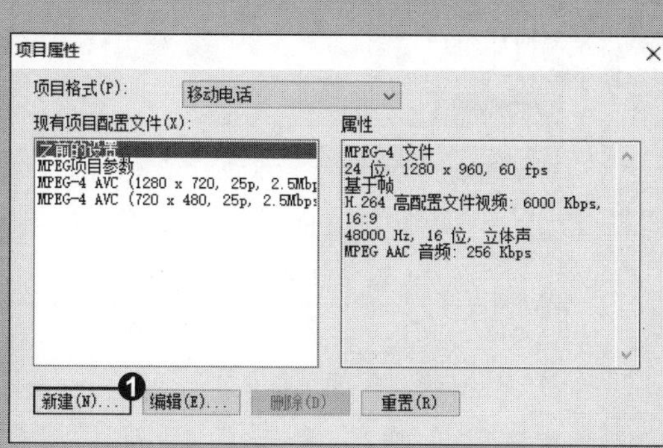

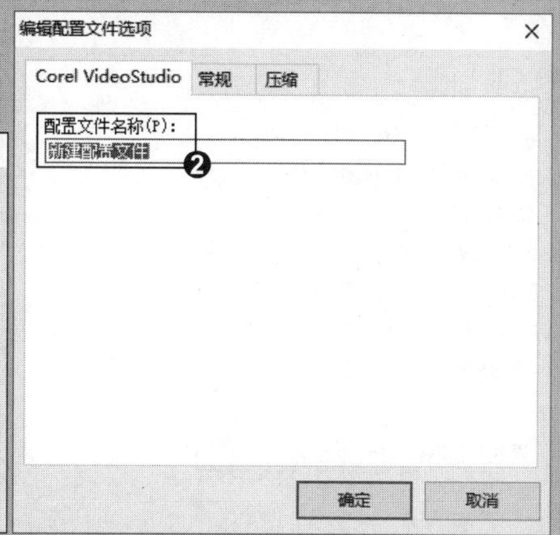

招式 013　设置 AVI 项目属性参数

Q 在会声会影中制作 AVI 格式的影片之前，还需要对 AVI 的项目属性参数进行设置，您能教教我如何设置 AVI 项目属性参数吗？

A 没问题，您可以通过“项目属性”命令来实现。

1. 选择“DV/AVI”选项

❶ 在菜单栏中选择“设置”|“项目属性”命令，❷ 弹出“项目属性”对话框，单击“项目格式”右侧的下三角按钮，展开下拉列表，选择“DV/AVI”选项。

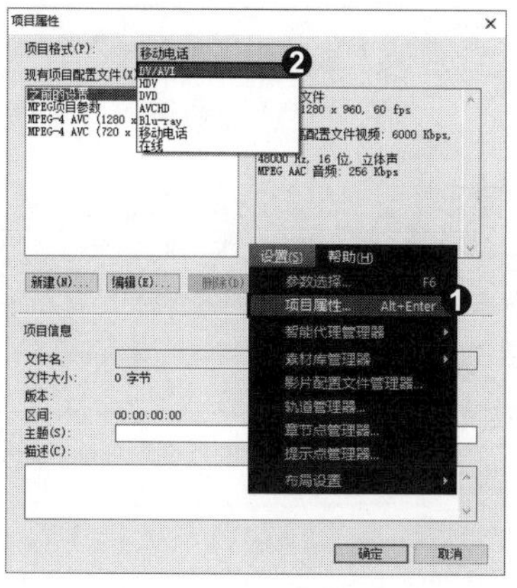

2. 单击“编辑”按钮

❶ 在“现有项目配置文件”列表框中，选择第一个 DV 选项，❷ 在列表框的下方，单击“编辑”按钮。

3. 设置 AVI 项目属性参数

❶ 弹出“编辑配置文件选项”对话框，切换至“常规”选项卡，在“帧大小”选项组的“标准”下拉列表中，选择“720×480”选项，修改“显示宽高比”为“4:3”，❷ 单击“压缩”右侧的下三角按钮，展开下拉列表，选择合适的选项，单击“确定”按钮，即可设置 AVI 项目属性参数。

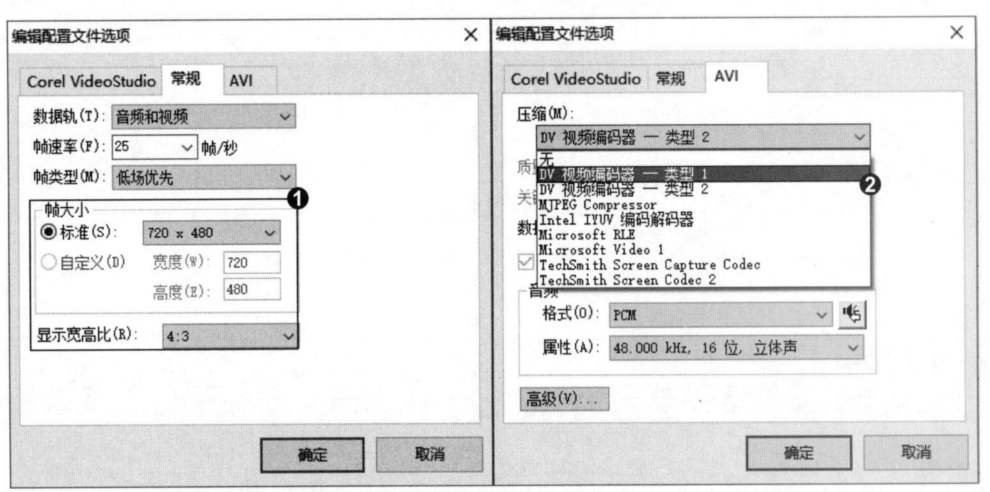

知识拓展

在修改了项目属性参数后，如果对修改的项目属性参数不满意，需要恢复到原始状态，可以单击“重置”按钮，重置项目属性参数。❶ 在“项目属性”对话框中单击“重置”按钮，❷ 弹出提示对话框，单击“确定”按钮即可。

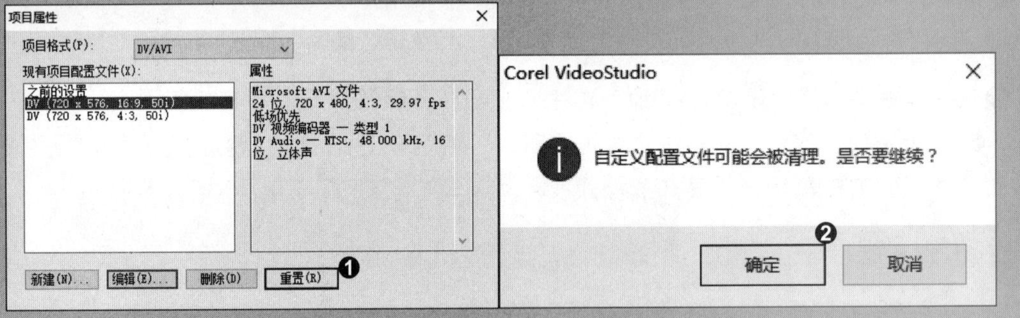

招式 014 在素材库中导入媒体文件

Q 在会声会影的素材库中，想将经常使用的视频、照片和音频添加进来，以方便以后使用，您能教教我如何在素材库中导入媒体文件吗？

A 没问题，您可以使用“导入媒体文件”按钮来实现。

1. 选择媒体文件

❶ 在“素材库”面板中单击“导入媒体文件”按钮，❷ 弹出“浏览媒体文件”对话框，选择需要使用的媒体文件。

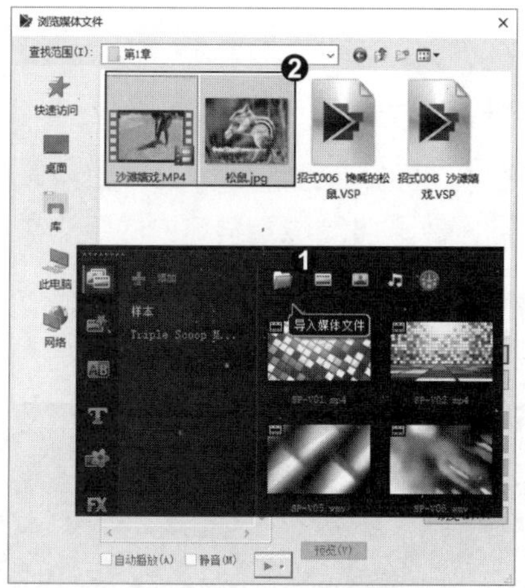

2. 添加媒体文件

单击“打开”按钮，即可将选择的媒体文件添加至素材库中。

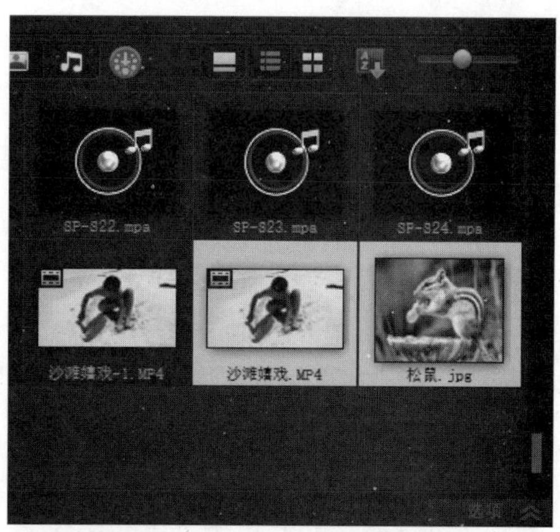

知识拓展

在素材库中不仅可以导入视频和照片媒体文件，还可以单独导入音频文件。❶ 在菜单栏中选择“文件”|“将媒体文件插入到素材库”|“插入音频”命令，❷ 弹出“浏览音频”对话框，选择需要插入的音频文件，❸ 单击“打开”按钮，即可在素材库中添加音频文件。

专家提示

用户除了在“素材库”面板中单击“导入媒体文件”按钮导入媒体文件外，还可以在菜单栏中选择“文件”|“将媒体文件插入到素材库”命令，在展开的子菜单中选择合适的命令。

招式 015 隐藏素材库中的文件

Q 素材库中包含的媒体文件太多，导致每次查找需要的媒体文件都花费大量时间，您能教教我如何隐藏素材库中的文件吗？

A 没问题，您可以使用“隐藏照片”“隐藏视频”或“隐藏音频文件”按钮对相应的媒体文件进行隐藏操作，以方便查找。

1. 隐藏视频文件

❶ 在“素材库”面板中单击“隐藏视频”按钮，❷ 即可隐藏素材库中的视频文件。

2. 隐藏照片文件

❶ 在“素材库”面板中单击“隐藏照片”按钮，❷ 即可隐藏素材库中的照片文件。

3. 隐藏音频文件

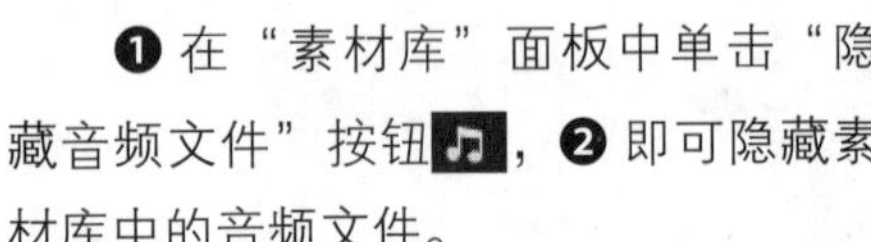

❶ 在“素材库”面板中单击“隐藏音频文件”按钮，❷ 即可隐藏素材库中的音频文件。

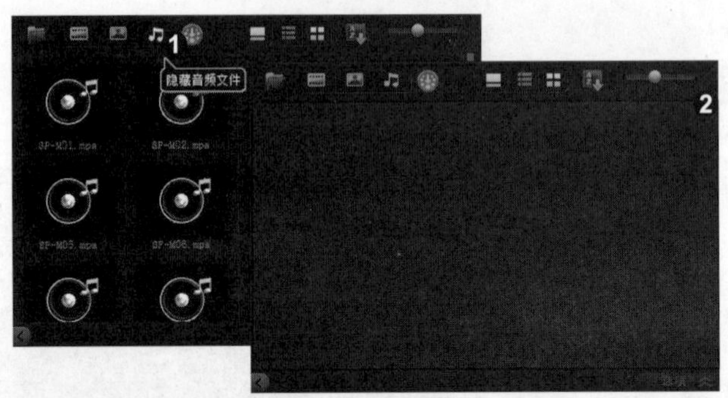

知识拓展

在隐藏了素材库中的文件后，用户可以将隐藏的文件显示出来。❶ 在“素材库”面板中单击“显示视频”按钮，❷ 即可在素材库中显示视频文件。

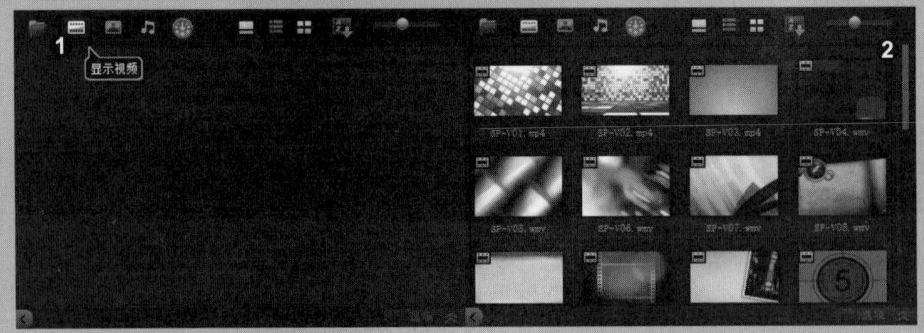

招式 016 重新更改素材文件名称

Q 在素材库中添加了素材文件后，发现素材文件的名称不统一，整体看起来有点儿杂乱无章，您能教教我如何重新更改素材文件的名称吗？

A 可以的，您只要选择需要修改的素材文件，双击鼠标右键即可。

1. 选择素材文件

在素材库中选择“松鼠”素材文件。

2. 修改名称

在素材名称上双击鼠标左键，显示文本编辑框，输入新名称“SP-I25”即可。

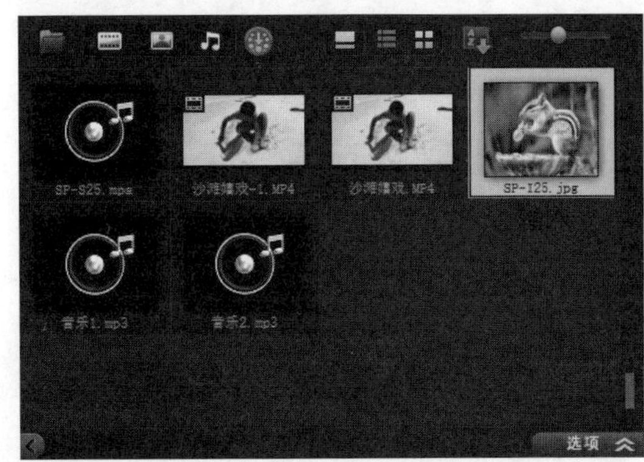

知识拓展

在会声会影的素材库中，不仅可以重新修改素材文件的名称，还可以查看素材文件所在的文件夹的位置。❶ 在素材库中选择素材文件，右击，弹出快捷菜单，选择“打开文件夹”命令，❷ 即可打开素材文件所在的文件夹。

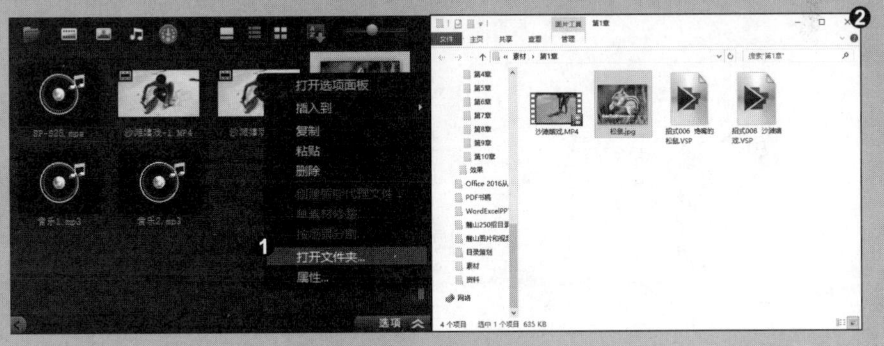

招式 017 删除多余的素材文件

Q 在素材库中添加了太多的素材文件，不仅出现了程序运行缓慢的问题，还出现了查找和使用不方便的情况，您能教教我如何删除多余的素材文件吗？

A 可以的，您只要使用“删除”命令即可实现。

1. 选择“删除”命令

❶ 在素材库中，按住 Ctrl 键，选择多个需要删除的素材文件，❷ 右击，弹出快捷菜单，选择“删除”命令。

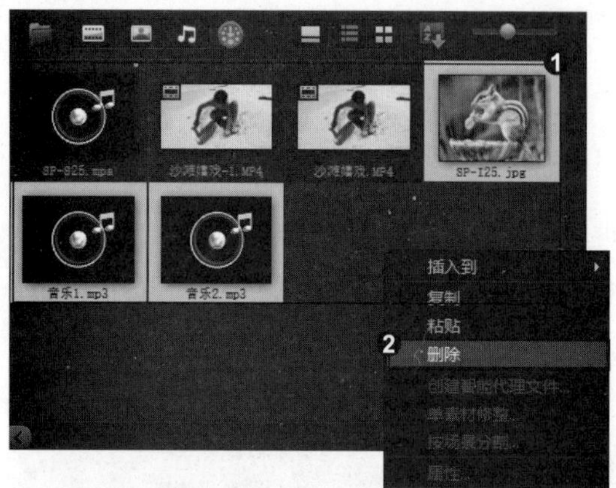

2. 删除素材文件

❶ 弹出提示对话框，提示用户是否删除此略图，单击“是”按钮，❷ 即可删除素材库中多余的素材文件。

知识拓展

在素材库中不仅可以删除多余的素材文件，还可以对素材文件进行复制和粘贴操作。❶ 在素材库中选择需要复制的文件，右击，弹出快捷菜单，选择“复制”命令，❷ 再次右击，弹出快捷菜单，选择“粘贴”命令。

招式 018 创建库项目

Q 在素材库中的文件太多，想重新创建新的文件夹，将常用的素材文件进行分类放置，您能教教我如何创建库项目吗？

A 没问题，您可以在“素材库”面板中使用“添加新文件夹”功能来实现。

1. 显示新文件夹

❶ 在“素材库”面板中单击“添加新文件夹”按钮➕，❷ 此时将显示一个新的文件夹。

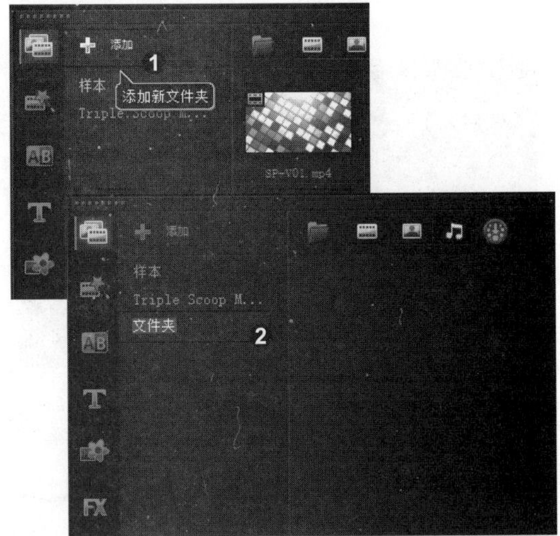

2. 重命名文件夹

❶ 选择新创建的文件夹，右击，弹出快捷菜单，选择“重命名”命令，❷ 输入新文件夹名称“照片文件夹”。

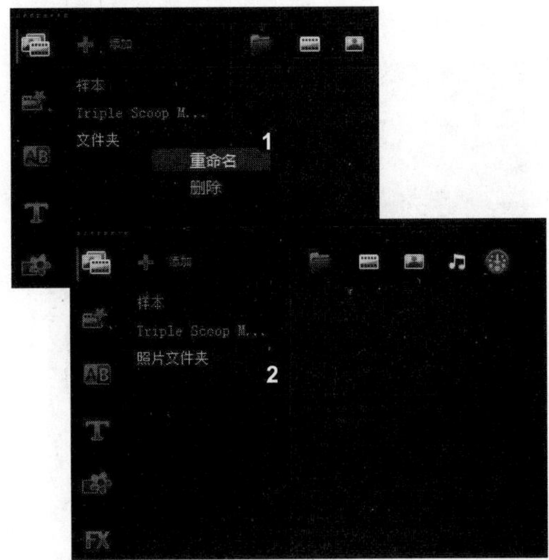

知识拓展

在创建好库项目后，如果不想使用该库项目，可以将其删除。❶ 选择需要删除的库项目，右击，弹出快捷菜单，选择“删除”命令，❷ 弹出提示对话框，提示用户是否将其删除，单击“确定”按钮即可。

招式 019　在素材库中添加色彩文件

Q 色彩文件通常用于标题和转场之间，但是素材库中的色彩素材颜色有限，常常需要自己定义色彩素材，您能教教我如何在图形素材库中添加色彩文件吗?

A 没问题，您可以在“色彩”素材库中单击“添加”按钮来实现。

1. 选择“色彩”选项

❶ 在会声会影 X9 编辑器的“素材库”面板中单击“图形”按钮，❷ 进入“图形”素材库，单击“色彩模式”右侧的下三角按钮，展开下拉列表，选择“色彩”选项。

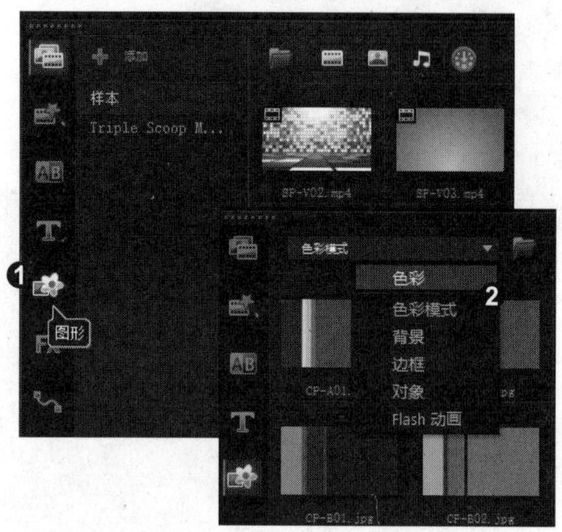

3. 添加色彩文件

单击“确定”按钮，即可在“色彩”素材库中添加色彩文件。

2. 修改参数

❶ 进入“色彩”素材库，单击“添加”按钮，❷ 弹出“新建色彩素材”对话框，修改其参数分别为 151、0、58。

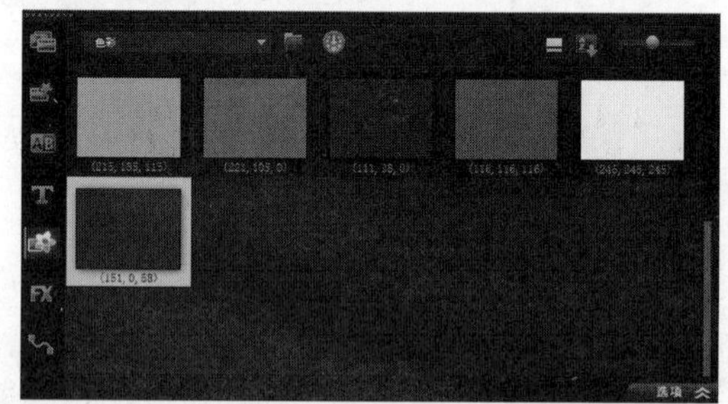

知识拓展

在添加色彩文件时，用户可以直接单击“色彩”右侧的颜色块，展开颜色面板，在其中选择需要的颜色。

招式 020 在素材库中添加背景文件

Q 在会声会影中，背景文件是经常要使用到的图片文件，但有时“背景”素材库中的素材不能满足需要，想在该素材库中添加背景文件，您能教教我如何添加吗?

A 没问题，您可以在“背景”素材库中单击“添加”按钮来实现。

1. 单击“添加”按钮

❶ 在“图形”素材库中，单击“色彩”右侧的下三角按钮，展开下拉列表，选择“背景”选项，❷ 进入“背景”素材库，单击“添加”按钮。

2. 添加背景文件

❶ 弹出“浏览图形”对话框，选择合适的背景图形，❷ 单击“打开”按钮，即可将选择的背景图形添加至“背景”素材库中。

知识拓展

在“图形”素材库中不仅可以添加色彩文件和背景文件，还可以添加边框文件。在“图形”素材库中单击“边框”列表框右侧的“添加”按钮，再根据提示进行操作即可。

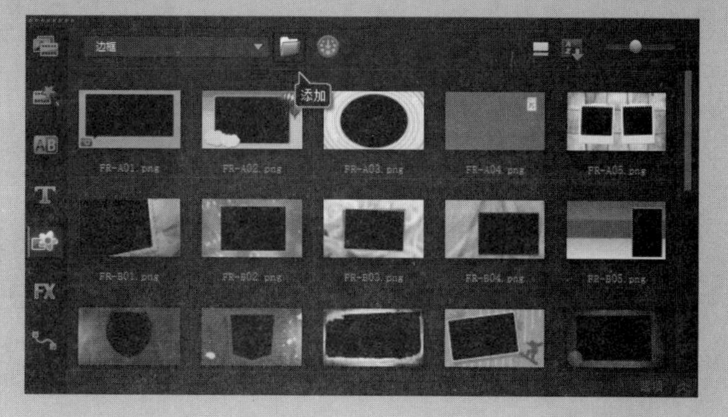

招式 021 重置素材库

Q 在素材库中不小心删除了自带的素材文件，想将其找回来，您能教教我如何重置素材库吗?

A 没问题，您可以使用“重置库”命令来实现。

1. 选择“重置库”命令

❶ 在菜单栏中选择“设置”|“素材库管理器”|“重置库”命令，❷ 打开“重置库”对话框，单击“确定”按钮。

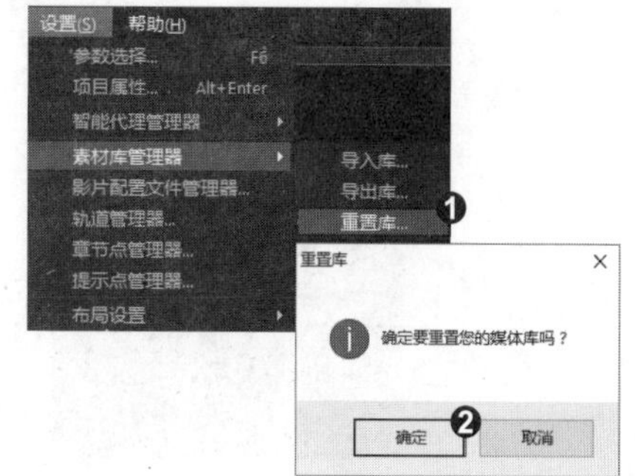

2. 重置素材库

弹出提示对话框，提示媒体库已重置，单击“确定”按钮即可。

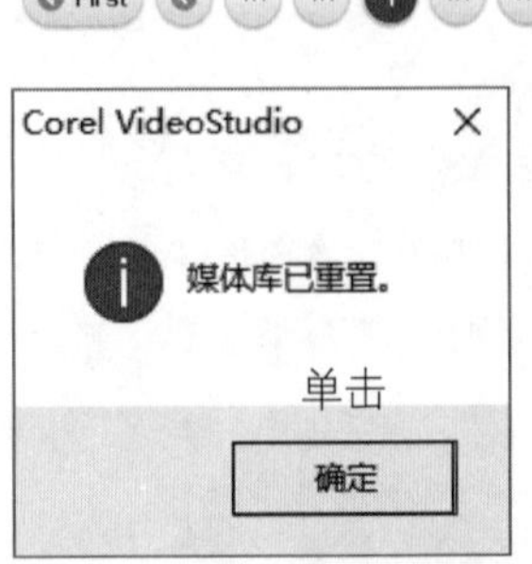

知识拓展

在“素材库”面板中不仅可以重置库文件，还可以导入已有的库文件。❶ 在菜单栏中选择“设置”|“素材库管理器”|“导入库”命令，❷ 弹出“浏览文件夹”对话框，选择合适的库文件，单击“确定”按钮。

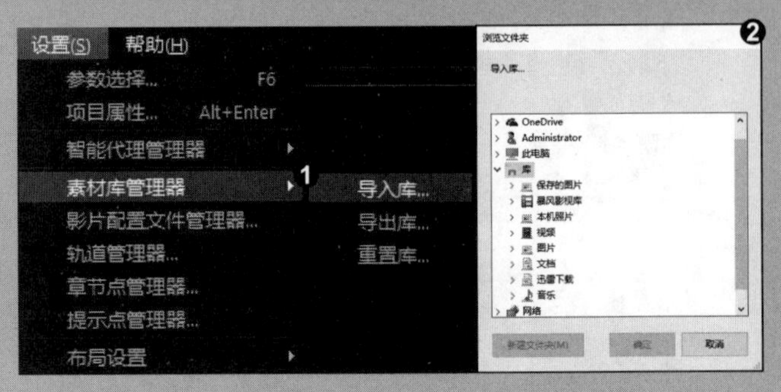

招式 022 导出素材库

Q 在会声会影中，想将自带的素材库导到计算机硬盘中，以备其他计算机使用，您能教教我如何导出素材库吗?

A 没问题，您可以使用“导出库”命令来实现。

1. 选择文件夹位置

❶ 在菜单栏中选择“设置”|“素材库管理器”|“导出库”命令，❷ 弹出“浏览文件夹”对话框，选择导出素材库的文件夹位置。

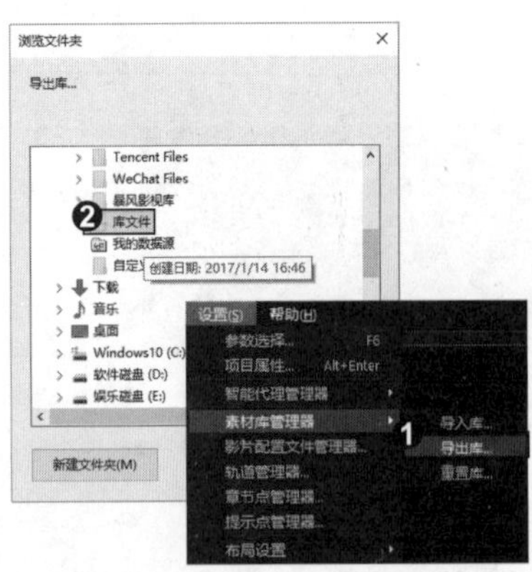

2. 导出素材库

弹出提示对话框，提示媒体库已导出，单击“确定”按钮，即可完成素材库的导出操作。

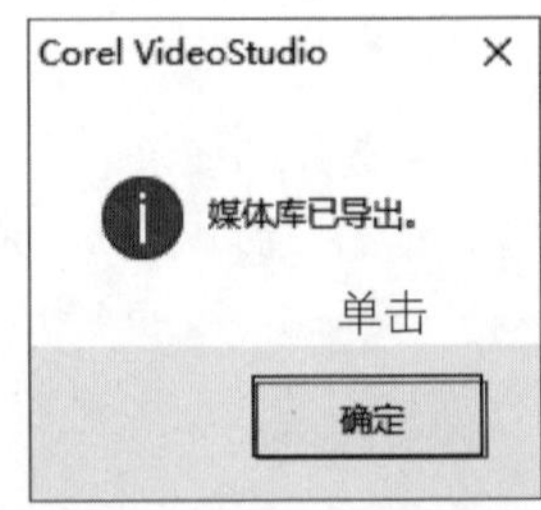

知识拓展

在会声会影 X9 中，不仅可以对素材库进行导出操作，还可以通过“重置库”命令进行重置操作，具体步骤可以参考招式 021，这里不再详细概述。

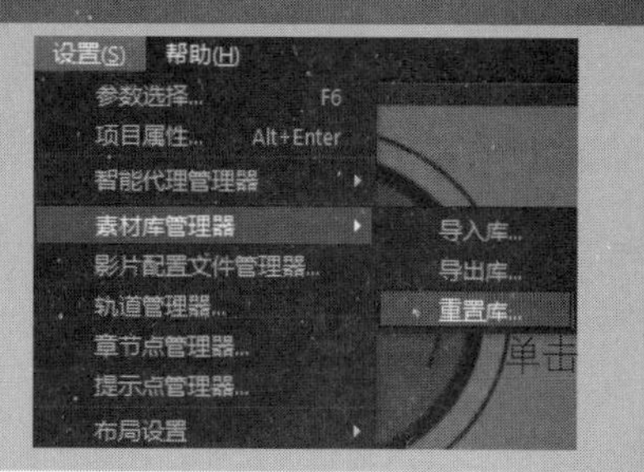

招式 023 设置素材库中的视图显示方式

Q 在会声会影的素材库中，想为素材库中的素材隐藏标题，并以列表视图的方式显示，您能教教我如何设置素材库中的视图显示方式吗？

A 没问题，您可以通过素材库中的“隐藏标题”“列表视图”按钮来实现。

1. 隐藏标题

❶ 在“素材库”面板中单击“隐藏标题”按钮，❷ 即可在素材库中隐藏素材文件的标题名称。

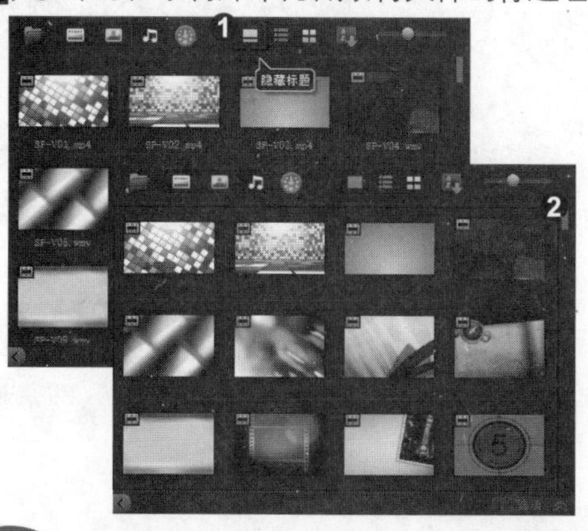

2. 列表视图显示素材

❶ 在“素材库”面板中单击“列表视图”按钮，❷ 即可将素材库中的素材文件以列表视图显示。

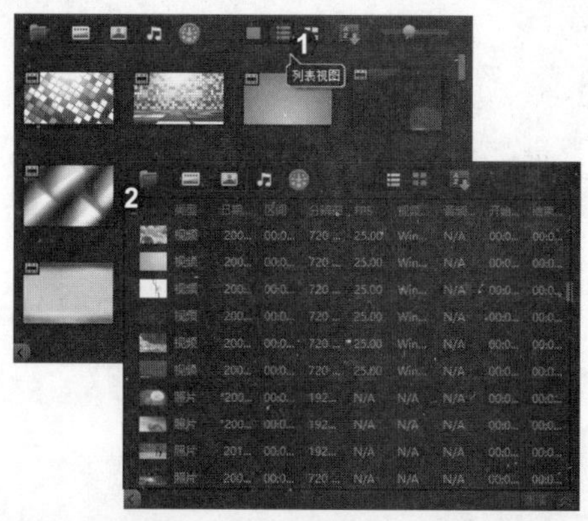

知识拓展

在“素材库”面板中，不仅可以将素材文件以列表视图显示，还可以将素材文件以缩略图视图显示。❶ 在“素材库”中，单击“缩略图视图”按钮，❷ 即可以缩略图视图显示素材文件。

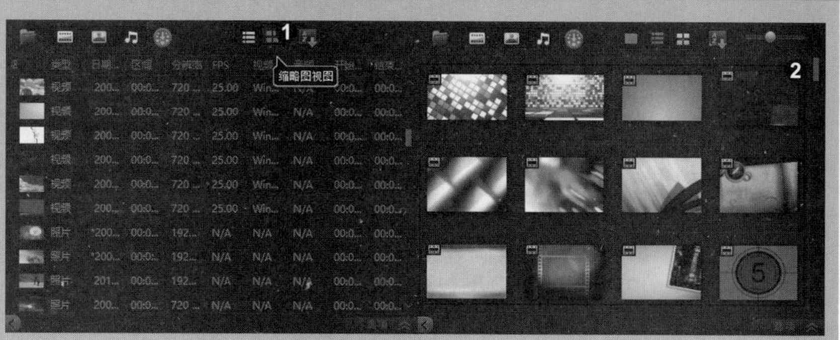

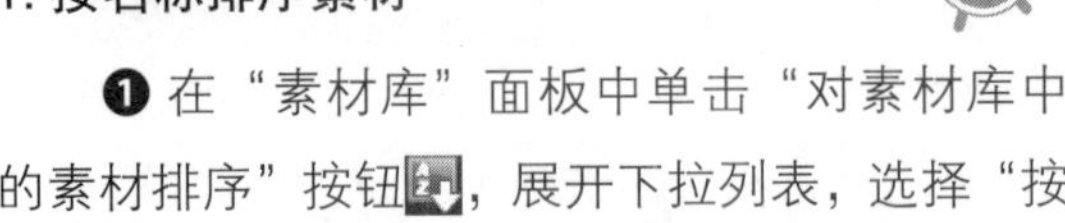

招式 024 排序素材库中的素材

Q 在素材库中的素材数量太多了，常常出现素材选择不方便的情况，您能教教我如何排序素材库中的素材，使选取更方便吗？

A 没问题，您只要使用“对素材库中的素材排序”按钮即可实现。

1. 按名称排序素材

❶ 在“素材库”面板中单击“对素材库中的素材排序”按钮，展开下拉列表，选择“按名称排序”命令，❷ 即可按名称排序素材。

2. 按类型排序素材

❶ 在“素材库”面板中单击“对素材库中的素材排序”按钮，展开下拉列表，选择“按类型排序”命令，❷ 即可按类型排序素材。

知识拓展

在“素材库”面板中，不仅可以排序素材库中的素材，还可以调整素材的显示大小。在“素材库”面板中，拖曳右上方的滑块，即可调整素材显示图标的大小。

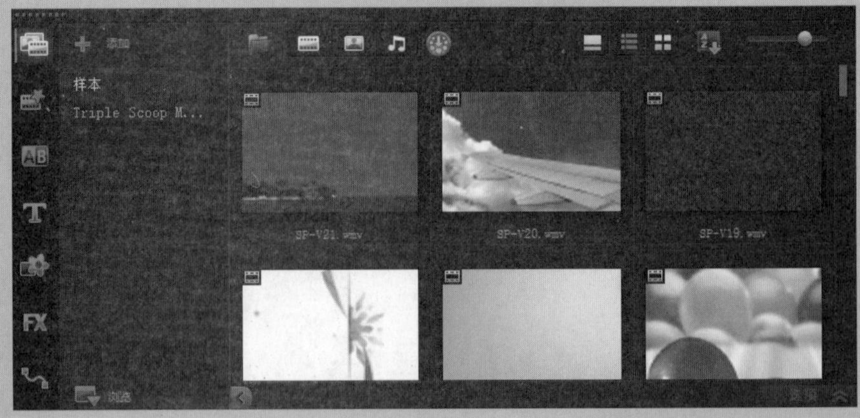

招式 025 显示项目中的网格线

Q 在制作会声会影的项目文件时，有时需要显示项目中的网格线，从而为项目文件中的素材增添效果，您能教教我如何显示项目中的网格线吗?

A 没问题，您可以通过勾选“显示网格线”复选框来实现。

1. 选择图像素材

❶ 打开本书配备的“素材\第 1 章\招式 025　花环少女 .vsp”项目文件，❷ 在“时间轴”面板中选择图像素材。

2. 勾选“显示网格线”复选框

❶ 在“素材库”面板中单击“选项”按钮，❷ 展开选项面板，切换至“属性”选项卡，勾选“显示网格线”复选框。

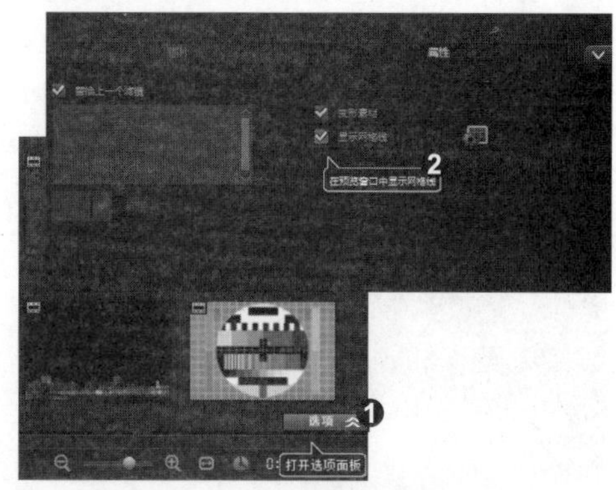

3. 显示网格线

此时即可在监视器中显示网格线。

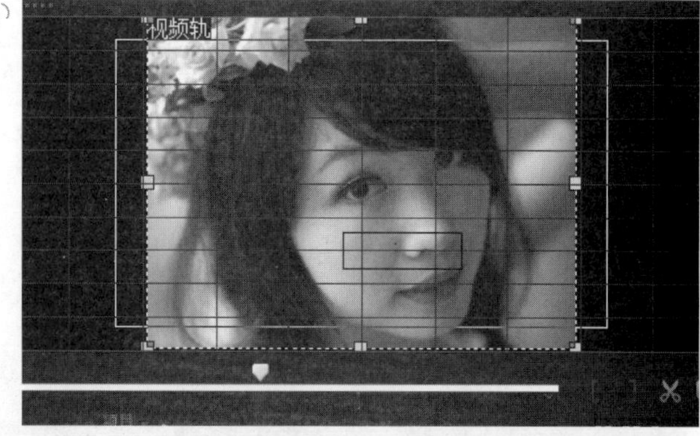

知识拓展

在项目文件中显示网格线后，用户可以取消勾选“显示网格线”复选框以隐藏网格线。

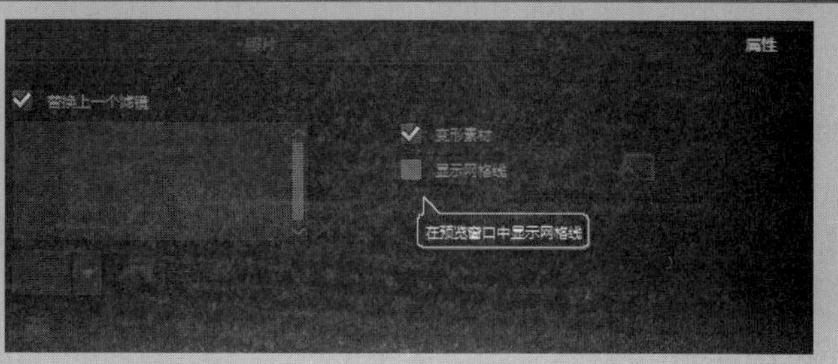

招式026 设置网格线选项

Q 在会声会影中，网格线都是以默认的状态显示，很不美观，您能教教我如何设置网格线选项吗?

A 可以的，您只要使用“网格线选项”按钮即可实现。

1. 修改网格大小

❶ 打开上一招式保存的效果项目文件，在选项面板的“属性”选项卡中单击“网格线选项”按钮，❷ 弹出“网格线选项”对话框，修改“网格大小”参数为30%。

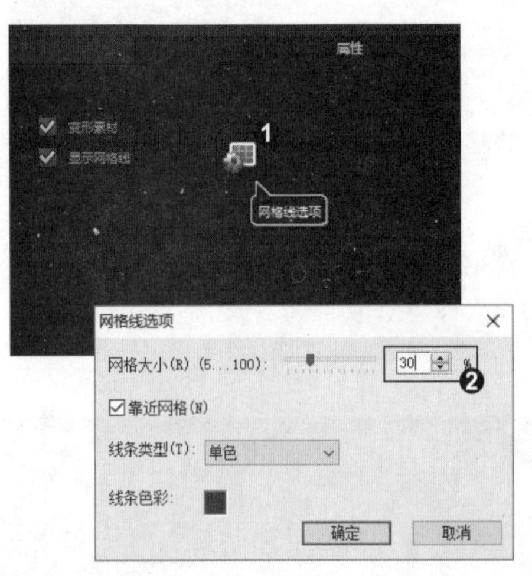

2. 设置网格线选项

❶ 单击“线条色彩”右侧的颜色块，展开颜色面板，选择“黄色”，❷ 单击“确定”按钮，即可完成网格线选项参数的设置，并在监视器中查看更改后的网格线效果。

知识拓展

在设置网格线选项时，不仅可以设置网格大小和线条色彩，还可以设置线条类型。❶ 在“网格线选项”对话框中，单击“线条类型”右侧的下三角按钮，展开下拉列表，选择“虚线－点”选项，❷ 单击“确定”按钮，即可更改网格线的线条类型。

招式 027 在“时间轴”面板中添加轨道

Q 在默认情况下，“时间轴”面板中的每种轨道类型都只显示一条，在制作影片的过程中常常会出现某些轨道不够用的情况，您能教教我如何在“时间轴”面板中添加轨道吗?

A 没问题，您可以使用“轨道管理器”命令来实现。

1. 修改轨道参数

❶ 在“时间轴”面板的轨道上右击，弹出快捷菜单，选择“轨道管理器”命令，❷ 弹出“轨道管理器”对话框，修改“覆叠轨”参数为 3。

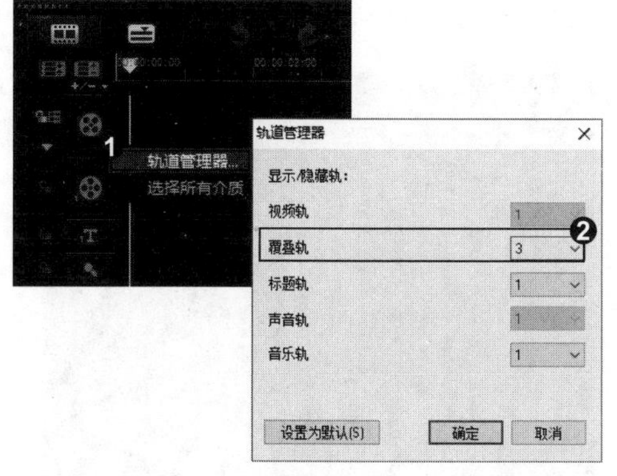

2. 显示 3 条覆叠轨道

单击“确定”按钮，即可在“时间轴”面板中显示 3 条覆叠轨道。

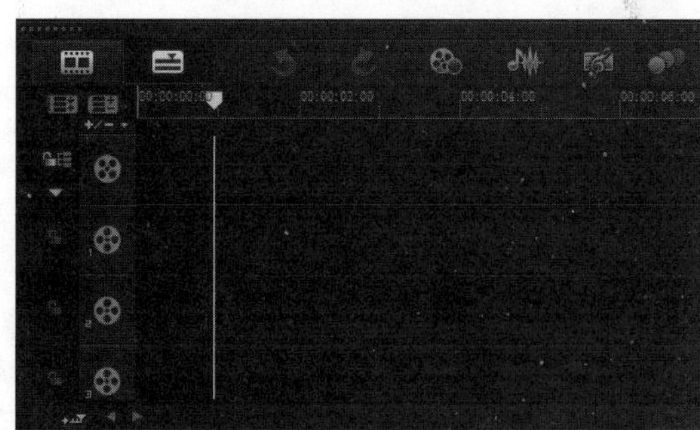

知识拓展

在“轨道管理器”对话框中，不仅可以添加覆叠轨，还可以添加标题轨和音乐轨。❶ 在“轨道管理器”对话框中，修改“标题轨”参数为 2，单击“确定”按钮；❷ 在“轨道管理器”对话框中，修改“音乐轨”参数为 4，单击“确定”按钮。

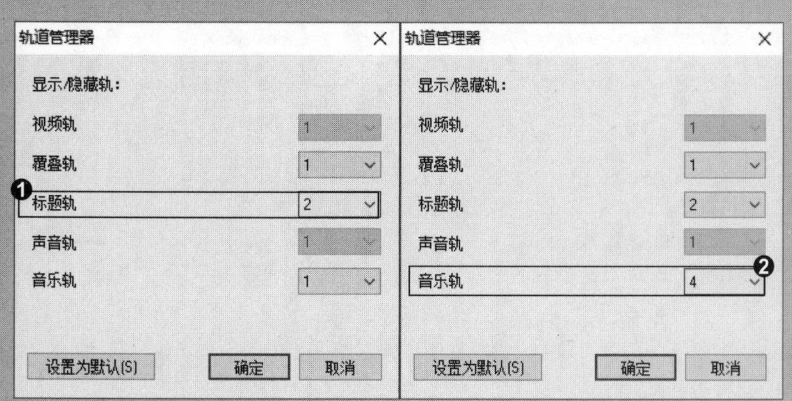

招式 028 在“时间轴”面板中删除轨道

Q 在添加了轨道后，常常会出现覆叠轨、标题轨、音乐轨等过多的情况，想将这些多余的轨道进行删除或者隐藏，您能教教我如何操作吗？

A 没问题，您可以使用“轨道管理器”命令来实现。

1. 修改轨道参数

❶ 在“时间轴”面板的轨道上右击，弹出快捷菜单，选择“轨道管理器”命令，❷ 弹出“轨道管理器”对话框，在“覆叠轨”下拉列表中选择1选项。

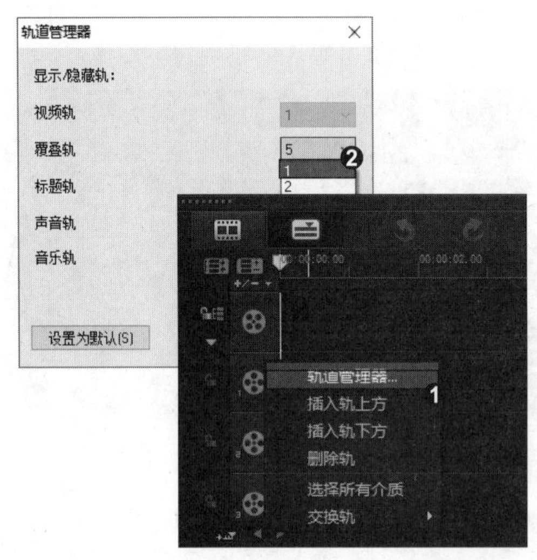

2. 删除多余轨道

单击“确定”按钮，即可在“时间轴”面板中删除多余的覆叠轨道，只显示1条覆叠轨。

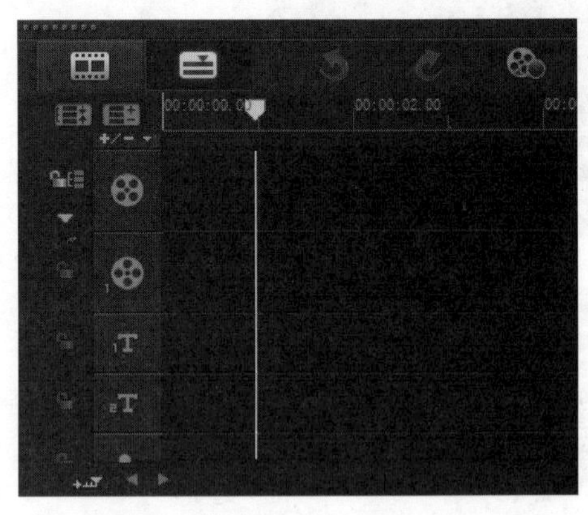

知识拓展

在“轨道管理器”对话框中，如果添加的轨道太多，一个个删除十分麻烦，则可以将其恢复到默认状态。在“轨道管理器”对话框中，单击“设置为默认”按钮即可。

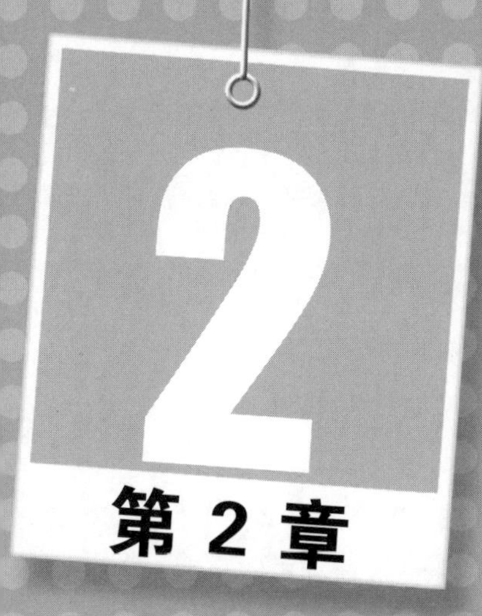

第 2 章 素材的添加与模板制作技巧

在会声会影 X9 中，提供了多种类型的主题模板，如图像模板、视频模板、即时项目模板、对象模板、边框模板以及其他各种类型的模板，通过添加这些模板，可以帮助用户将大量的生活照片制作成动态影片。本章主要讲解素材的添加与模板的制作技巧，其内容包括从素材库添加图像素材、从外部添加视频素材、添加字幕素材、添加 Flash 素材等。通过对本章的学习，可以帮助用户快速制作精美的相册和影片效果。

★★★★★ 招式 029 从素材库添加白色玫瑰图像素材

Q 在制作会声会影的影片之前，将素材添加到时间轴是视频编辑的第一步，但是不知道该怎么添加，您能教教我如何从素材库添加图像素材吗？

A 没问题，您可以通过拖曳鼠标，将素材库中的素材图像添加至时间轴中。

1. 选择图像素材

新建一个项目文件，在“素材库”面板中选择需要添加的图像素材。

2. 添加图像素材

❶ 按住鼠标左键不放，将其向下拖曳至“时间轴”面板中，❷ 释放鼠标左键，即可将选择的图像素材添加至“时间轴”面板的视频轨道上。

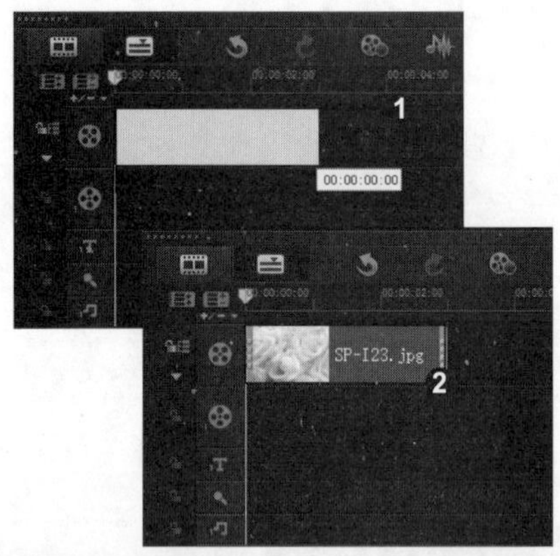

知识拓展

在“素材库”面板中，不仅可以将图像素材添加至时间轴中，还可以将视频素材添加至时间轴中。❶ 在“素材库”面板中选择视频素材，❷ 按住鼠标左键不放，将其拖曳至视频轨道中，释放鼠标左键，即可添加视频素材。

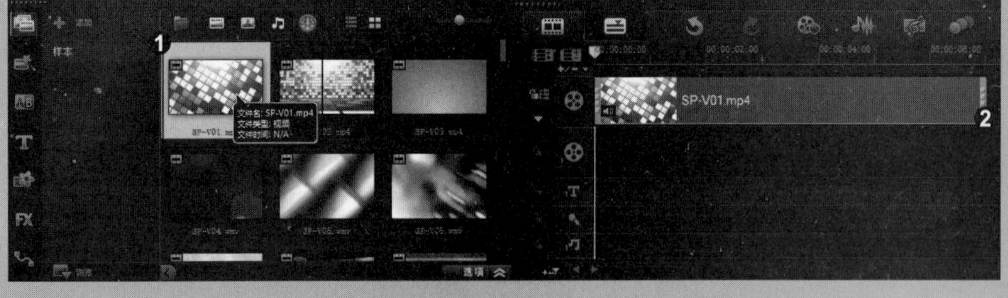

专家提示

除了可以通过拖曳鼠标从素材库添加图像素材外，还可以在“素材库”面板中选择图像素材，右击，弹出快捷菜单，选择“插入到”|“视频轨”命令。

招式 030 从外部添加花语视频素材

Q 在使用会声会影制作影片的过程中，发现素材库中的素材已经不能满足需求，需要从外部调用素材，您能教教我如何从外部添加视频素材吗？

A 没问题，您可以使用“将媒体文件插入到时间轴”子菜单中的“插入视频”命令来实现。

1. 选择“插入视频”命令

新建一个项目文件，在菜单栏中选择“文件”|“将媒体文件插入到时间轴”|“插入视频”命令。

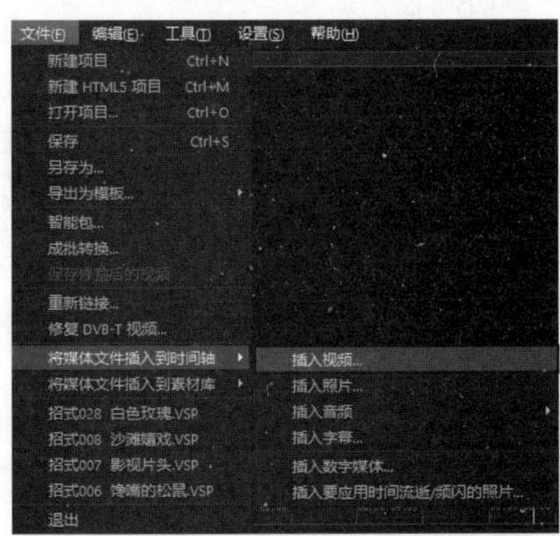

2. 添加视频文件

❶ 弹出“打开视频文件”对话框，选择需要插入的视频文件，❷ 单击“打开”按钮，即可将选择的视频文件添加至“时间轴”面板中。

知识拓展

“将媒体文件插入到时间轴”的功能十分强大，不仅可以插入视频素材，还可以插入照片素材。❶ 在菜单栏中选择“文件”|“将媒体文件插入到时间轴”|“插入照片”命令，❷ 弹出“浏览照片”对话框，选择合适的照片，单击“打开”按钮即可。

专家提示

除了可以通过菜单栏调用“插入视频”命令添加视频素材外，还可以在“时间轴”面板中右击，弹出快捷菜单，选择“插入视频”命令。

招式 031 为蒲公英添加字幕素材

Q 在制作影片时常常要用到字幕文件，但是每次都重新创建特别麻烦，想直接调用以前的字幕文件，您能教教我如何为项目文件添加字幕素材吗？

A 没问题，您可以使用“将媒体文件插入到时间轴”子菜单中的“插入字幕”命令来实现。

1. 选择“插入字幕”命令

❶ 打开本书配备的“素材\第 2 章\招式 031　蒲公英 .vsp”项目文件，❷ 在菜单栏中选择“文件”|“将媒体文件插入到时间轴”|“插入字幕”命令。

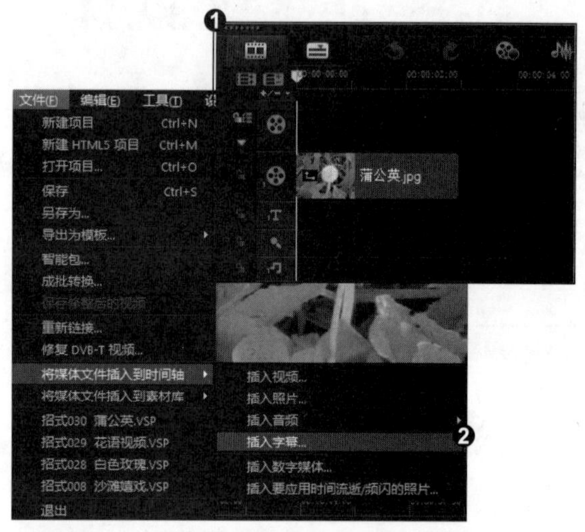

2. 选择字幕文件

❶ 弹出“打开”对话框，选择字幕文件，❷ 在对话框的下方修改“字体”为“方正启体简体”、“字体大小”为 99。

专家提示

除了可以通过菜单栏调用“插入字幕”命令添加字幕素材外，还可以在“时间轴”面板中右击，弹出快捷菜单，选择“插入字幕”命令。

3. 添加字幕文件

❶ 单击“打开”按钮，即可将选择的字幕文件添加至“时间轴”面板中的字幕轨道上，❷ 在导览面板中查看添加字幕后的效果。

知识拓展

在“打开”对话框中，不仅可以设置字幕文件的字体和字体大小，还可以设置字幕的字体颜色。在“打开”对话框的下方单击“字体色彩”右侧的颜色块，展开颜色面板，选择合适的颜色即可。

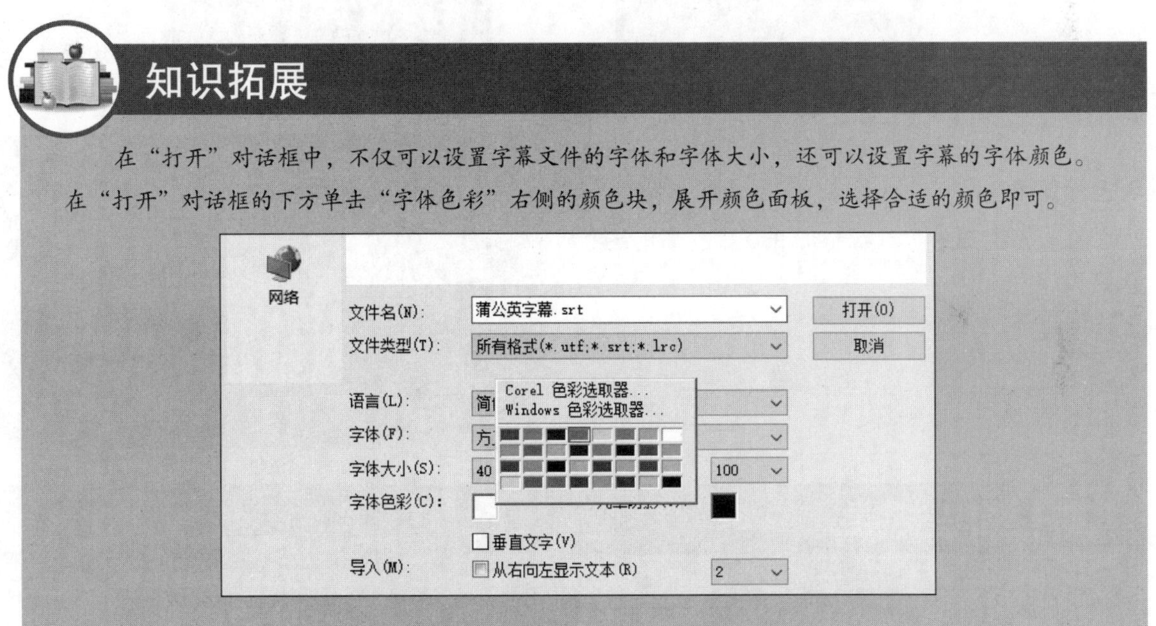

招式 032 为美丽夜空添加 PSD 素材

Q 在制作影片时，常常需要添加 PSD 格式的素材文件，您能教教我如何在时间轴中添加 PSD 素材吗？

A 没问题，您可以使用“插入照片”命令来实现。

1. 选择"插入照片"命令

❶ 打开本书配备的"素材\第 2 章\招式 032　美丽夜空 .vsp"项目文件，❷ 在"时间轴"面板中的轨道上右击，弹出快捷菜单，选择"插入照片"命令。

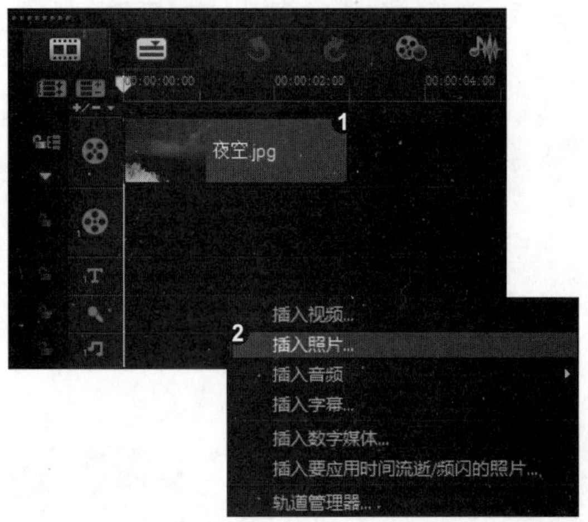

2. 添加 PSD 文件

❶ 弹出"浏览照片"对话框，选择"闪光 .psd"文件，❷ 单击"打开"按钮，即可将选择的 PSD 素材添加至"时间轴"面板的覆叠轨道中。

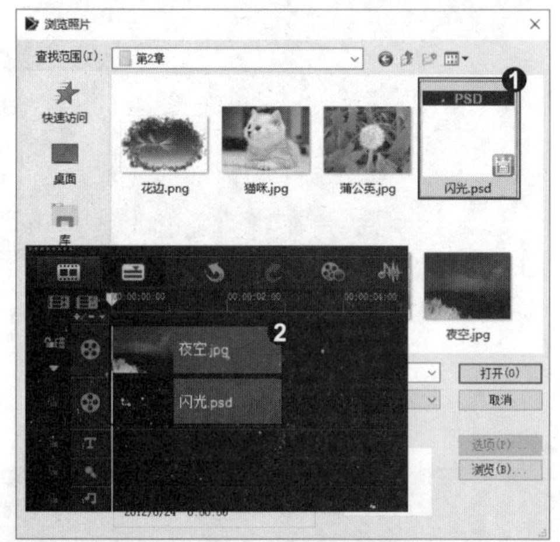

3. 查看图像效果

在导览面板中，查看添加 PSD 素材后的图像效果。

知识拓展

会声会影中的"插入照片"功能非常强大，不仅可以插入 PSD 素材，还可以插入位图、图形交换格式等。❶ 在"浏览照片"对话框中，选择位图格式的图像文件，❷ 单击"打开"按钮即可。

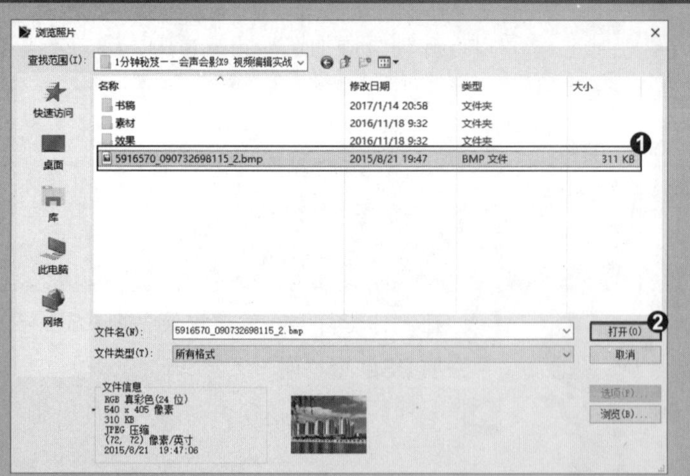

招式 033 添加 Flash 素材

Q 在制作影片时，常常要用到 Flash 素材来为影片增色，您能教教我如何添加 Flash 素材吗？

A 没问题，您可以在“Flash 动画”素材库中选择 Flash 动画，然后将其添加至时间轴。

1. 选择“Flash 动画”选项

❶ 新建一个项目文件，在“素材库”面板中单击“图形”按钮，❷ 进入“图形”素材库，单击“色彩模式”右侧的下三角按钮，展开下拉列表，选择“Flash 动画”选项。

2. 选择“视频轨”选项

❶ 在“Flash 动画”素材库中选择“FL-F13.swf”动画，右击，弹出快捷菜单，❷ 选择“插入到”|“视频轨”命令。

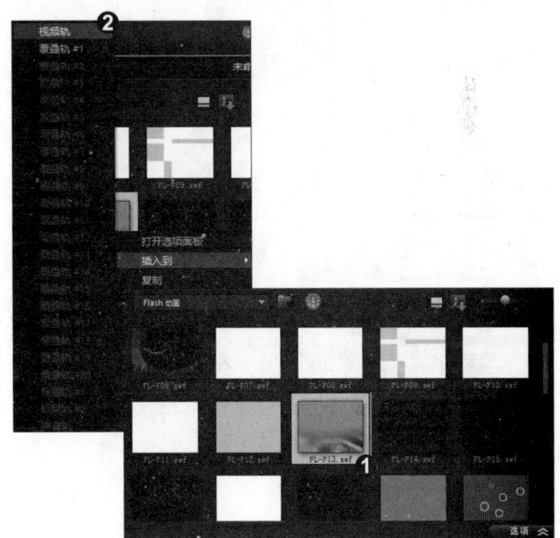

3. 添加 Flash 动画

❶ 将选择的 Flash 动画添加至视频轨道中，❷ 在导览面板中单击“播放”按钮，查看 Flash 动画效果。

知识拓展

在会声会影中添加Flash动画时，不仅可以添加会声会影自带的Flash动画，还可以添加计算机硬盘中的动画。❶ 在“Flash 动画”素材库中单击“添加”按钮，❷ 弹出“浏览Flash动画”对话框，选择合适的Flash文件，单击“打开”按钮即可。

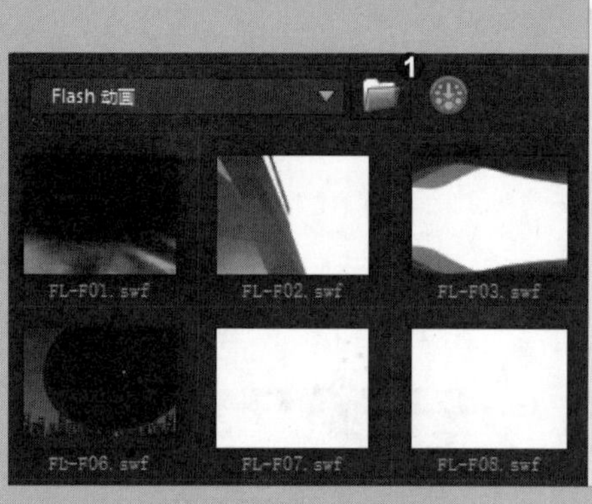

招式 034 添加PNG素材

Q 在会声会影中常常要用到PNG格式的素材，如为影片添加边框或者装饰效果等，您能教教我如何添加PNG素材吗？

A 没问题，您可以在“边框”素材库中选择PNG素材进行添加。

1. 选择PNG素材

❶ 新建一个项目文件，在“Flash 动画”素材库中单击“Flash 动画”右侧的下三角按钮，展开下拉列表，选择“边框”选项，❷ 进入“边框”素材库，选择需要添加的PNG素材。

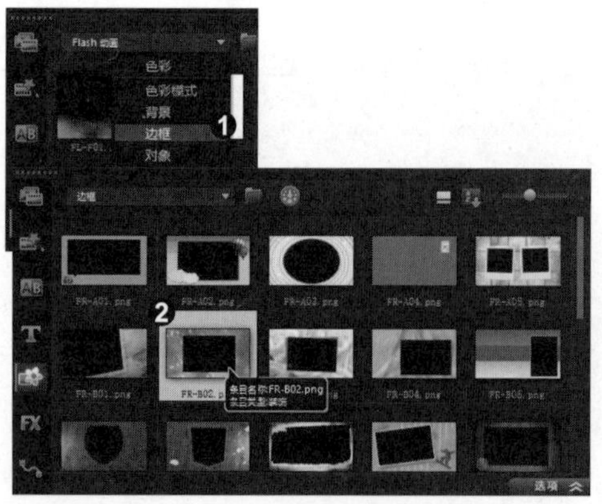

2. 添加PNG素材

❶ 单击鼠标并进行拖曳，将PNG素材添加至“时间轴”面板的视频轨道中，❷ 在导览面板中查看添加的PNG边框素材效果。

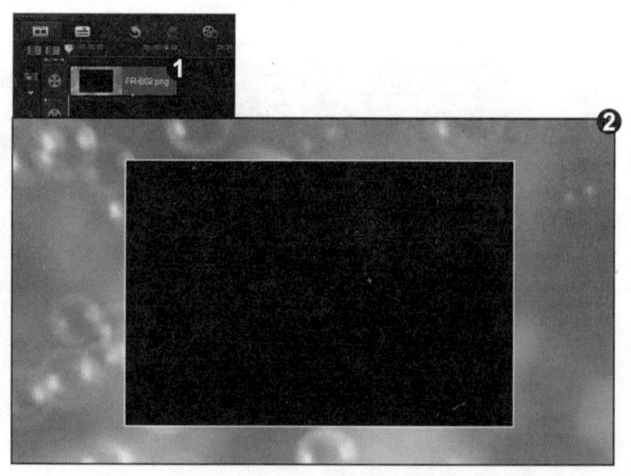

知识拓展

“边框”素材库中 PNG 格式的素材很多，用户可以根据自己的需要在项目文件中添加其他的 PNG 格式的素材还可以使用“添加”功能，在弹出的“浏览图形”对话框中重新选取计算机中的其他边框素材。

招式 035 添加背景素材

Q 在会声会影中常常要添加背景素材，您能教教我如何操作才能添加吗?

A 没问题，您可以在“背景”素材库中选择背景素材进行添加。

1. 选择背景素材

❶ 新建一个项目文件，在“边框”素材库中单击“边框”右侧的下三角按钮，展开下拉列表，选择“背景”选项，❷ 进入“背景”素材库，选择需要添加的背景素材。

2. 添加背景素材

❶ 单击鼠标并进行拖曳，将背景素材添加至“时间轴”面板的视频轨道中，❷ 在导览面板中查看添加的背景素材效果。

知识拓展

“背景”素材库中包含多种背景素材，用户可以根据自己的需要添加其他的背景素材。如果“背景”素材库中的素材不能满足需求，则可以在“背景”素材库中使用“添加”按钮进行添加，其具体操作步骤请参考招式 020，这里不再赘述。

招式 036 为红枫叶添加色彩素材

Q 在制作影片时，有时需要在视频或者图像素材的前面添加一个色彩素材，以增加过渡效果，您能教教我如何添加色彩素材吗？

A 没问题，您可以使用“色彩”素材库进行添加。

1. 选择“色彩”选项

❶ 打开本书配备的“素材 \ 第 2 章 \ 招式 036 红枫叶 .vsp”项目文件，❷ 在“图形”素材库中单击“色彩模式”右侧的下三角按钮，展开下拉列表，选择“色彩”选项。

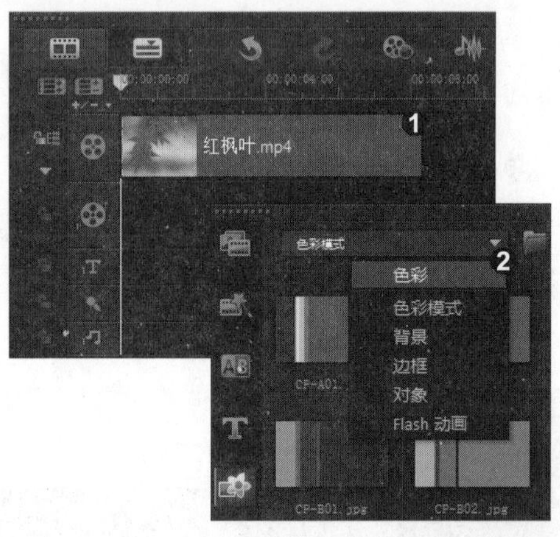

2. 添加素材文件

❶ 进入“色彩”素材库，选择合适的色彩素材，❷ 单击鼠标并进行拖曳，将色彩素材添加至“时间轴”面板中视频轨道的最前方。

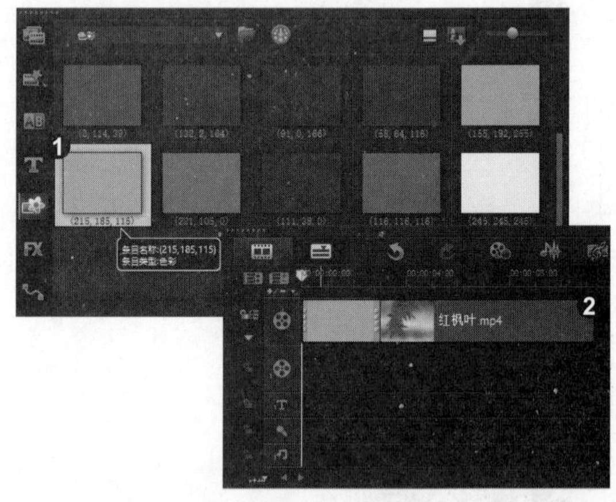

3. 预览效果

在导览面板中单击“播放”按钮，预览色彩和视频效果。

知识拓展

“色彩”素材库中包含多种色彩素材，用户可以根据自己的需要添加其他的色彩素材。如果“色彩”素材库中的素材不能满足需求，则可以在“色彩”素材库中使用“添加”按钮进行添加，其具体操作步骤请参考招式 019，这里不再赘述。

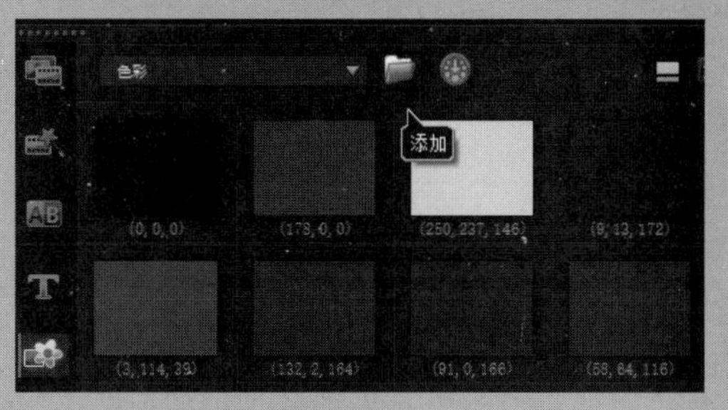

招式 037 使用影音快手模板制作生日相册

Q 影音快手中提供了很多精彩的模板，因此，在制作相册之前，想通过影音快手直接调用模板进行制作，您能教教我如何使用影音快手模板制作相册吗？

A 没问题，您可以使用“影音快手”命令来实现。

1. 显示启动界面

❶在菜单栏中选择“工具”|“影音快手”命令，❷显示“影音快手”启动界面，并显示启动进度。

2. 单击“添加媒体”按钮

❶稍后打开“影音快手”界面，在右侧列表框中选择一个主题，❷在界面的左下方单击“添加媒体”按钮。

3. 选择媒体文件

❶进入“添加媒体”界面，单击右侧的“添加媒体”按钮，❷弹出“添加媒体”对话框，选择合适的媒体文件。

4. 预览大致效果

❶ 单击“打开”按钮，即可添加媒体文件。❷ 在左侧的预览窗口中，拖曳滑块预览大致的效果。

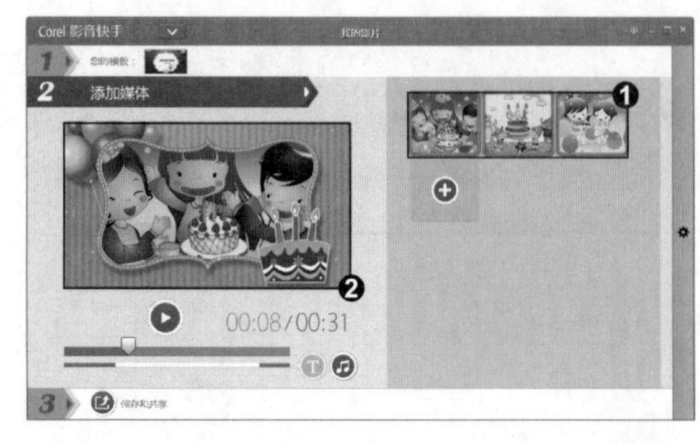

5. 编辑文字

❶ 将滑块拖至左侧紫色条区域，单击“编辑标题”按钮，❷ 在上方预览窗口中修改文字内容，并修改其字体为“华文琥珀”，然后调整文字的位置。

6. 单击“保存和共享”按钮

❶ 使用同样的方法，修改其他的标题，❷ 在界面的左下方单击“保存和共享”按钮。

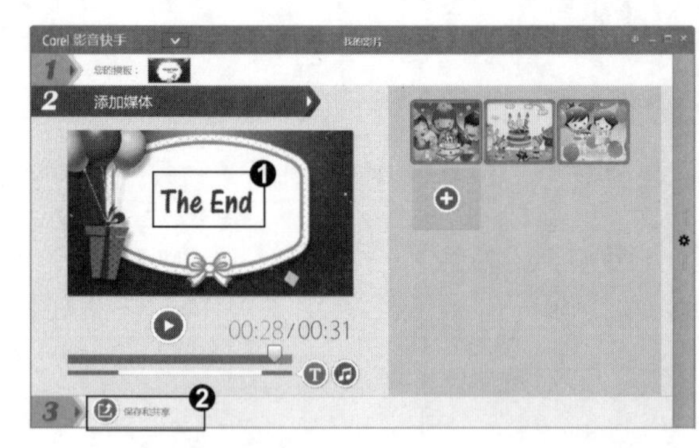

7. 设置文件名和保存路径

❶ 进入“保存和共享”界面，在“文件名”文本框中输入“招式 037　生日相册”，单击“文件位置”右侧的“浏览”按钮，❷ 弹出“另存为”对话框，设置保存路径。

8. 导出电影

❶ 在“保存和共享”区域的下方单击“保存电影”按钮，即可开始渲染电影，并显示渲染进度，❷ 渲染完成后，弹出打开提示对话框，提示“电影已成功渲染”，单击“确定”按钮。

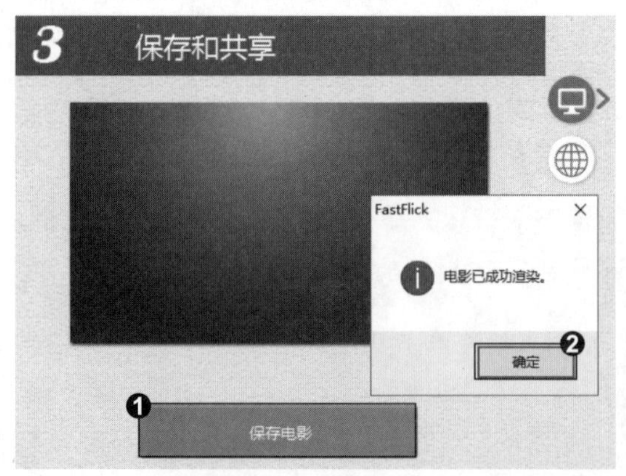

2. 添加模板文件

❶ 弹出“选择一个项目模板”对话框，选择模板文件，❷ 单击“打开”按钮，即可将选择的模板文件添加至“自定义”素材库中。

3. 播放模板效果

❶ 选择模板，将其拖入“时间轴”面板中，❷ 在导览面板中单击“播放”按钮，播放模板效果。

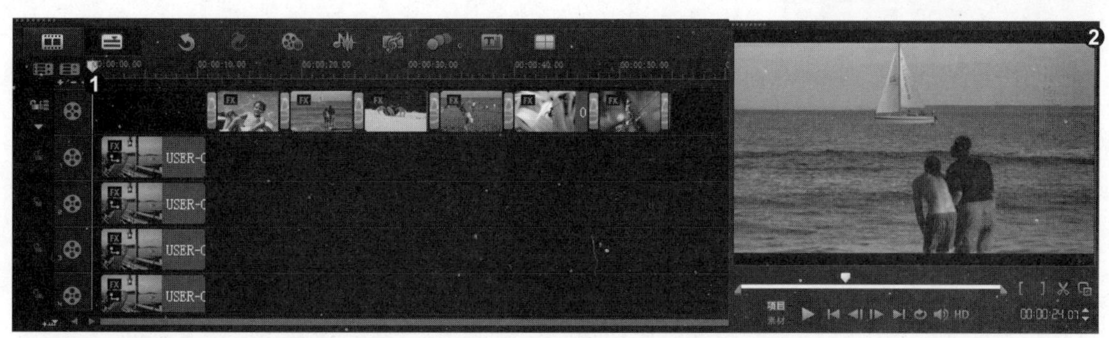

知识拓展

在“自定义”素材库中，不仅可以直接从外部添加项目模板文件，还可以直接下载项目模板文件。❶ 在“自定义”素材库中单击“获取更多内容”按钮，❷ 在打开的界面中选择合适的模板进行下载即可。

第3章 精彩视频的捕获技巧

在编辑影片之前，首先需要捕获视频素材。本章主要讲解精彩视频的捕获技巧，其内容包括DV捕获视频、设置捕获格式、捕获静态图像、从数字媒体导入媒体文件等。通过对本章的学习，用户可以将捕获工具与计算机进行正确连接，以确保能够成功地捕获到高质量的视频素材，从而进行影片的编辑工作。

招式 040 DV捕获视频

Q 在将DV与计算机相连接后，想通过DV捕获视频，您能教教我如何捕获吗？

A 没问题，您可以使用“捕获视频”功能来实现。

1. 单击“捕获视频”按钮

❶ 将DV与计算机进行连接，在会声会影X9界面中单击“捕获”按钮，❷ 切换至“捕获”步骤面板，单击“捕获视频”按钮。

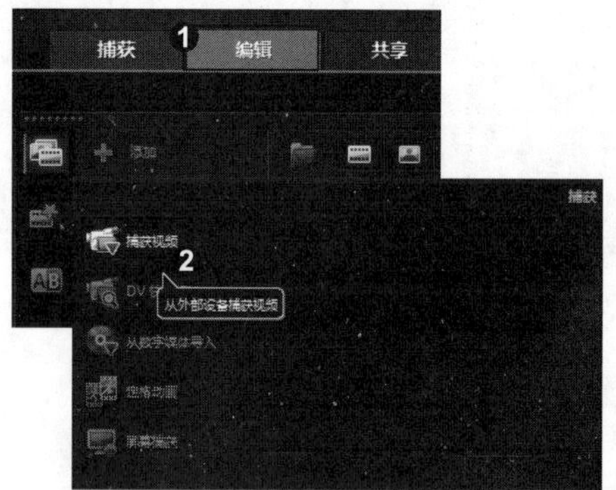

2. 选择保存位置

❶ 进入捕获界面，单击“捕获文件夹”按钮，❷ 弹出“浏览文件夹”对话框，选择需要保存捕获视频的文件夹位置。

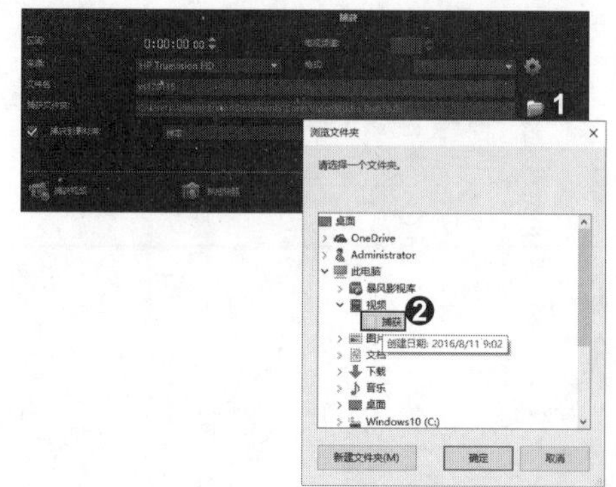

3. 开始捕获视频

❶ 单击“确定”按钮，即可在“捕获”步骤面板中显示相应路径，❷ 单击“捕获”步骤面板中的“捕获视频”按钮，开始捕获视频。

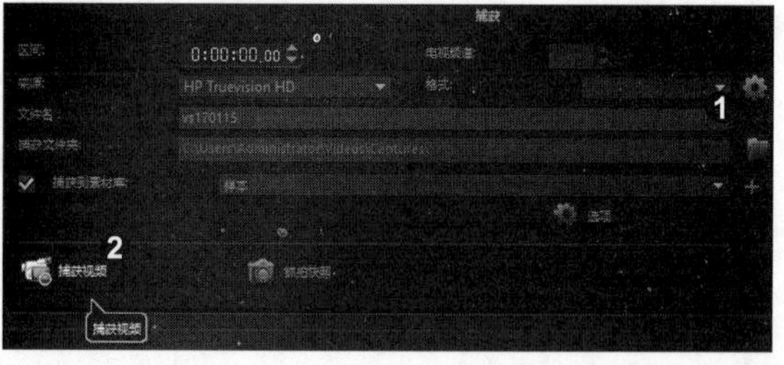

4. 停止捕获

捕获到合适位置后，单击“停止捕获”按钮，捕获完成的视频文件即可保存到素材库中。

知识拓展

在捕获视频的过程中，不仅可以设置捕获视频的保存位置，还可以设置捕获视频的名称。在“捕获”步骤面板的“文件名”文本框中输入新名称即可。

招式 041 设置捕获格式

Q 在会声会影中进行素材捕获时，不仅想进行视频捕获，还想进行静态图像的捕获，但是捕获出来的还是视频，您能教教我如何设置捕获格式吗？

A 没问题，因为会声会影默认的是捕获视频素材，因此，需要在“捕获”选项卡中进行设置。

1. 切换至“捕获”选项卡

❶ 在菜单栏中选择“设置”|“参数选择”命令，❷ 弹出“参数选择”对话框，切换至“捕获”选项卡。

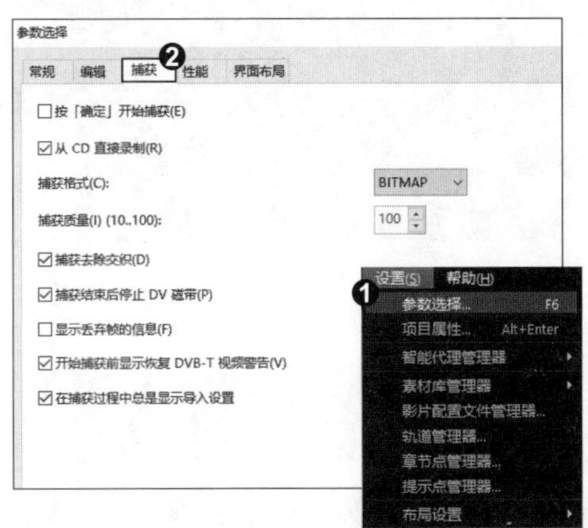

2. 设置捕获格式

单击“捕获格式”右侧的下三角按钮，展开下拉列表，选择 JPEG 选项，单击“确定”按钮，完成捕获格式的设置。

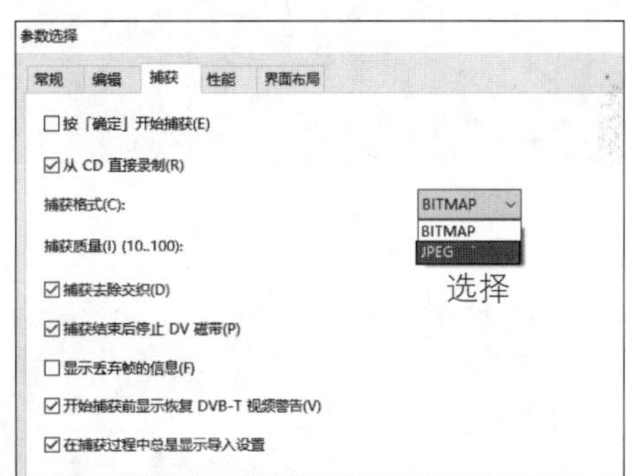

知识拓展

在“参数选择”对话框的“捕获”选项卡中，不仅可以设置捕获素材的格式，还可以设置图像的捕获质量。在“捕获质量”数值框中修改参数即可。

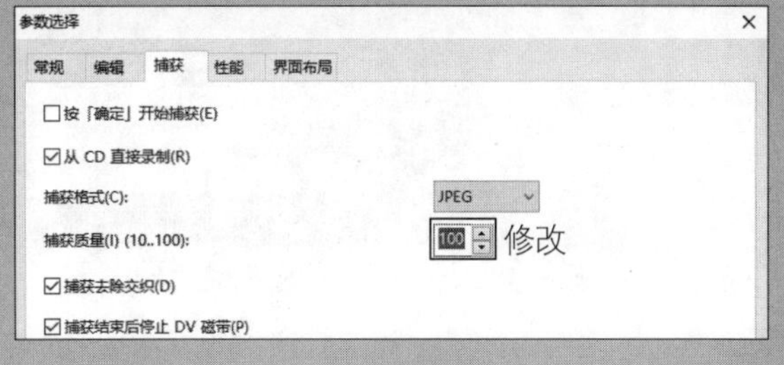

招式 042 捕获静态图像

Q 在捕获视频后，常常需要抓拍视频中的某一个镜头，您能教教我如何捕获静态图像吗？

A 没问题，您可以使用“抓拍快照”功能来捕获静态图像。

1. 选择文件夹

❶ 在“捕获”步骤面板中单击“捕获文件夹”按钮，❷ 弹出“浏览文件夹”对话框，选择合适的文件夹。

2. 捕获静态图像

❶ 单击“确定”按钮后，在“捕获”步骤面板中单击“抓拍快照”按钮，❷ 进行静态图像捕获，捕获完成后，结果会自动显示在时间轴中。

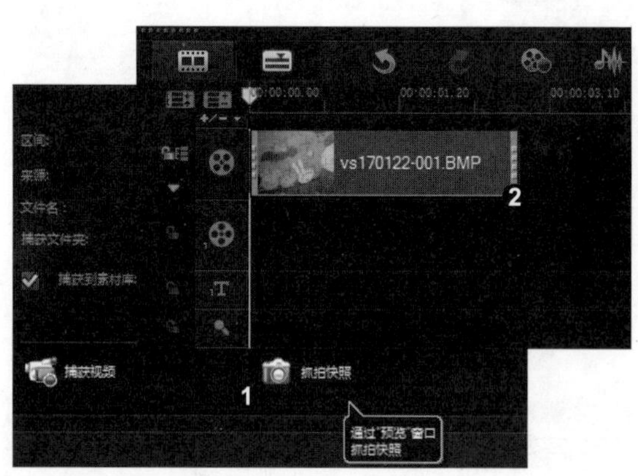

知识拓展

在进行静态图像捕获时，不仅可以设置静态图像的保存位置，还可以设置静态图像的来源。在“捕获”步骤面板中，单击“来源”右侧的下三角按钮，展开下拉列表，选择合适的选项即可。

招式 043 从数字媒体导入媒体文件

Q 在会声会影中，常常需要从指定的视频光盘或内存中导入视频素材，您能教教我如何从数字媒体中导入媒体文件吗?

A 没问题，您可以使用“从数字媒体导入”功能来实现。

1. 勾选媒体文件复选框

❶ 切换至“捕获”步骤面板，单击“从数字媒体导入”按钮，❷ 弹出“选取‘导入源文件夹’”对话框，勾选需要导入的数字媒体文件的复选框。

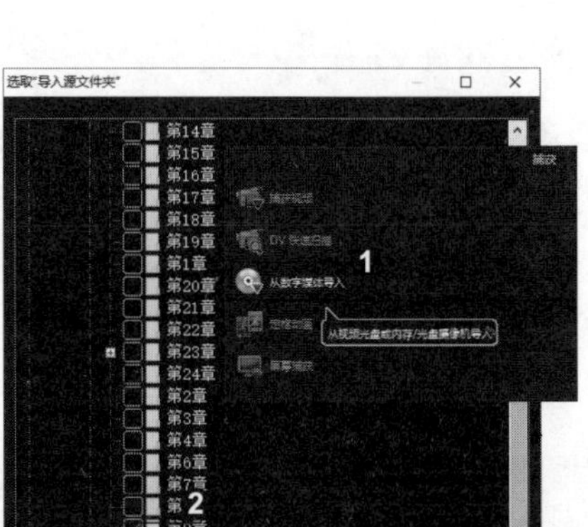

2. 单击“开始导入”按钮

❶ 单击“确定”按钮后，弹出“从数字媒体导入”对话框，单击“起始”按钮，❷ 在“从数字媒体导入”对话框中勾选需要导入的文件，并设置保存位置，单击“开始导入”按钮。

3. 导入媒体文件

❶ 开始导入媒体文件，导入完成后，弹出“导入设置”对话框，❷ 单击“确定”按钮，导入的视频文件将自动保存到素材库中。

知识拓展

使用“从数字媒体导入”功能不仅可以对视频和图像文件进行导入操作，还可以对字幕文件进行导入操作。在“从数字媒体导入”对话框中勾选需要导入的字幕文件，单击“开始导入”按钮即可。

招式044 从硬盘摄像机导入视频

Q 在会声会影中，不仅需要从数字媒体中导入媒体文件，还需要直接从硬盘摄像机中导入拍摄的视频文件和照片素材，您能教教我如何导入吗？

A 没问题，您可以使用“插入数字媒体”命令来实现。

1. 选择视频文件位置

❶ 在菜单栏中选择“文件”|“将媒体文件插入到素材库”|“插入数字媒体”命令，❷ 弹出“选取‘导入源文件夹’”对话框，选择视频文件位置。

2. 单击“开始导入”按钮

❶ 弹出“从数字媒体导入”对话框，单击“起始”按钮，❷ 在“从数字媒体导入”对话框中选择需要导入的视频，单击“开始导入”按钮。

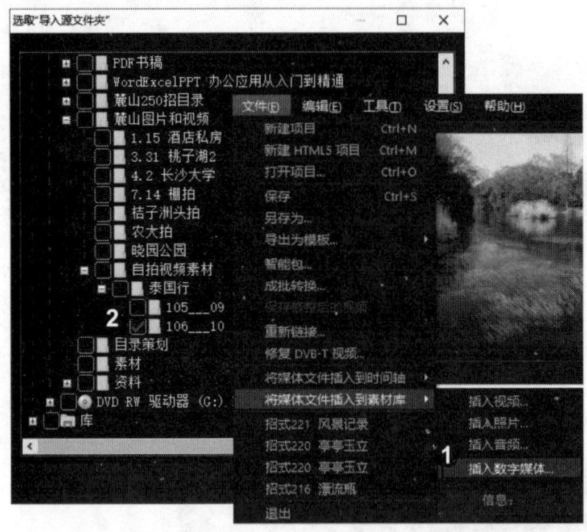

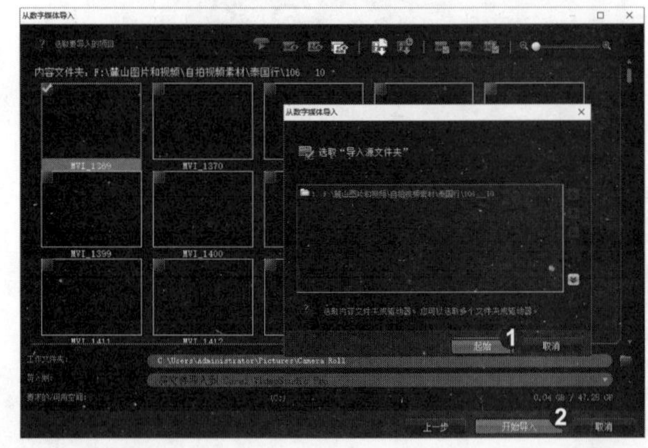

3. 导入视频素材

弹出窗口，显示视频素材的信息及视频素材的导入进度，视频素材导入完成后，在时间轴中会显示视频素材。

知识拓展

从硬盘摄像机中导入视频文件时，在“选取‘导入源文件夹’”对话框中可以将多余的源文件夹删除。选择多余的源文件夹，单击“删除源文件夹”按钮即可。

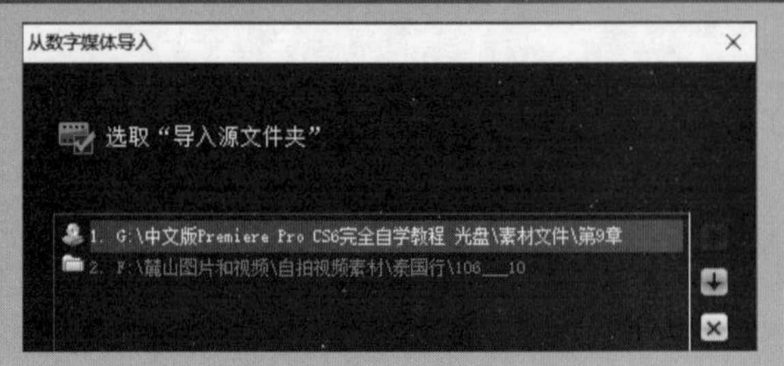

招式 045 创建定格动画

Q 在会声会影中，常常需要从 DV 或网络摄像头中捕获图像或从 DSLR 中导入照片直接做成定格动画，并将制作好的定格动画添加到视频项目中，您能教教我如何创建定格动画吗?

A 没问题，您可以使用“定格动画”功能来实现。

1. 单击“捕获图像”按钮

❶ 切换至“捕获”步骤面板，单击“定格动画”按钮，❷ 弹出“定格动画”对话框，单击“捕获图像”按钮。

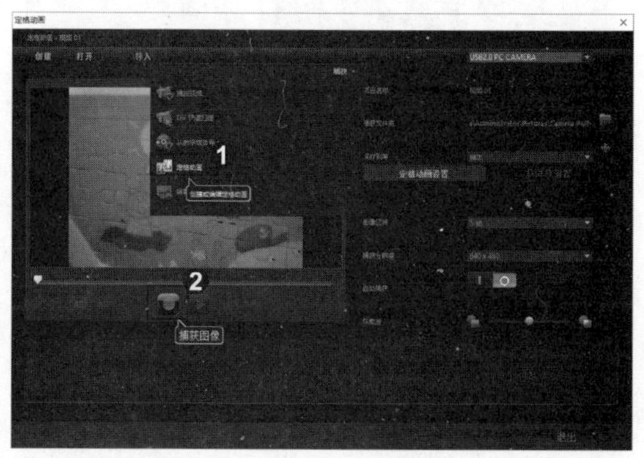

2. 创建定格动画

❶ 捕获图像，然后单击“保存”按钮，❷ 关闭“定格动画”对话框，切换至“编辑”步骤面板，在素材库中查看创建的定格动画。

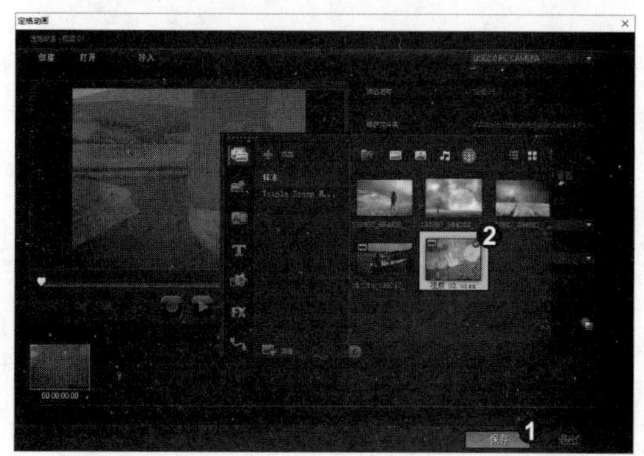

知识拓展

在创建定格动画时，不仅可以通过直接捕获图像进行创建，还可以在“定格动画”对话框中通过“导入”功能进行创建。❶ 在“定格动画”对话框中单击“导入”按钮，❷ 弹出“导入图像”对话框，选择合适的图像即可。

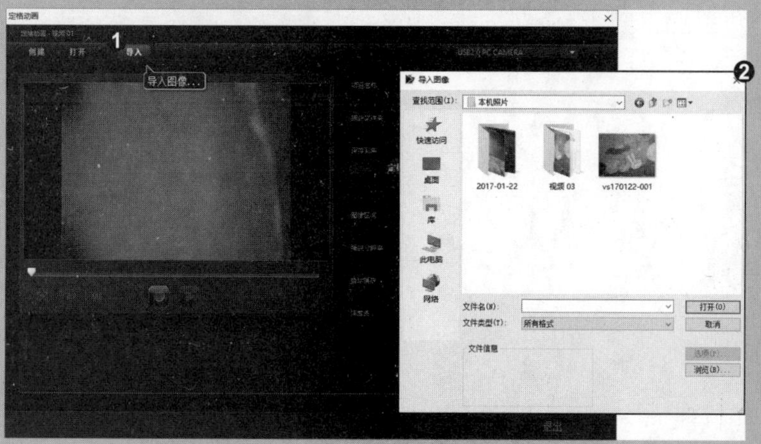

招式 046 屏幕捕获视频

Q 在会声会影中，想直接捕获屏幕中的画面或者动作，您能教教我如何屏幕捕获视频吗?

A 没问题，您可以使用“屏幕捕获”功能，同时录制系统与麦克风的声音。

1. 弹出“屏幕捕获”窗口

❶ 进入会声会影 X9 编辑器，单击“捕获”按钮，在“捕获”步骤面板中单击“屏幕捕获”按钮，❷ 弹出“屏幕捕获”窗口。

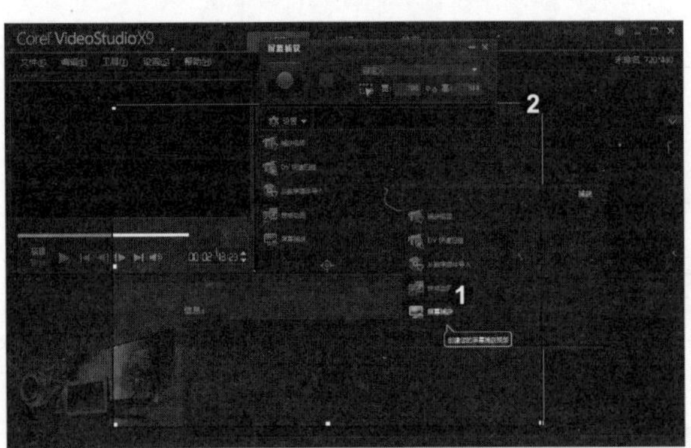

2. 调整捕获框的大小和位置

❶ 将鼠标指针放在捕获框的四周，手动拖动调整捕获窗口的大小，❷ 选中边框中心点，拖动并调整捕获窗口的位置。

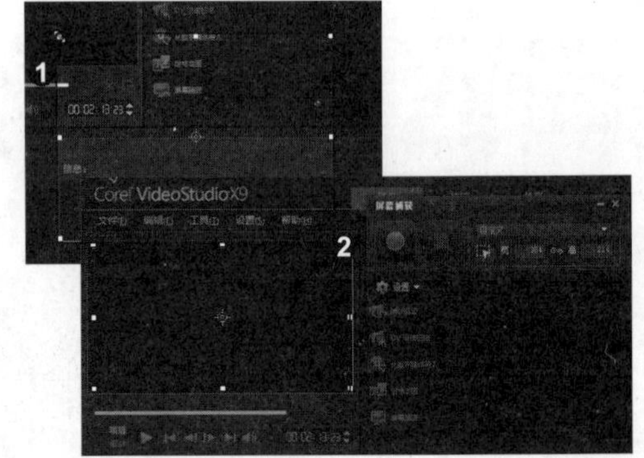

3. 设置文件名和保存路径

❶ 单击“设置”右侧的下三角按钮，查看更多设置。❷ 在“文件设置”选项组中设置文件名称及文件保存路径。

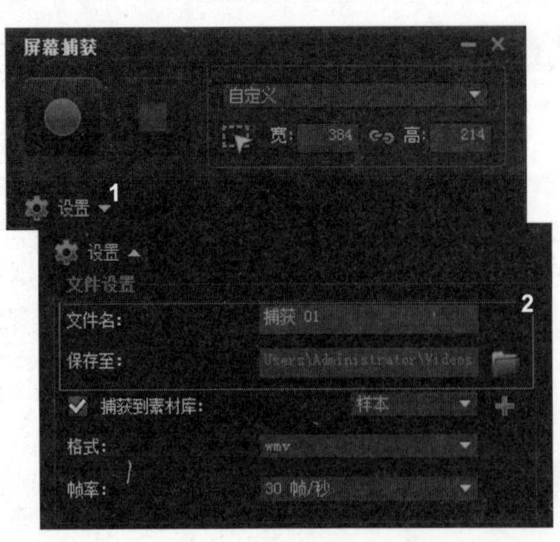

4. 单击“记录”按钮

❶ 在“音频设置”选项组中单击“声效检查”按钮，❷ 在弹出的对话框中单击“记录”按钮。

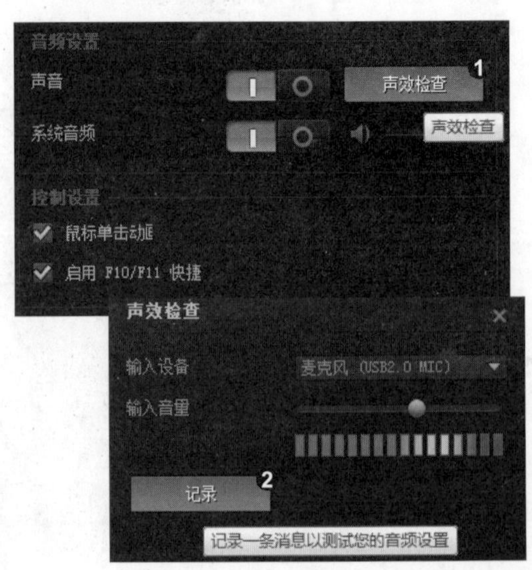

5. 开始播放音频

❶ 对麦克风试音，单击“停止”按钮即可停止，❷ 当默认的 10 秒音量输入时间过后，即可开始播放音频。

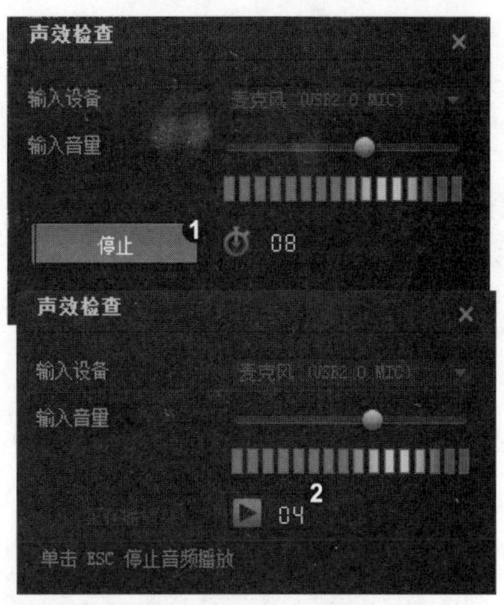

6. 开始录制视频

❶ 按 Esc 键停止音频播放，关闭“声效检查”对话框，然后单击“开始录制”按钮，❷ 出现 3 秒倒计时及停止 / 暂停操作快捷键的提示窗口，开始录制视频。

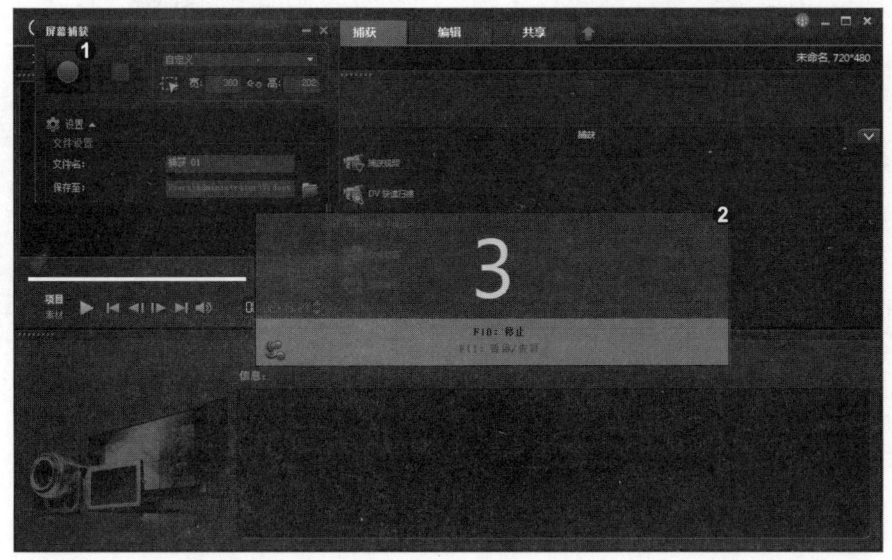

知识拓展

在使用屏幕捕获视频时，用户可以根据需要对屏幕的大小进行调整，可以使用全屏捕获视频，也可以使用自定义的屏幕大小捕获视频。

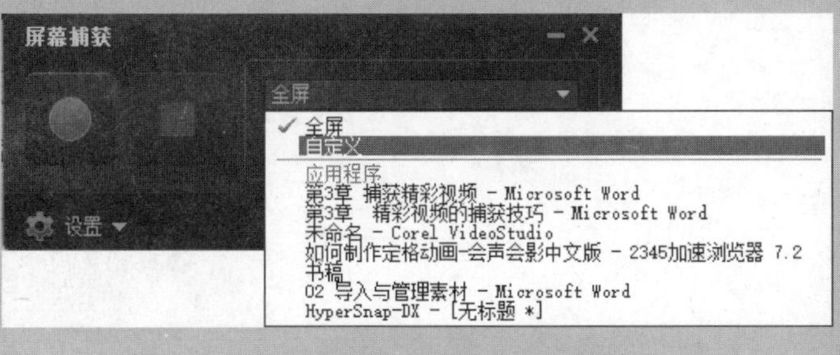

招式 047 录制画外音

Q 在制作影片时，有些需要进行语音讲解，因此常常需要直接用麦克风录制语音文件并应用到视频中，您能教教我如何录制画外音吗?

A 没问题，您可以使用“录制 / 捕获选项”下的“画外音”功能来实现。

1. 单击“画外音”按钮

❶ 正确连接麦克风与计算机，进入会声会影X9，在“时间轴”面板中单击“录制 / 捕获选项”按钮，❷ 弹出“录制 / 捕获选项”对话框，单击“画外音”按钮。

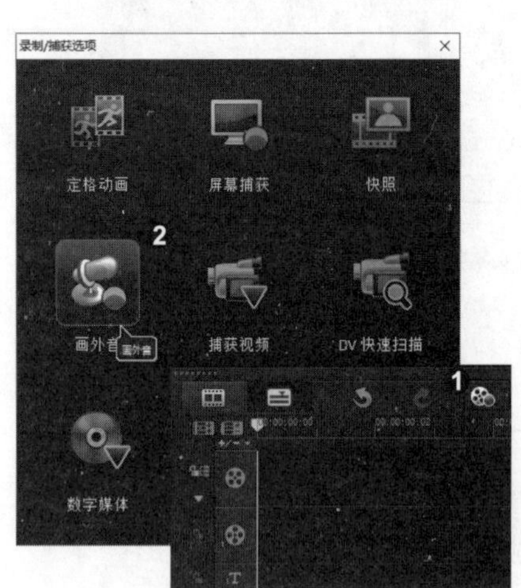

2. 添加录制声音

❶ 弹出“调整音量”对话框，单击“开始”按钮，❷ 即可通过麦克风开始录制声音，然后按 Esc 键结束录音。录制结束后，语音素材会被添加到“时间轴”面板的声音轨中。

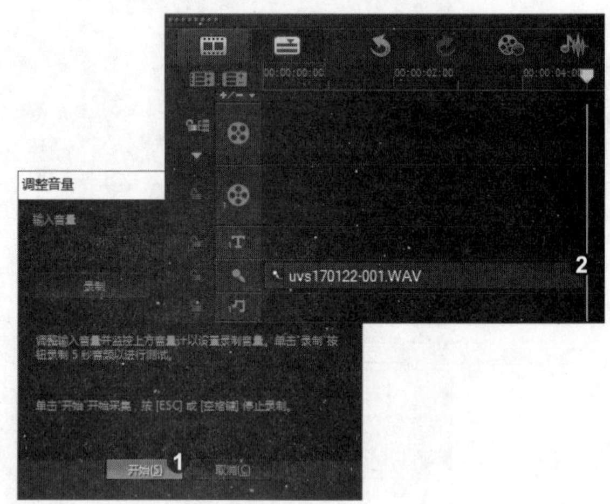

知识拓展

在录制画外音之前，用户可以在“调整音量”对话框中单击“录制”按钮，对麦克风进行测试操作。

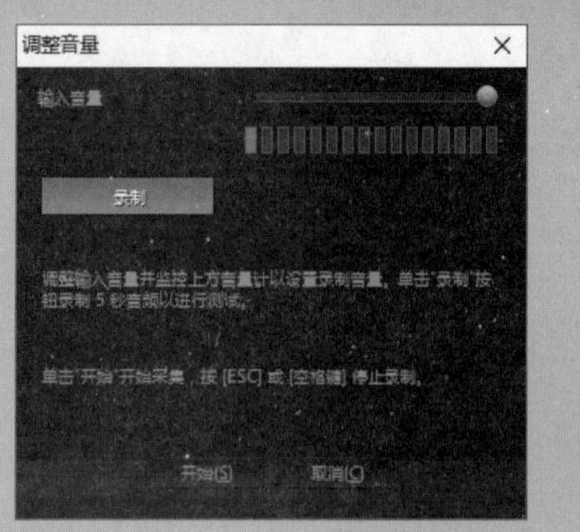

招式 048 批量转换视频素材

Q 在会声会影中，常常需要对视频素材的格式进行转换，但是一个个转换既浪费时间，又容易出错，您能教教我如何批量转换视频素材吗?

A 没问题，您可以使用“成批转换”命令统一转换项目中的所有视频格式。

1. 单击“添加”按钮

❶ 在菜单栏中选择“文件”|“成批转换”命令，❷ 弹出“成批转换”对话框，单击“添加”按钮。

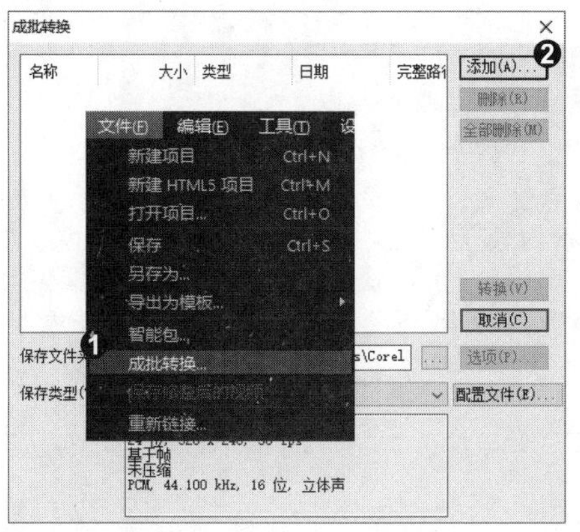

3. 单击“转换”按钮

❶ 弹出“浏览文件夹”对话框，选择合适的文件夹，❷ 单击“确定”按钮，返回到“成批转换”对话框，保持默认转换格式，单击“转换”按钮。

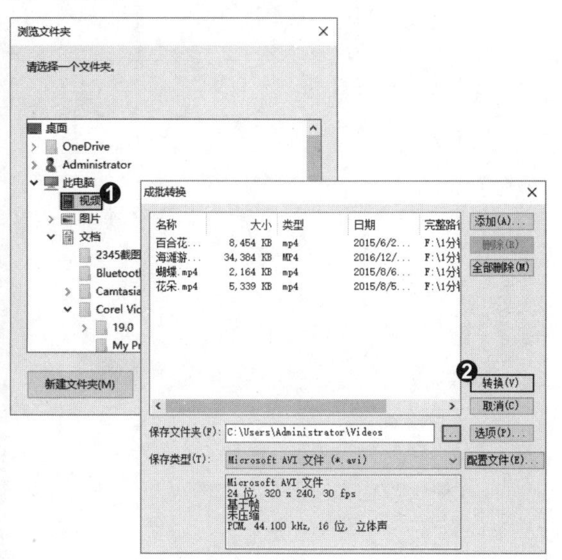

2. 单击相应的按钮

❶ 弹出“打开视频文件”对话框，选择合适的视频文件，❷ 单击“打开”按钮，返回到“成批转换”对话框，单击“保存文件夹”右侧的...按钮。

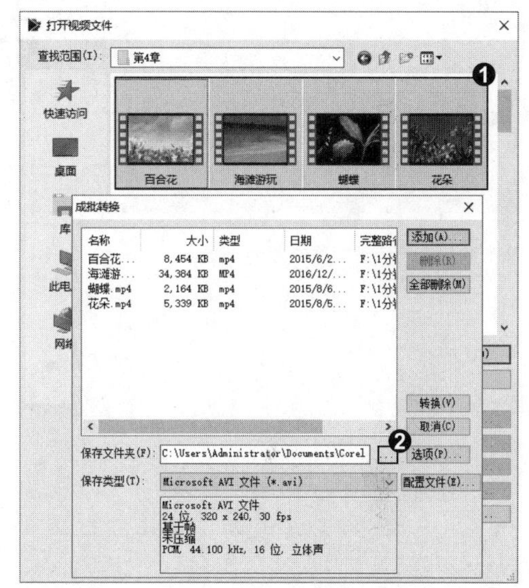

4. 转换完成

开始进行视频文件的成批转换，转换完成后，弹出“任务报告”对话框，单击“确定”按钮，完成视频文件的转换操作。

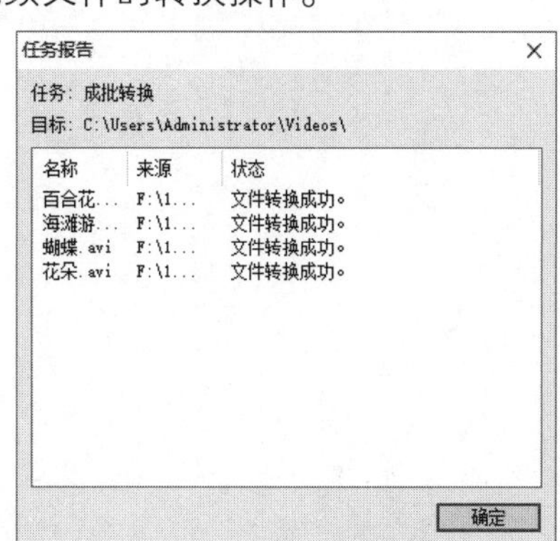

知识拓展

在成批转换视频素材时，用户可以使用“选项”按钮设置视频素材的品质。❶在“成批转换”对话框中单击“选项”按钮，❷弹出“视频保存选项”对话框，在各个选项卡中依次调整相应的选项参数即可。

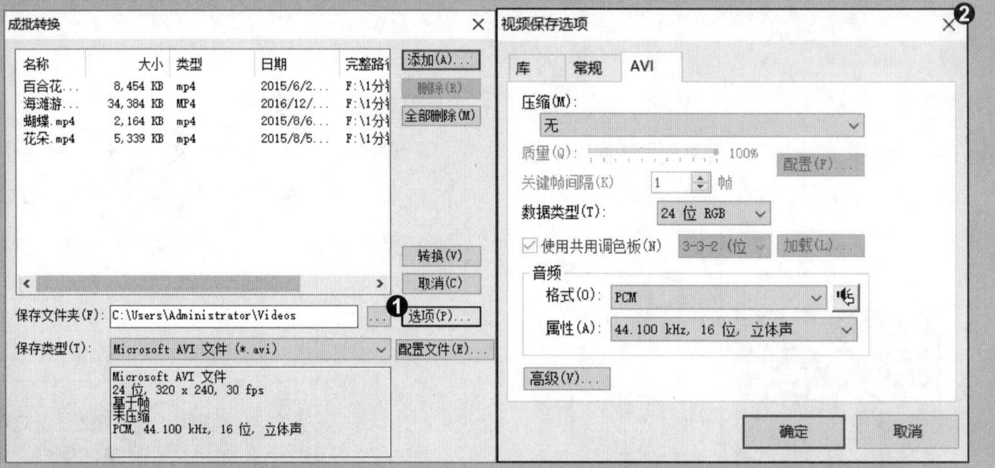

第 4 章 素材的编辑与调整技巧

会声会影 X9 拥有丰富而强大的视频编辑功能，可以对素材进行复制、替换、调整顺序、变频调速以及设置图像效果等操作。本章主要讲解素材的编辑与调整技巧，其内容包括设置素材的显示模式、复制素材、选取并移动素材、替换素材、重新链接素材、旋转视频、反转视频、变频调速视频、调整图像的色调、调整图像亮度、调整图像对比度等。通过本章的学习，用户可以根据自己的需要来完成影片的制作。

招式 049 设置花朵图像的重新采样选项

Q 在会声会影中导入素材图像后，图像是以默认的采样选项显示，使得项目素材中的图像显示不美观，您能教教我如何设置图像的重新采样选项吗？

A 没问题，您只要重新调整图像的采样选项就可以实现。

1. 选择图像素材

❶打开本书配备的“素材 \ 第 4 章 \ 招式 049 花朵图像 .vsp”项目文件，❷在“时间轴”面板中选择图像素材。

2. 选择相应的选项

❶在项目面板中单击“选项”按钮，❷展开“照片”选项面板，在“保持宽高比”下拉列表中选择“保持宽高比 (无字母框)”选项。

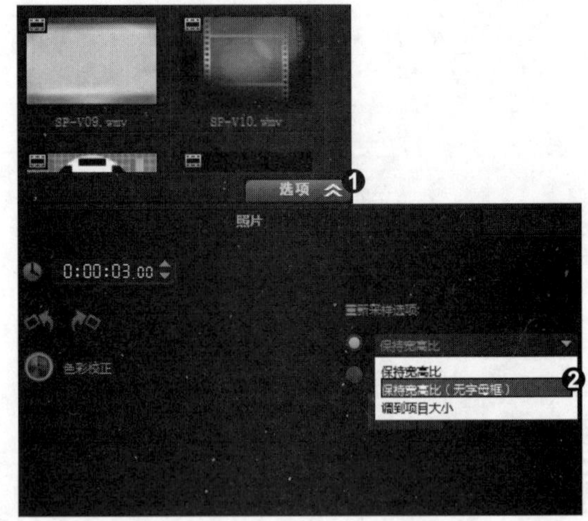

3. 设置图像重新采样

即可将选择图像的重新采样选项设置为“保持宽高比 (无字母框)”，并在导览面板中查看设置重新采样后的图形效果。

知识拓展

在设置重新采样选项时，除了可以将采样选项调整为“保持宽高比（无字母框）”外，还可以将采样选项调整为“项目大小”选项。选择“时间轴”面板中的素材图像，单击“选项”按钮，进入“选项”面板，在“重新采样选项”下拉列表中选择“调到项目大小”选项即可。

招式 050 设置蝴蝶素材的显示模式

Q 在使用会声会影编辑视频时，素材是以缩略图和文字的形式呈现出来，这样就会在编辑过程中产生了一些不便，您能教教我如何设置素材的显示模式吗？

A 没问题，您可以重新更改素材的显示模式来适应操作需要即可。

1. 选择图像素材

❶ 打开本书配备的“素材 \ 第 4 章 \ 招式 050　蝴蝶 .vsp”项目文件，❷ 在“时间轴”面板中选择图像素材。

2. 选择“仅略图”选项

❶ 在菜单栏中选择“设置”|“参数选择”命令，❷ 弹出“参数选择”对话框，单击“常规”选项卡，在“素材显示模式”下拉列表中选择“仅略图”选项。

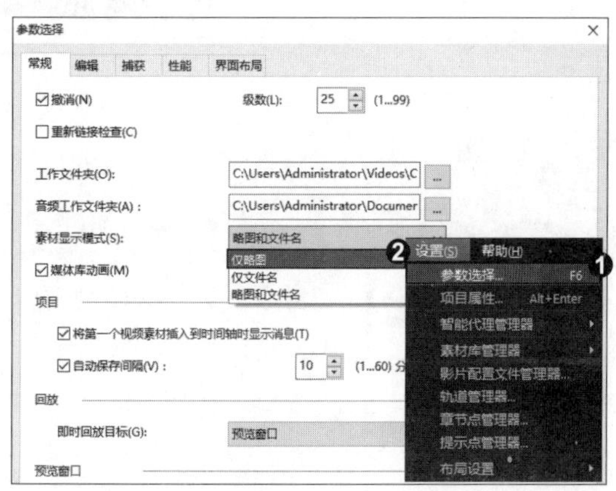

3. 设置素材显示模式

单击“确定”按钮，即可将素材的显示模式设置为“仅略图”显示模式。

知识拓展

在设置素材的显示模式时，除了可以将素材显示模式调整为“仅略图”外，还可以将素材显示模式调整为“仅文件名”选项。❶ 选择“时间轴”面板中的素材图形，在菜单栏中选择“设置”|“参数选择”命令，❷ 弹出“参数选择”对话框，在“常规”选项卡的“素材显示模式”下拉列表中选择“仅文件名”选项，❸ 单击“确定”按钮，即可将素材显示模式设置为“仅文件名”。

招式 051 复制蝴蝶中的素材

Q 在会声会影中编辑视频时，常常会使用到相同的素材，每次都插入一样的素材，很浪费时间，您能教教我如何在会声会影中复制素材吗？

A 没问题，您只要在“时间轴”面板中使用“复制素材”功能复制素材，以加快工作效率。

1. 选择“复制”命令

❶ 打开上一招式的素材项目文件，在“时间轴”面板中选择素材图像，❷ 然后右击，弹出快捷菜单，选择“复制”命令。

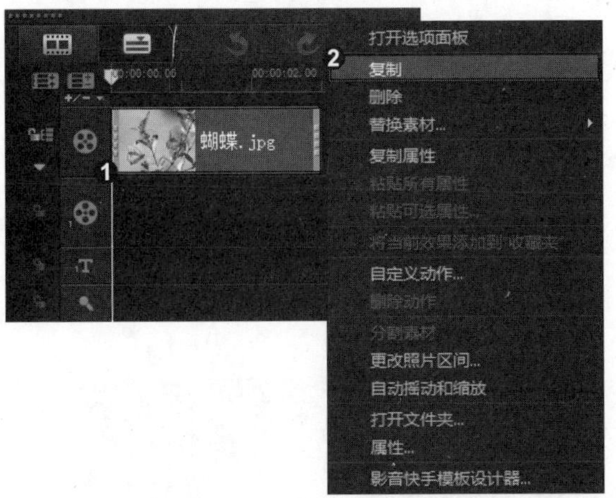

2. 复制素材

此时的光标呈一定的形状，在合适的位置单击鼠标，即可将复制的素材粘贴到该位置。

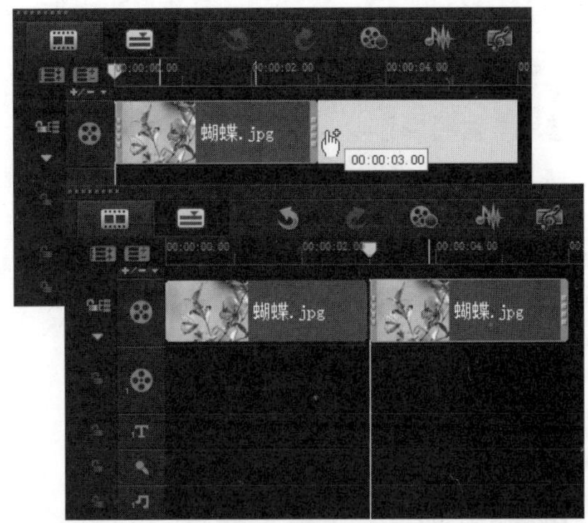

知识拓展

在会声会影中复制素材时，除了可以将素材复制到同一视频轨道中，还可以复制到其他的视频轨道中。❶ 在“时间轴”面板中选择素材图像，右击，弹出快捷菜单，选择“复制”命令，❷ 在“视频 2”轨道的对应位置单击鼠标，即可将复制的素材粘贴到该位置。

专家提示

用户除了可以在“时间轴”面板中右击，在快捷菜单中选择“复制”命令复制素材外，还可以在菜单栏中选择“编辑”|“复制”命令，即可对素材进行复制。

招式 052 选取并移动绝代佳人中的素材

Q 在会声会影的"时间轴"面板中插入素材后，发现素材存在排列顺序不对的情况，您能教教我如何选取并移动素材吗？

A 没问题，您可以先选取"时间轴"面板中的素材，然后再通过移动素材来调整素材的位置。

1. 选取素材图像

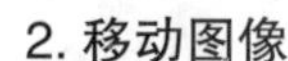

❶ 打开本书配备的"素材\第 4 章\招式 052 绝代佳人.vsp"项目文件，❷ 并在"时间轴"面板的最右侧素材图像上单击鼠标，即可选取素材图像。

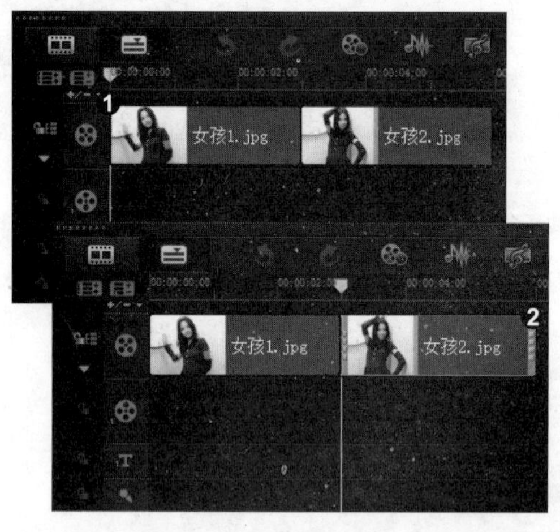

2. 移动图像

❶ 单击鼠标左键的同时拖曳素材至左侧素材图像的前面，❷ 释放鼠标左键，即可移动素材对象。

知识拓展

在移动素材时，除了可以在同一个轨道上移动素材外，还可以将素材移动到其他轨道中。❶ 在"时间轴"面板中，选取需要移动的素材，❷ 单击鼠标左键的同时拖动素材至其他轨道的对应位置，释放鼠标左键，即可将素材移动到不同的轨道中。

招式 053 删除绝代佳人中的素材

Q 在会声会影中添加图像素材后，发现图像素材的效果不满意，您能教教我如何进行删除吗?

A 可以的，遇到这种情况时您可以使用“删除”命令将不满意的素材直接删除即可。

1. 选择“删除”命令

❶ 打开上一招式保存的效果项目文件，在“时间轴”面板中，选择左侧的图像素材，❷ 右击，弹出快捷菜单，选择“删除”命令。

2. 删除素材

即可将选择的素材进行删除操作，且在“时间轴”面板中将不显示该素材。

知识拓展

在会声会影中删除素材时，除了可以删除单个素材外，还可以一次性删除多个素材。❶ 在“时间轴”面板中，按住 Shift 键的同时，选择多个素材，❷ 按 Delete 键，即可删除多个素材。

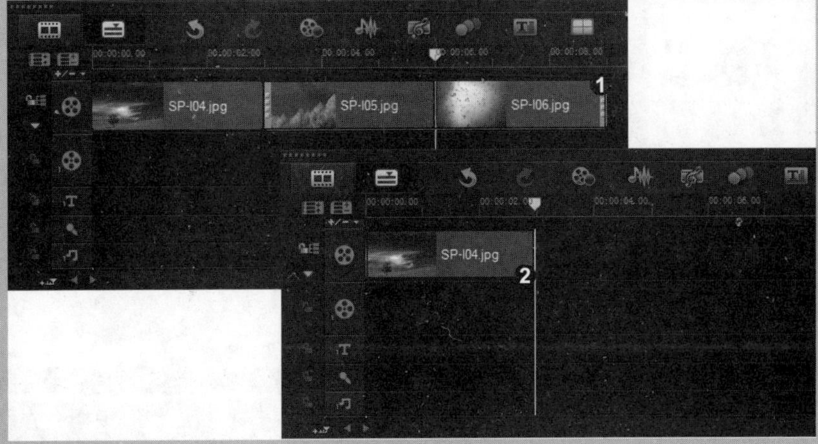

招式 054 替换花香四溢中的素材

Q 在会声会影中制作视频时，有时要用到素材的替换操作，您能教教我如何替换素材吗？

A 没问题，您可以在选择素材后，使用“替换素材”命令重新替换素材即可。

1. 选取素材图像

❶ 打开本书配备的“素材\第 4 章\招式 054 花香四溢.vsp”项目文件，❷ 在“时间轴”面板中选取素材图像。

2. 选择“照片”命令

❶ 然后右击，弹出快捷菜单，选择“替换素材”|“照片”命令，❷ 弹出“替换 / 重新链接素材”对话框，选择“花朵 2”素材图像。

3. 替换素材图像

单击“打开”按钮，即可完成素材图像的替换操作，并在预览面板中预览替换后的素材图像。

知识拓展

在替换素材时，除了可以替换素材图像外，还可以替换视频素材。❶ 选择“时间轴”面板中的素材图像，右击，弹出快捷菜单，选择“替换素材”|“视频”命令，❷ 弹出“替换 / 重新链接素材”对话框，选择视频文件即可。

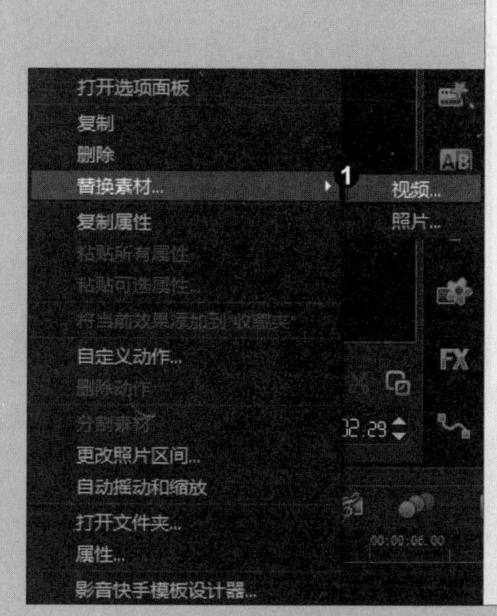

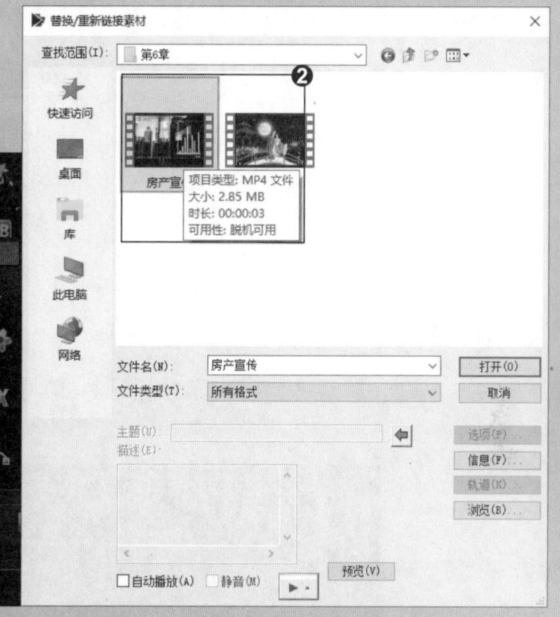

招式 055 将水上游玩素材标记为 3D

Q 在制作会声会影的视频时，想为视频标记为 3D 模式，以便将视频和照片素材编辑成 3D，您能教教我如何将素材标记为 3D 吗？

A 没问题，您只要使用“标记为 3D”功能即可将素材标记为 3D。

1. 选择视频素材

❶ 打开本书配备的“素材 \ 第 4 章 \ 招式 055　水上游玩 .vsp”项目文件，❷ 在“时间轴”面板中选择视频素材。

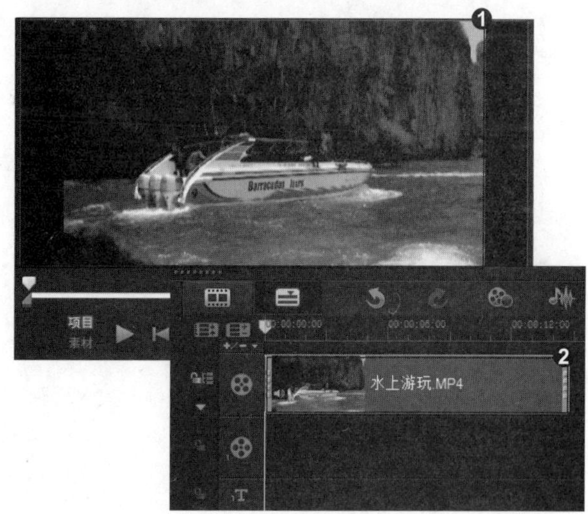

2. 添加背景素材

❶ 然后右击，弹出快捷菜单，选择“标记为 3D”命令，❷ 弹出“3D 设置”对话框，单击“并排”图标。

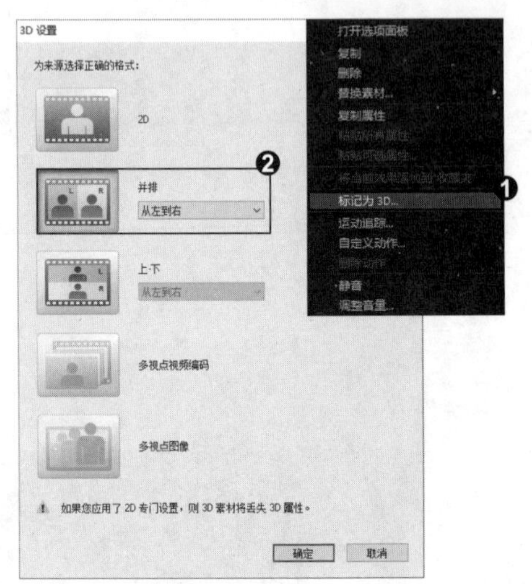

3. 将素材标记为 3D

单击“确定”按钮，即可将选择的素材标记为 3D 模式，并在“时间轴”面板中的视频素材上显示 3D 字样。

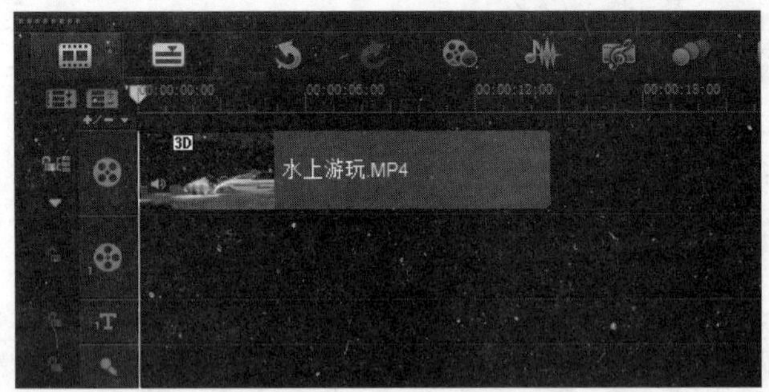

知识拓展

在会声会影中将素材标记为 3D 时，除了可以标记为“并排”3D 模式外，还可以标记为“上－下”3D 模式。❶ 在“时间轴”面板中选择视频素材，右击，弹出快捷菜单，选择“标记为 3D”命令，❷ 弹出“3D 设置”对话框，单击“上－下”图标，单击“确定”按钮即可。

招式 056 调整香脆苹果素材的顺序

Q 在制作会声会影的项目文件时，发现插入的素材顺序完全被打乱了，造成视频播放紊乱，您能教教我如何调整项目文件中素材的顺序吗?

A 没问题，您可以使用鼠标根据需要调整素材的显示顺序即可。

1. 选择最右侧素材

❶ 打开本书配备的“素材 \ 第 4 章 \ 招式 056　香脆苹果 .vsp”项目文件，❷ 切换至“故事板”面板，选择最右侧的素材图像。

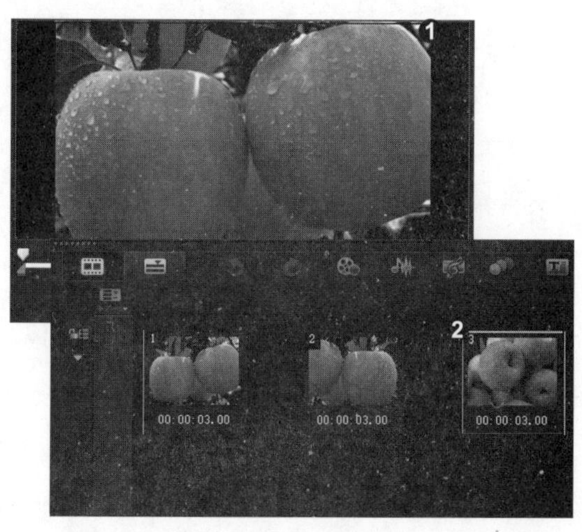

2. 调整素材顺序

❶ 按住鼠标左键并拖曳至第 1 幅素材的前面，此时鼠标指针呈形状，拖动的位置处将会显示一条竖线，表示素材将要放置的位置，❷ 释放鼠标左键，选中的素材将会放置于鼠标释放的位置处。

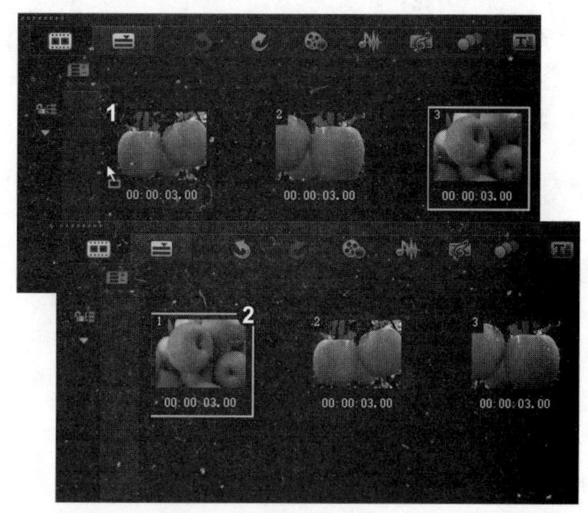

3. 调整其他素材顺序

使用同样的方法，在“故事板”面板中将第 2 幅素材和第 3 幅素材的顺序进行互换。

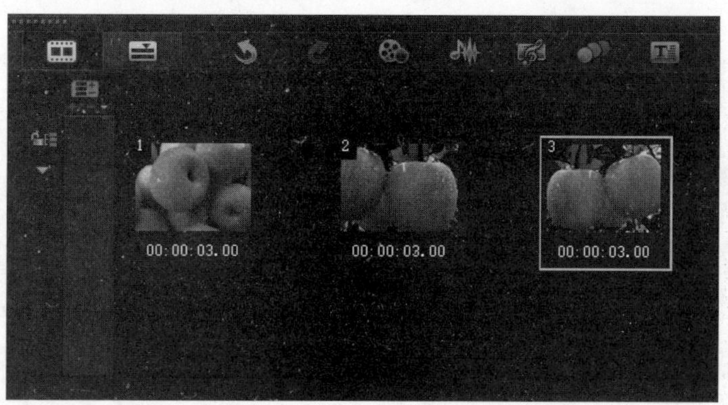

知识拓展

会声会影中“故事板”面板的功能和“时间轴”面板的功能相似，在该面板中也可以进行素材替换、删除和复制等操作。在“故事板”面板中选择素材，右击，弹出快捷菜单，选择对应的命令进行操作即可。

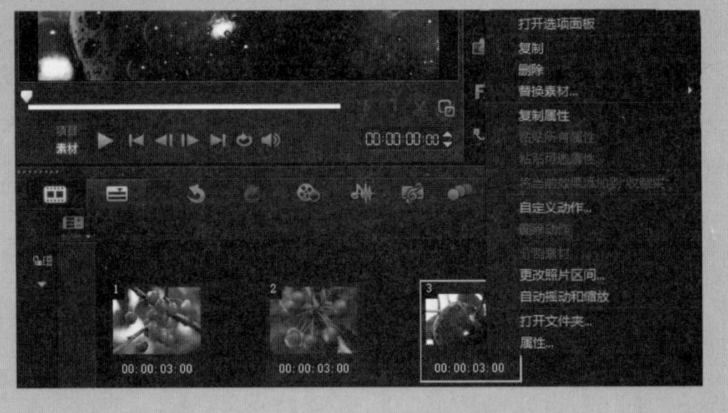

招式 057 重新链接葡萄素材

Q 在保存好制作的影片后，由于素材的名称、位置的修改导致再次打开该项目文件时，无法识别素材，您能教教我如何重新链接素材吗？

A 没问题，您可以使用“重新链接”命令来实现。

1. 显示素材

❶ 打开本书配备的“素材\第 4 章\招式 057 美味葡萄 .vsp”项目文件，弹出“重新链接”对话框，❷ 此时“时间轴”面板中的素材呈黑白色显示。

2. 重新链接素材

❶ 单击“重新链接”按钮，在弹出的对话框中选择素材，❷ 单击“打开”按钮，弹出提示对话框，❸ 单击“确定”按钮，则时间轴中的素材将被重新链接。

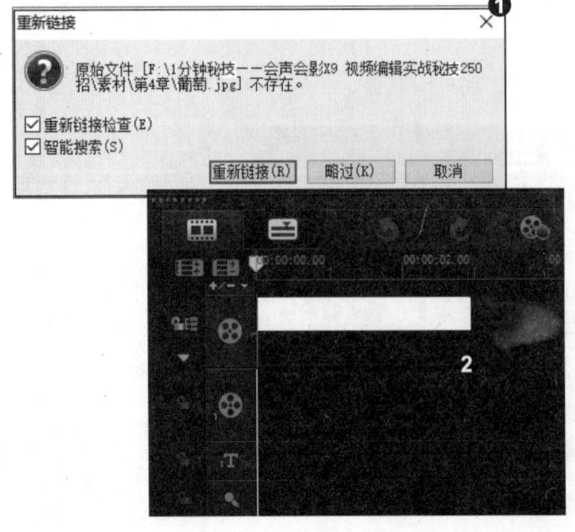

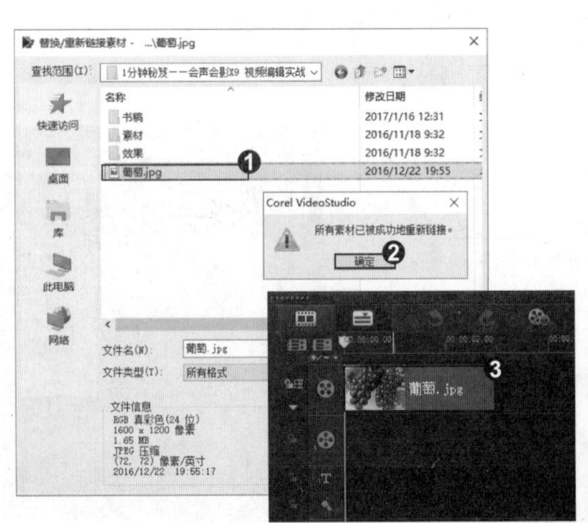

知识拓展

在会声会影中要想让项目文件重新检查素材的链接，则需要开启“重新链接检查”功能才可以。❶在菜单栏中选择“设置”|“参数选择”命令，❷弹出“参数选择”对话框，在“常规”选项卡中勾选“重新链接检查”复选框，单击“确定”按钮即可。

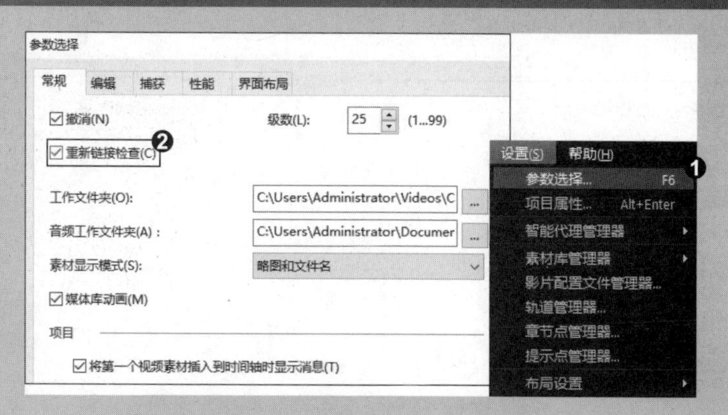

招式 058 调整璀璨烟花的视频区间

Q 在会声会影中添加视频素材后，发现视频素材的时间过长了，想重新调整一下，您能教教我如何调整视频区间吗?

A 没问题，区间是指素材或整个项目的时间长度，用户可以设置区间参数来调整。

1. 选择视频文件

❶打开本书配备的“素材\第 4 章\招式 058　璀璨烟花.vsp”项目文件，❷在“时间轴”面板中选择视频文件。

2. 修改区间参数

❶在素材库中单击“选项”按钮，❷进入“视频”选项面板，修改区间参数为“00:00:05:24”。

3. 完成视频区间调整

完成区间参数的修改后，则“时间轴”面板中的视频素材长度也随之发生变化。

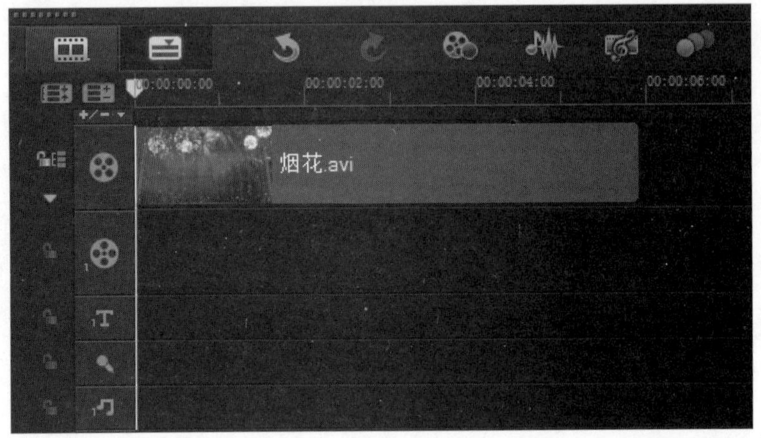

专家提示

除了可以在“视频”选项面板中调整区间参数外，用户还可以选中素材，让素材呈黄色边框显示，在黄色边框的一侧，单击鼠标左键进行拖曳即可进行调整。

知识拓展

在会声会影中不仅可以调整视频的素材区间，还可以使用“时间轴”面板中的缩放控件，调整素材在视觉上的长短显示变化。❶ 在“时间轴”面板将缩放控件向左拖曳，则缩小视频素材的长度显示；❷ 在“时间轴”面板将缩放控件向右拖曳，则放大视频素材的长度显示。

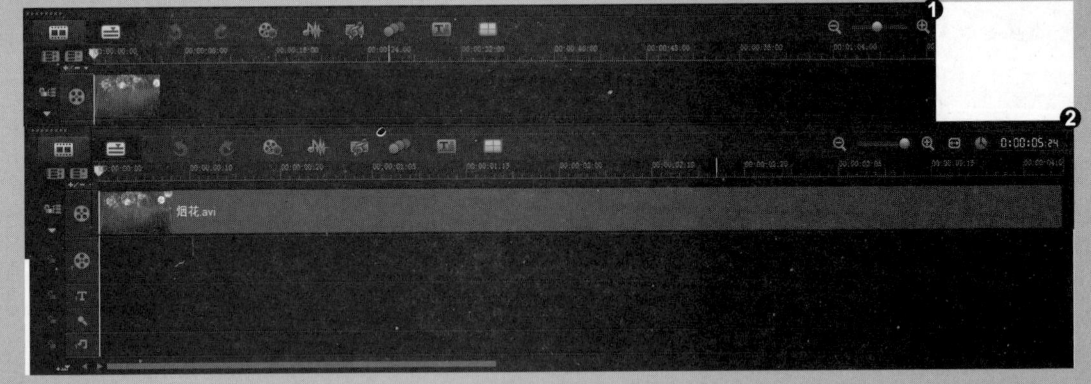

招式 059 设置蜗牛陶瓷的默认区间

Q 在默认情况下，素材的默认区间为 3 秒，但是想对这个默认区间进行修改，以省去每次添加素材后调整区间参数的麻烦，您能教教我如何设置素材的默认区间吗?

A 没问题，您可以在“参数选择”对话框的“编辑”选项卡中重新设置默认参数即可。

1. 修改默认区间参数

❶ 在菜单栏中选择“设置”|“参数选择”命令，❷ 弹出“参数选择”对话框，切换至“编辑”选项卡，修改“默认照片/色彩区间”参数为 4 秒。

2. 添加视频文件

单击“确定”按钮，在“故事板”面板中添加“陶瓷 1”和“陶瓷 2”图像素材，图像下方显示了自定义的照片区间为 4 秒。

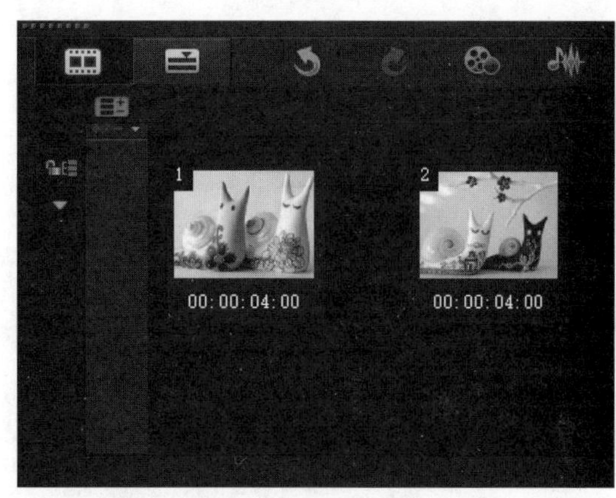

知识拓展

在会声会影的“参数选择”对话框的“编辑”选项卡中，不仅可以设置默认的区间，还可以调整图像的默认重新采样选项。单击“图像重新采样选项”右侧的下三角按钮，展开下拉列表，选择合适的选项即可。

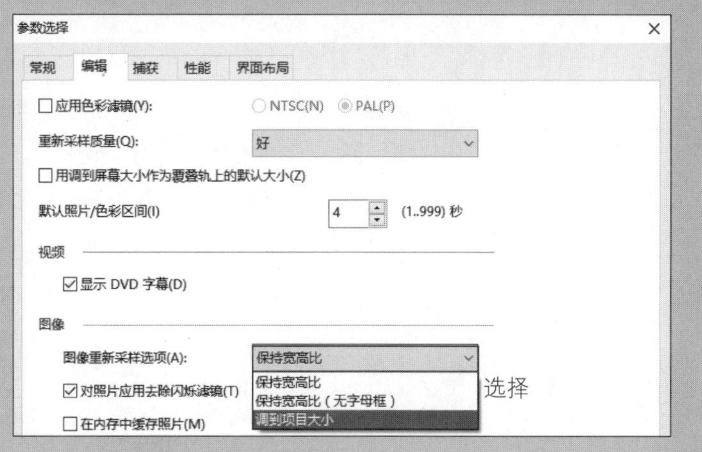

招式 060 反转百合花视频

Q 在剪辑影片时，有时需要视频倒放的效果，您能教教我如何反转视频吗？

A 没问题，您可以使用“反转视频”功能来实现。反转功能可以将视频进行倒序播放。

1. 选择视频素材

❶ 打开本书配备的“素材\第4章\招式060 百合花.vsp”项目文件，❷ 在“时间轴”面板中选择视频素材。

2. 勾选“反转视频”复选框

❶ 在“素材库”面板中单击“选项”按钮，❷ 进入“视频”选项面板，勾选“反转视频”复选框。

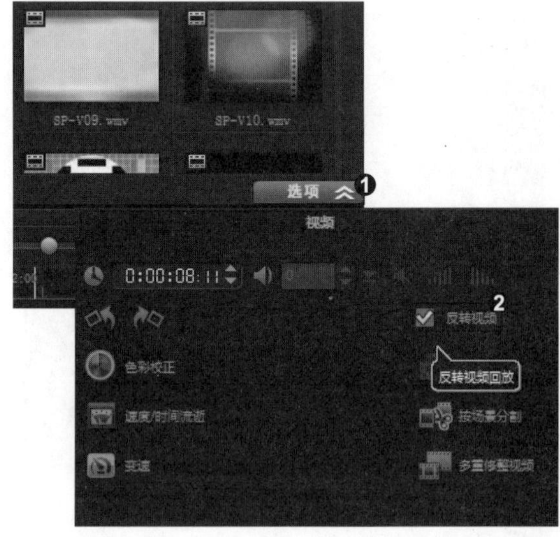

3. 预览反转视频效果

在导览面板中单击“播放”按钮，查看视频素材的反转播放效果。

知识拓展

在会声会影中，不仅可以反转视频，还可以取消视频反转。在选择已反转的视频素材后，在“视频”选项面板中，取消勾选“反转视频”复选框即可。

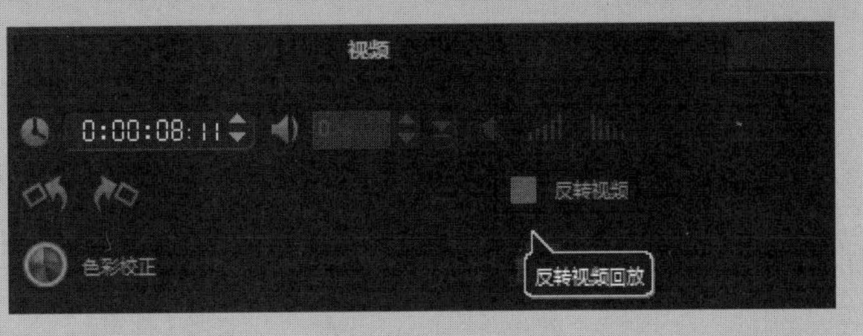

招式 061 分离书籍宣传的视频和音频

Q 在添加了视频文件后，发现视频文件中带有音频素材，想将视频中的音频素材单独分离出来，您能教教我如何分离素材的视频和音频吗？

A 没问题，您可以使用“分离音频”功能来实现。该功能可以将视频中的视频和音频素材单独分离出来。

1. 选择“插入照片”选项

❶ 打开本书配备的“素材 \ 第 4 章 \ 招式 061　书籍宣传 .vsp”项目文件，❷ 在“时间轴”面板中选取视频素材。

2. 分离音频

❶ 然后右击，弹出快捷菜单，选择“分离音频”命令，❷ 即可将视频中的音频分离出来，并单独显示在“时间轴”面板的音频轨道上。

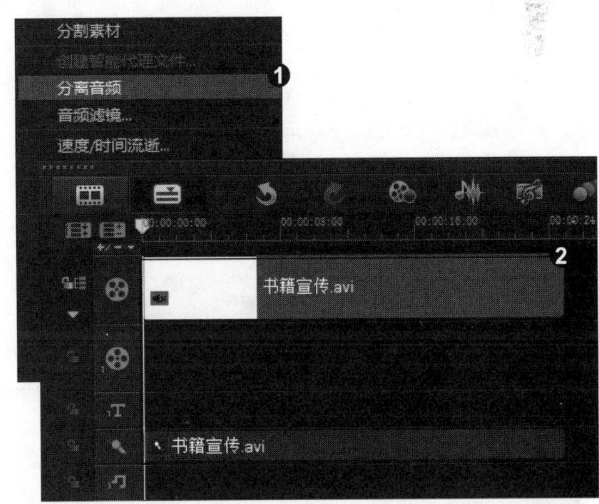

专家提示

用户除了可以通过快捷菜单调用“分离音频”功能外，还可以在选择视频素材后，选择菜单栏中的“编辑”|“分离音频”命令即可。

知识拓展

在会声会影中分离视频和音频后，还可以使用“撤销”功能将分离操作撤销，回到原来的组合状态。分离音频和视频后，选择菜单栏中的“编辑”|“撤销”命令即可。

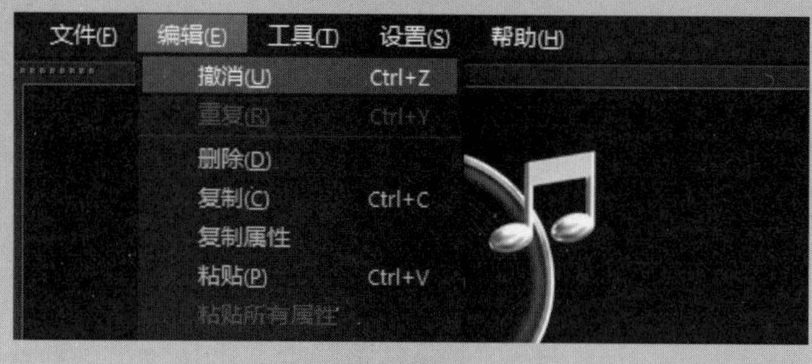

招式062 调整蝴蝶舞动的播放速度

Q 在会声会影中编辑影片的过程中，常常需要会因为视频的播放速度过快或过慢而重新进行调整，您能教教我如何调整视频的播放速度吗?

A 没问题，您可以使用“速度/时间流逝”功能来实现。

1. 单击“选项”按钮

❶ 打开本书配备的“素材\第4章\招式062 蝴蝶舞动.vsp”项目文件，在“时间轴”面板中选择视频素材，❷ 在选项面板中单击“选项”按钮。

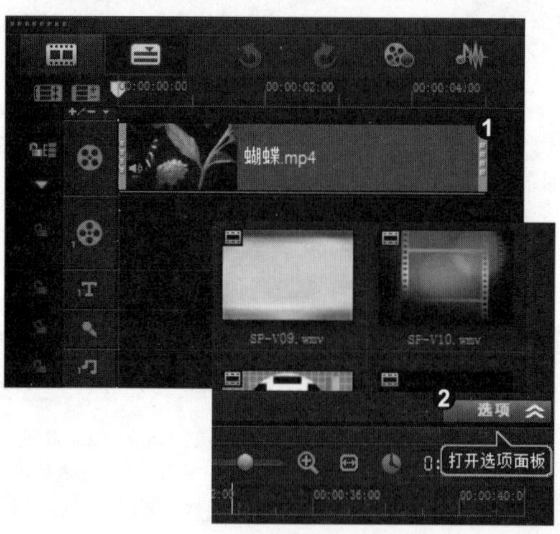

2. 修改参数

❶ 进入“视频”选项面板，单击“速度/时间流逝”按钮，❷ 弹出“速度/时间流逝”对话框，修改“速度”参数为300%。

3. 调整播放速度

单击“确定”按钮，返回到会声会影编辑器中，通过“视频”选项面板中的时间码就可以看到调整播放速度后的视频长度。

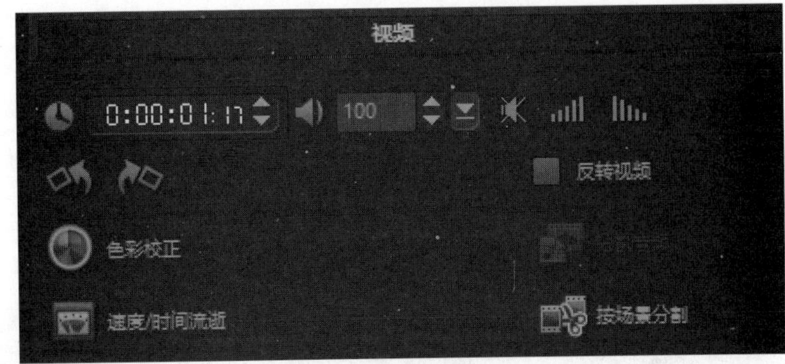

专家提示

用户除了可以单击“速度 / 时间流逝”按钮调整素材的播放速度外，还可以在选择视频素材后，选择菜单栏中的“编辑” | “速度 / 时间流逝”命令或右击，弹出快捷菜单，选择“速度 / 时间流逝”命令即可。

知识拓展

在调整视频的播放速度时，不仅可以调快播放速度，还可以调慢播放速度。❶ 在“速度 / 时间流逝”对话框中，将滑块向左拖曳，❷ 单击“确定”按钮，即可调慢播放速度。

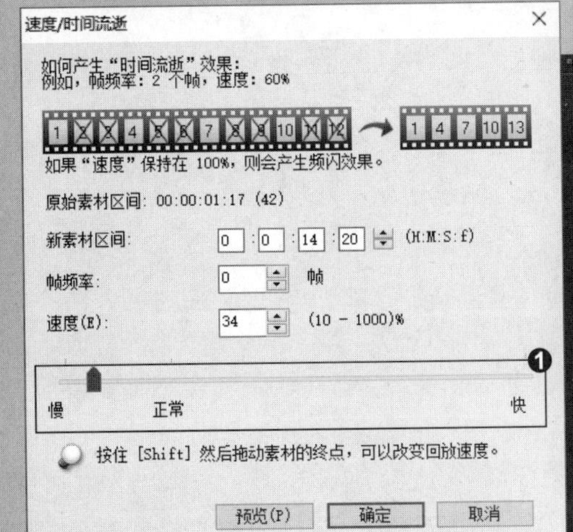

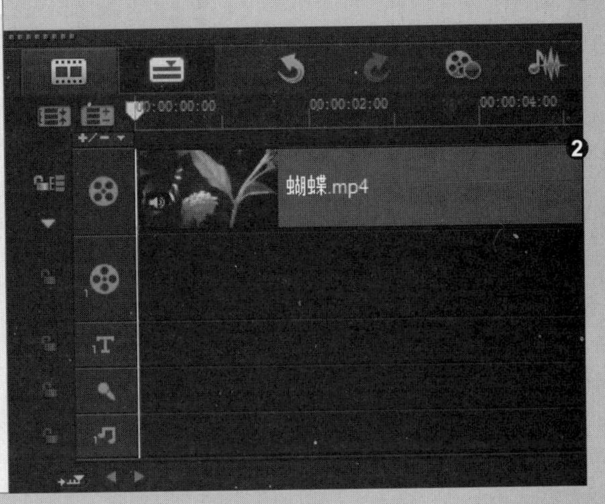

招式 063 旋转心心相印视频

Q 在会声会影中添加视频素材后，视频素材有的会显示为竖直状态，此时就需要对视频进行旋转操作，您能教教我如何旋转视频吗？

A 没问题，您可以在选项面板中使用旋转按钮即可实现。

1. 选择视频素材

❶ 打开本书配备的“素材\第 4 章\招式 063 心心相印 .vsp”项目文件，❷ 在“时间轴”面板中选择视频素材。

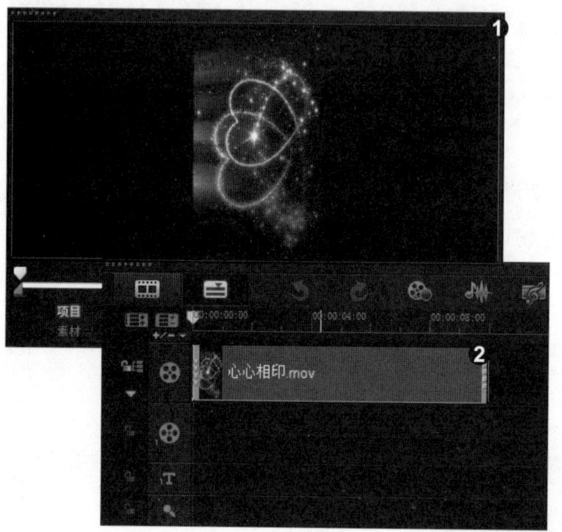

2. 单击“向左旋转”按钮

❶ 在选项面板中单击“选项”按钮，❷ 在“视频”选项面板中单击“向左旋转”按钮。

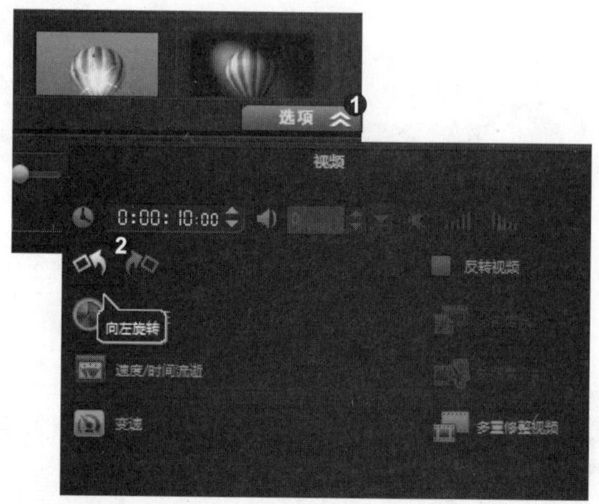

3. 预览旋转视频效果

完成视频的旋转操作，并在导览面板中预览旋转后的视频效果。

知识拓展

在旋转视频时，不仅可以向左旋转视频，还可以向右旋转视频。选择视频素材，在“视频”选项面板中单击“向右旋转”按钮即可。

招式 064 视频剪辑心心相印

Q 在会声会影中添加视频素材后，因为视频素材过长，需要对视频进行剪辑操作，您能教教我如何操作吗?

A 没问题，您可以在导览面板中设置视频文件的开始和结束位置，以进行剪辑。

1. 设置开始位置

❶ 打开上一招式保存的效果项目文件，将鼠标指向导览面板左侧的修整标记，❷ 当鼠标变成修整标记时，向右拖动鼠标，拖动至要设置开始位置时释放鼠标。

2. 设置结束位置

❶ 将鼠标指向导览面板右侧的修整标记，❷ 当鼠标变成修整标记时，向左拖动鼠标，拖动至要设置结束位置时释放鼠标。

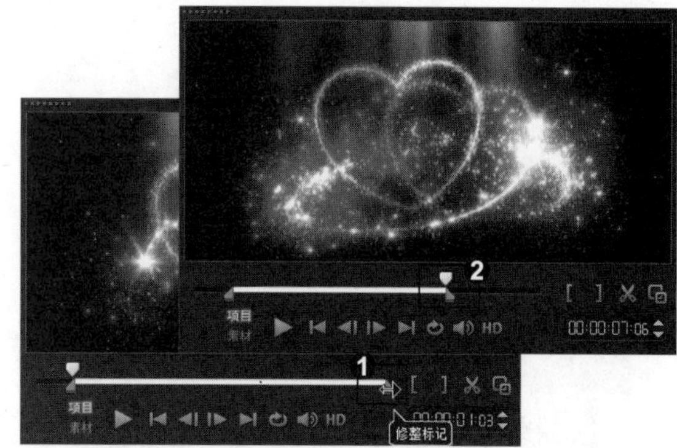

3. 预览视频效果

即可完成在导览面板中的剪辑，单击“播放”按钮，将修整后的视频进行预览。

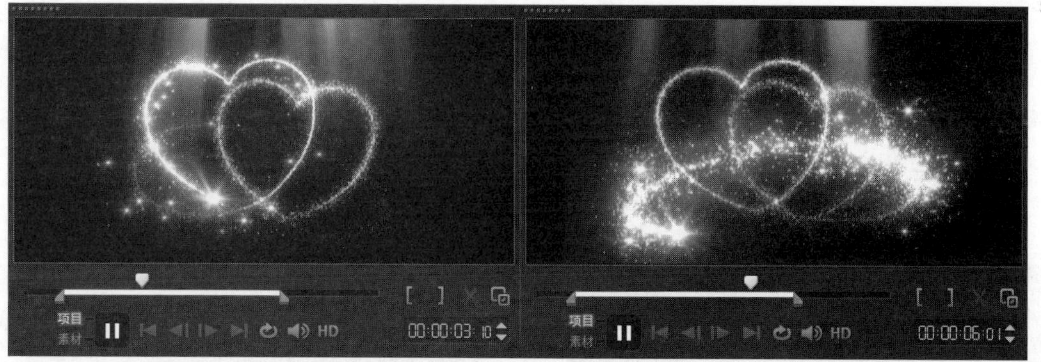

知识拓展

在剪辑视频素材后，若想恢复为原始标记状态，则只需要把修整标记拖回原来的开始或结束处，即可将修剪后的视频恢复为原始标记状态。

招式 065 多重修整英雄视频

Q 在制作影片时，常常需要在一段视频的中间一次性修整出多段片段，您能教教我如何多重修整视频吗?

A 没问题，您可以使用“多重修整视频”功能来实现。

1. 选择“色彩”素材

❶ 打开本书配备的“素材\第 4 章\招式 065 英雄 .vsp”项目文件，❷ 在“时间轴”面板中选择视频素材。

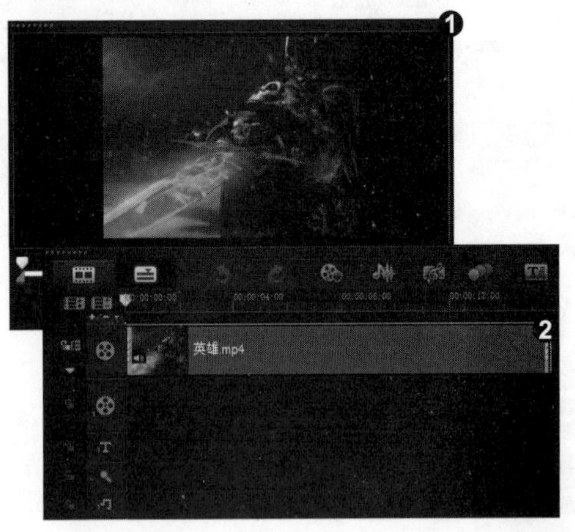

2. 设置起始标记位置

❶ 单击“选项”按钮，进入“视频”选项面板中，单击“多重修整视频”按钮，❷ 弹出“多重修整视频”对话框，拖动滑块，单击“开始标记”按钮设置起始标记位置。

3. 设置终点位置

❶ 单击预览窗口下方的“播放”按钮，查看视频素材，在合适位置单击“暂停”按钮，❷ 单击“结束标记”按钮，确定视频的终点位置。

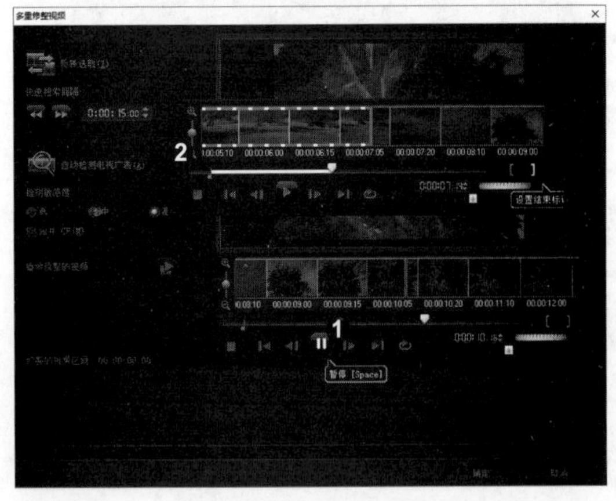

4. 查看修剪的视频片段

单击“确定”按钮完成多重修整操作，返回到会声会影 X9，在“故事板”面板中即可看到已修剪的视频片段。

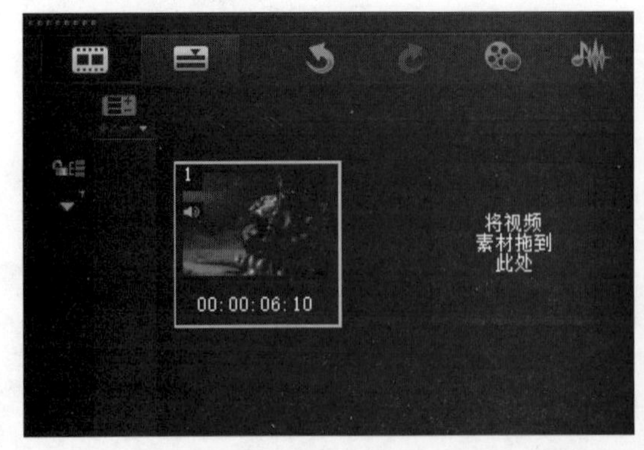

知识拓展

在对会声会影中的视频进行多重修整操作时，除了可以保留标记开始位置和结尾位置内的视频外，也可以反转选取，保留标记开始位置和结尾位置外的视频。在“多重修整视频”对话框中，单击“反转选取”按钮，即可反转选取视频。

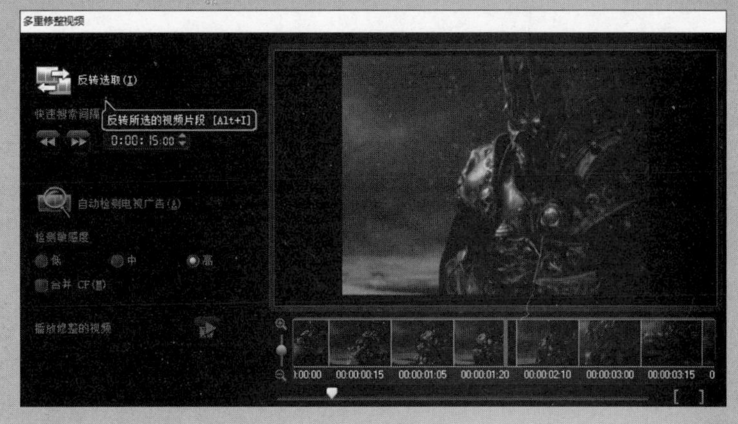

招式 066 场景分割美丽风光

Q 在编辑会声会影项目中的视频文件时，想将不同场景下拍摄的视频捕获成不同的文件，您能教教我如何按场景分割视频素材吗？

A 没问题，您可以使用“按场景分割”功能来实现。

1. 选择视频素材

❶ 打开本书配备的“素材 \ 第 4 章 \ 招式 066　美丽风光 .vsp”项目文件，❷ 在“时间轴”面板中选择视频素材。

2. 单击“选项”按钮

❶ 单击“选项”按钮，进入“视频”选项面板中，单击“按场景分割”按钮，❷ 弹出“场景”对话框，单击“选项”按钮。

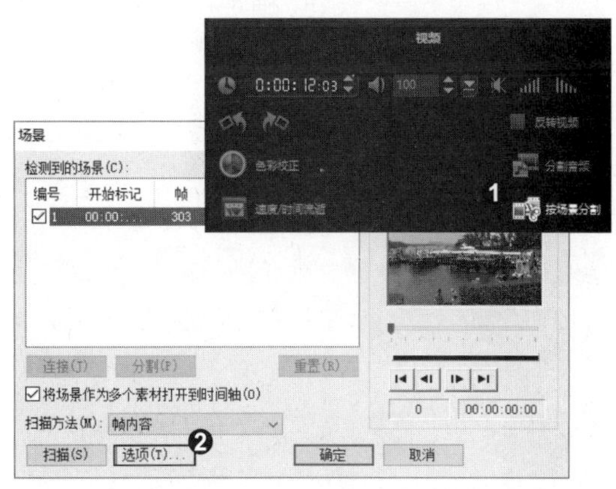

3. 单击“扫描”按钮

❶ 弹出“场景扫描敏感度”对话框，修改“敏感度”参数为 100，❷ 单击“确定”按钮，返回到“场景”对话框，单击“扫描”按钮。

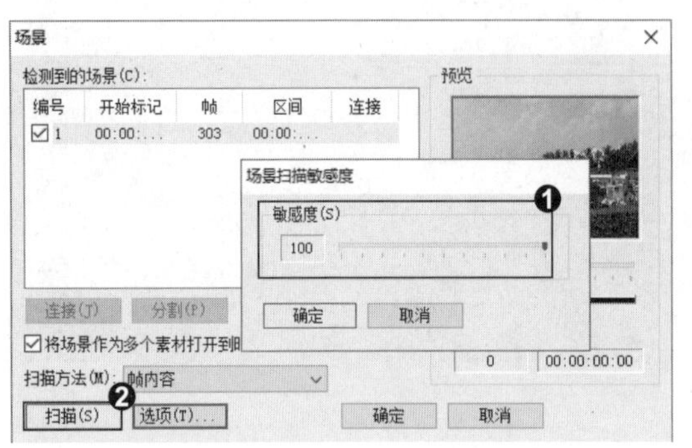

4. 按场景分割素材

❶ 即可根据场景的变化进行扫描，并按照编号显示扫描结果，❷ 单击“确定”按钮，即可按场景分割素材，并在“时间轴”面板中显示。

知识拓展

在会声会影中，不仅可以将视频素材按场景进行分割，还可以将单个视频素材分割成多个片段。❶ 在“时间轴”面板中设置好剪辑位置，❷ 在导览面板中单击“根据滑轨位置分割素材”按钮，❸ 即可将素材分割成两部分。

招式 067 为美丽风光进行视频定格

Q 在预览会声会影中的视频文件时，想在某一帧位置进行定格，以便更好地查看该位置的视频，从而进行编辑操作，您能教教我如何为视频进行视频定格吗？

A 没问题，您可以使用“停帧”命令来实现。

1. 选择“停帧”命令

❶ 打开上一招式的素材项目文件，在“时间轴”面板中选择视频素材，将滑块移动至需要定格的位置，❷ 右击，弹出快捷菜单，选择“停帧”命令。

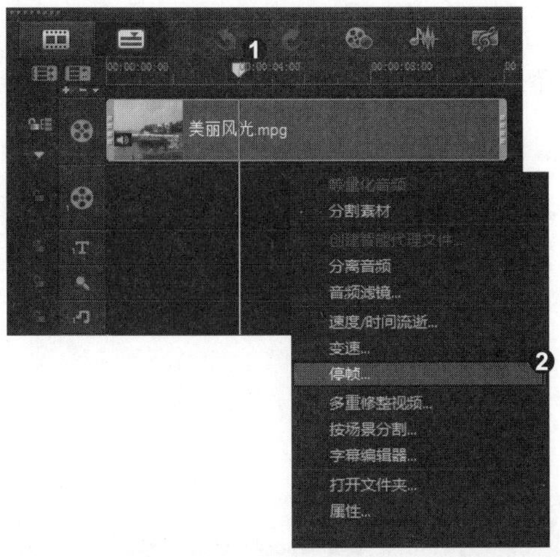

2. 定格区域

❶ 弹出“停帧”对话框，修改“区间”参数为 5 秒，❷ 单击“确定”按钮，视频轨中的原素材被分割为三部分，中间部分为设置定格的区域。

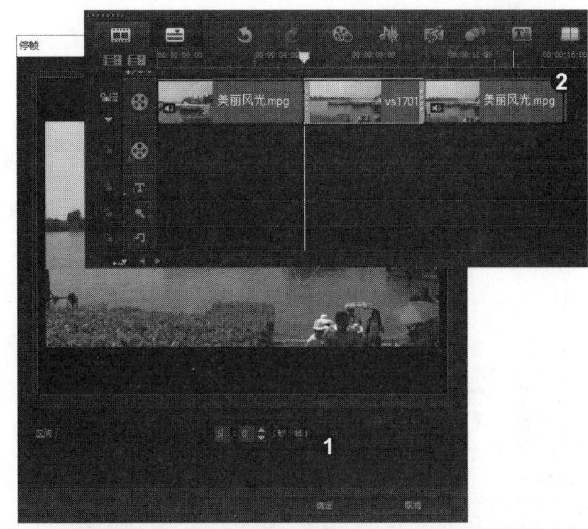

专家提示

用户除了可以通过快捷菜单中的“停帧”命令来打开“停帧”对话框外，还可以在菜单栏中选择“编辑”|“停帧”命令。

知识拓展

在会声会影中设置视频定格时，则会将定格的部分转换为图片，并将自动添加至“素材库”面板中。

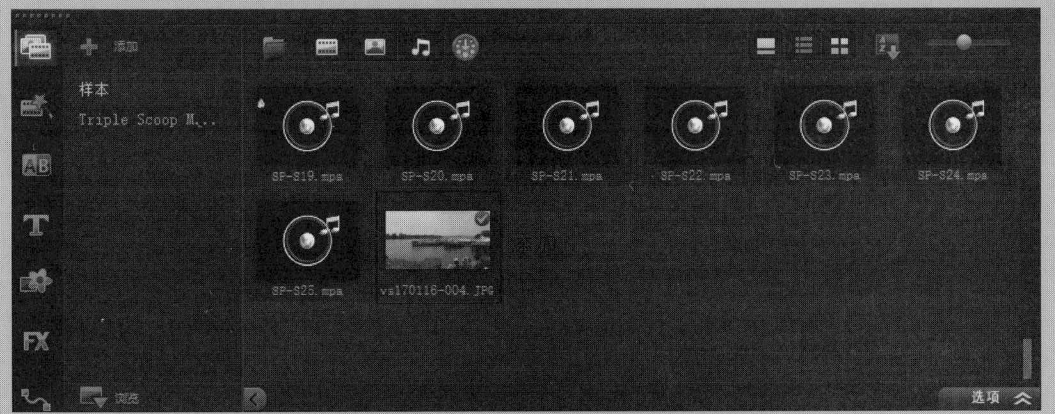

招式 068 变速海滩游玩视频

Q 在编辑会声会影中的视频素材时，想通过实时调节视频中各时段的播放速度，您能教教我如何对视频素材进行变速操作吗？

A 没问题，您可以使用“变速”命令来实现。

1. 单击“变速”按钮

❶打开本书配备的“素材\第4章\招式068 海滩游玩.vsp”项目文件，选择视频轨道上的视频素材，❷单击“选项”按钮，进入“视频”选项面板，单击“变速”按钮。

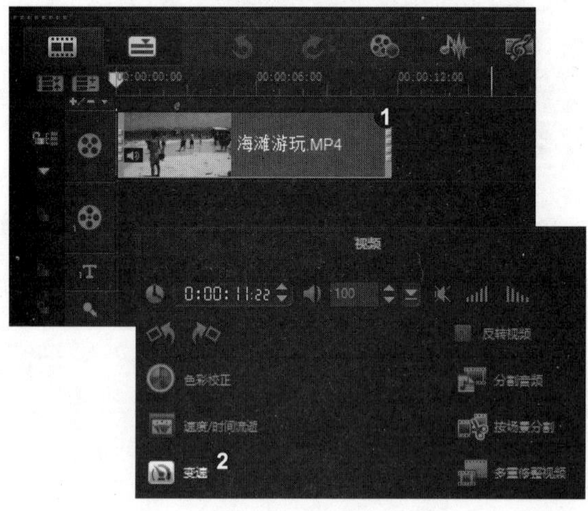

2. 添加关键帧

❶弹出“变速”对话框，将滑块拖至1秒处，单击“添加关键帧”按钮，设置“速度”参数为300，❷将滑块拖至5秒处，添加关键帧并设置速度为600。

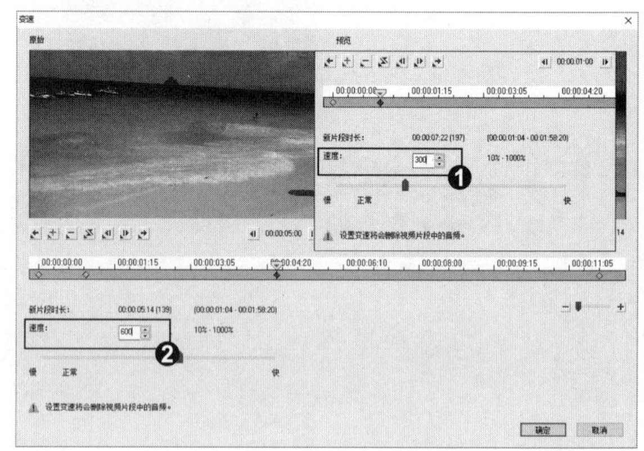

3. 变速视频

单击“确定”按钮完成设置，在预览窗口中预览视频效果。

知识拓展

在"变速"对话框中，用户不仅可以添加关键帧，还可以删除关键帧。选择关键帧，单击"删除关键帧"按钮即可。

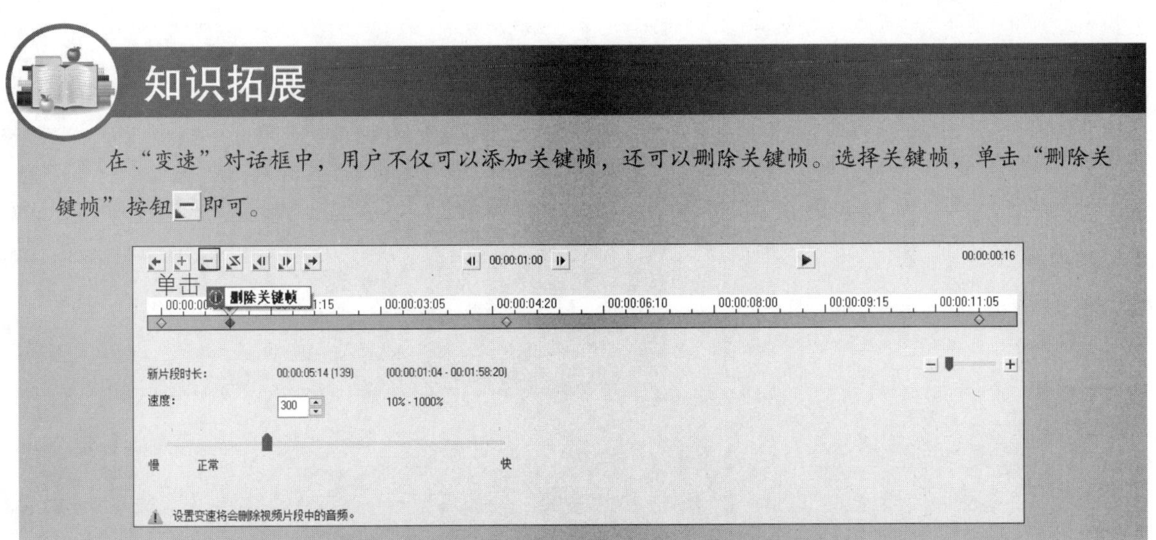

招式 069 批量调整萌宠兔子的播放时间

Q 在制作电子相册时，常常会在时间轴上添加大量的图片素材，但是单独调整每张图片的播放时间效率很低，您能教教我如何批量调整素材的播放时间吗?

A 没问题，您可以使用批量调整播放时间的功能，这样就可以方便快捷地调整播放时间。

1. 选择多个素材图像

❶ 打开本书配备的"素材\第 4 章\招式 069　萌宠兔子 .vsp"项目文件，❷ 在故事板面板中，按住 Shift 键的同时，选择多个素材图像。

2. 修改区间参数

❶ 然后右击，弹出快捷菜单，选择"更改照片区间"命令，❷ 弹出"区间"对话框，修改"区间"参数为 6 秒

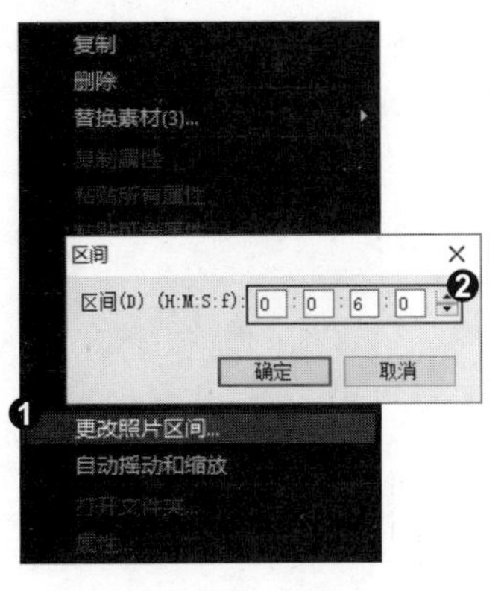

3. 批量调整播放时间 

单击“确定”按钮，即可完成素材播放时间的批量调整。

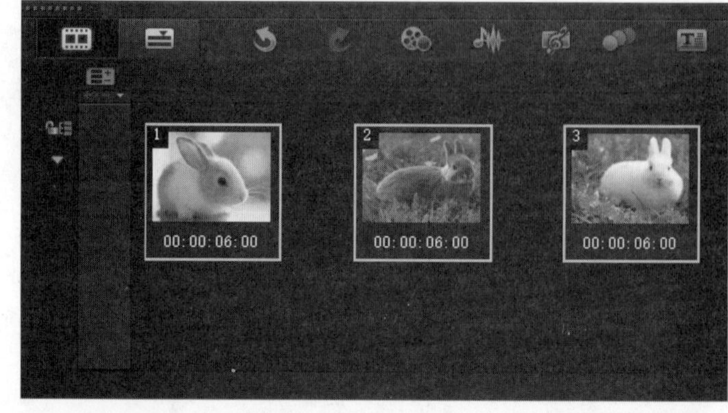

知识拓展

在会声会影中除了可以批量调整图像素材的播放时间外，还可以通过“更改照片区间”命令，调整单个图像素材的区间。选择单个图像素材，右击，弹出快捷菜单，选择“更改照片区间”命令，再根据提示进行操作即可。

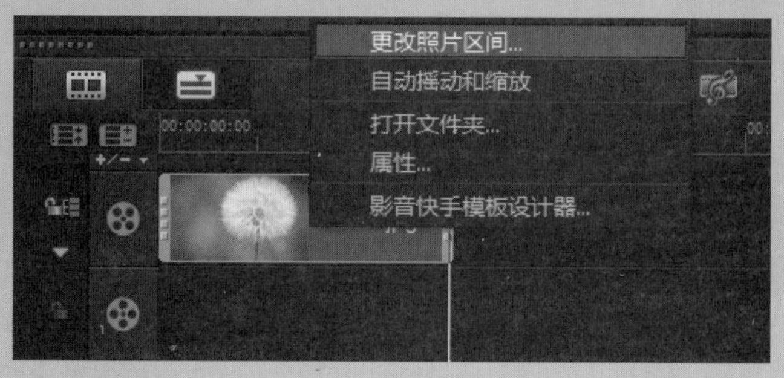

招式 070 为花朵桥添加摇动和缩放

Q 在会声会影中添加了图像素材后，想为图像素材添加一种效果，使其静止的图片动起来，以增加画面的动感，让照片更加生动，您能教教我如何为素材添加摇动和缩放效果吗?

A 没问题，您可以使用“摇动和缩放”按钮来实现。

1. 单击“选项”按钮 

❶ 打开本书配备的“素材\第4章\招式070 花朵桥.vsp”项目文件，在“时间轴”面板中选择素材图像，❷ 在“素材”库面板中单击“选项”按钮。

2. 选择第 5 个效果

❶ 进入选项面板，选中“摇动和缩放”单选按钮，❷ 并单击其下方的下三角按钮，展开下拉列表框，选择第 5 个效果。

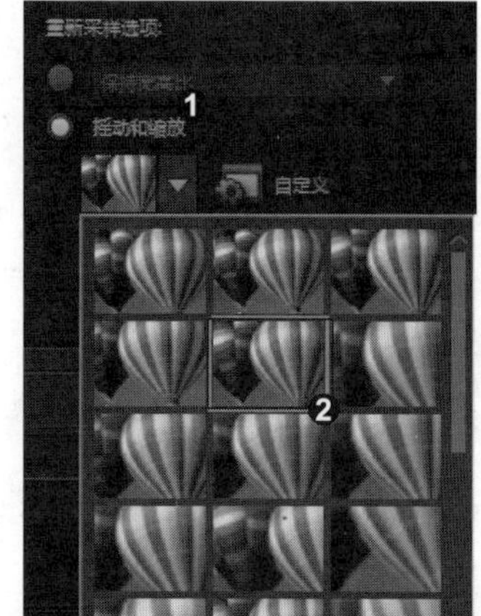

3. 预览摇动和缩放效果

此时，即可为选择的图像添加摇动和缩放效果，在导览面板中单击“播放”按钮，预览添加的效果。

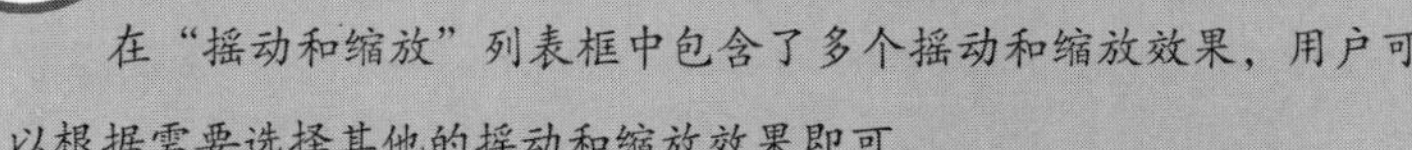

知识拓展

在“摇动和缩放”列表框中包含了多个摇动和缩放效果，用户可以根据需要选择其他的摇动和缩放效果即可。

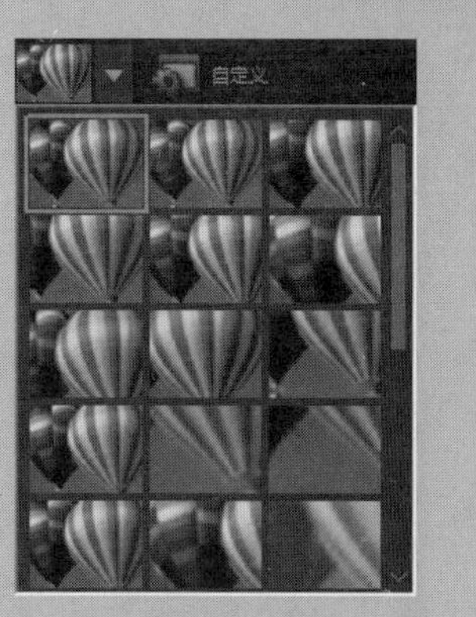

招式 071 自定义摇动和缩放效果

Q 在为图像添加摇动和缩放效果后，还是对添加的效果不满意，想重新更改一下，您能教教我如何自定义摇动和缩放效果吗？

A 没问题，您可以使用“自定义摇动和缩放”功能对摇动和缩放的具体参数进行设置。

1. 单击“自定义”按钮

❶ 打开本书配备的“素材 \ 第 4 章 \ 招式 071 心形蜡烛 .vsp”项目文件，选择视频轨道上的图像素材，❷ 单击“选项”按钮，进入“照片”选项面板，选中“摇动和缩放”单选按钮，单击“自定义”按钮。

2. 调整定界框大小和位置

❶ 弹出“摇动和缩放”对话框，选择第一个关键帧，调整定界框的大小和位置，❷ 选择第 2 个关键帧，调整定界框的大小和位置。

3. 预览图像效果

单击“确定”按钮，即可为选择的图像自定义摇动和缩放效果，在导览面板中单击“播放”按钮，预览图像效果。

知识拓展

在“摇动和缩放”对话框中修改摇动和缩放参数时，可以只为图像添加缩放效果而取消摇动效果。在“摇动和缩放”对话框中，勾选“无摇动”复选框，即可取消摇动效果。

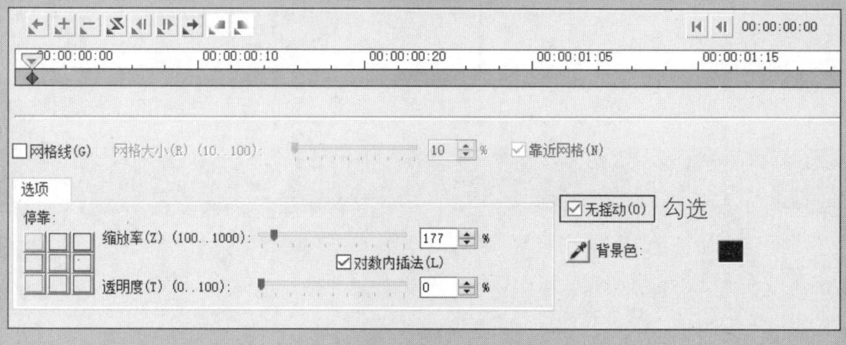

招式 072　调整父爱如山的图像色调

Q 在会声会影中制作电子相册后，常常需要对图像素材的色调进行重新调整，以变换成其他的颜色，您能教教我如何调整图像的色调吗?

A 没问题，您可以修改“色彩校正”下的“色调”参数来实现。

1. 选择图像素材

❶ 打开本书配备的“素材\第 4 章\招式 072　父爱如山 .vsp”项目文件，❷ 在“时间轴”面板中选择图像素材。

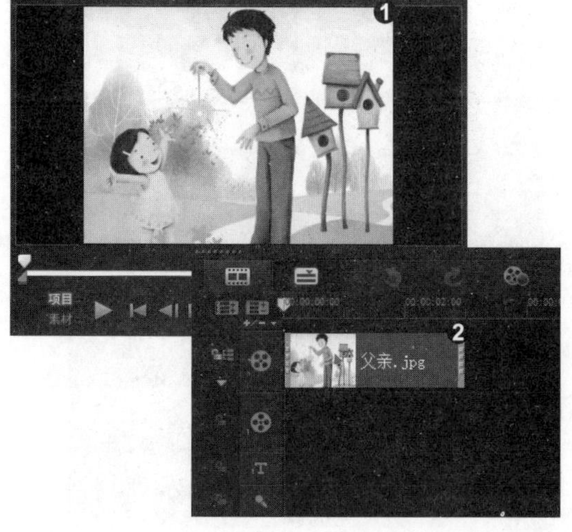

2. 修改“色调”参数

❶ 单击“选项”按钮，进入“照片”选项面板，单击“色彩校正”按钮，❷ 再次展开选项面板，在“色调”滑块上，单击鼠标并向左拖曳，修改其参数为 -13。

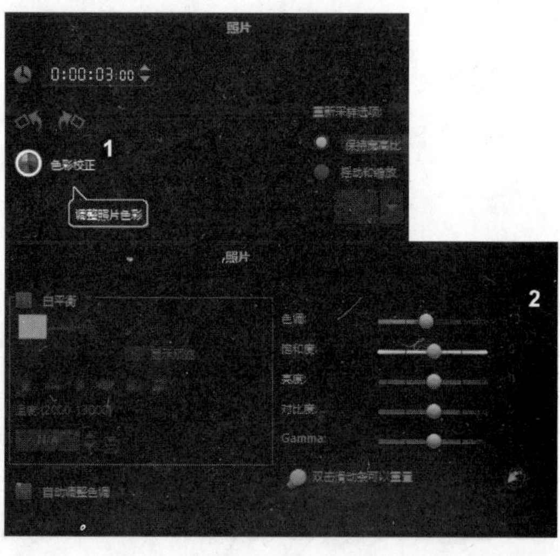

3. 查看图像效果

此时，即可修改图像的色调，并在导览面板中查看修改色调后的效果。

知识拓展

在会声会影中调整图像色调时，不仅可以将“色调”参数的滑块向左拖曳，调整为负数，还可以将滑块向右拖曳，调整为正值，以得到其他的色调效果。❶ 在“照片”选项面板中，将“色调”滑块通过鼠标向右拖曳，修改其参数为 46，❷ 即可调整好图像的色调。

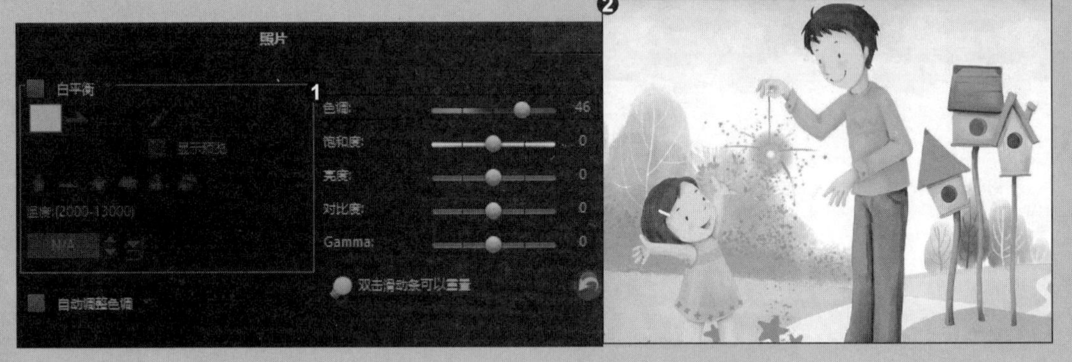

招式 073 调整樱花少女的亮度

Q 在会声会影中添加素材图像后，发现有些素材图像太暗了，需要重新调整一下亮度，您能教教我如何调整图像的亮度吗？

A 没问题，您可以修改“色彩校正”下的“亮度”参数来实现。

1. 选择图像素材

❶ 打开本书配备的“素材 \ 第 4 章 \ 招式 073 樱花少年 .vsp”项目文件，❷ 在“时间轴”面板中选择图像素材。

2. 修改“亮度”参数

❶ 单击“选项”按钮，进入“照片”选项面板，单击“色彩校正”按钮，❷ 再次展开选项面板，在“亮度”滑块上，单击鼠标并向右拖曳，修改其参数为 20。

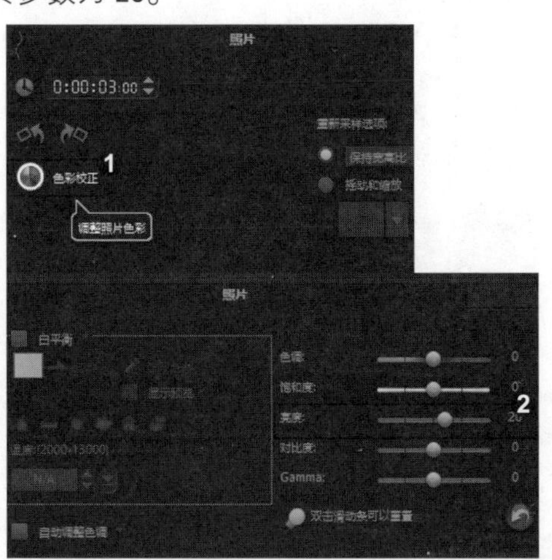

3. 查看图像效果

此时，即可修改图像的亮度，并在导览面板中查看修改亮度后的图像效果。

知识拓展

在会声会影中调整图像亮度时，不仅可以将图像调亮，也可以将图像调暗。❶ 在“照片”选项面板中，将“亮度”滑块通过鼠标向左拖曳，修改其参数为 −39，❷ 即可使图像的亮度变暗。

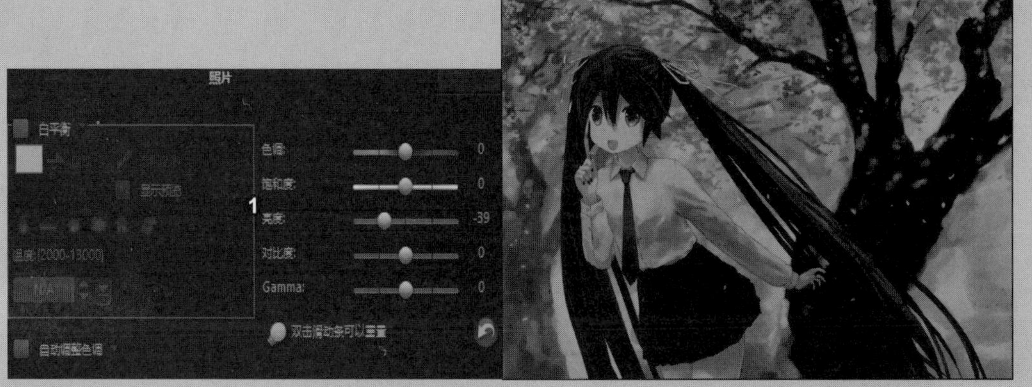

招式 074　调整美丽荷花的图像饱和度

Q 在会声会影中制作电子相册时，常常需要调整图像的色彩浓度，您能教教我如何调整图像的饱和度吗？

A 没问题，您可以修改“色彩校正”下的“饱和度”参数来实现。

1. 选择图像素材

❶ 打开本书配备的“素材\第 4 章\招式 074　美丽荷花.vsp”项目文件，❷ 在“时间轴”面板中选择图像素材。

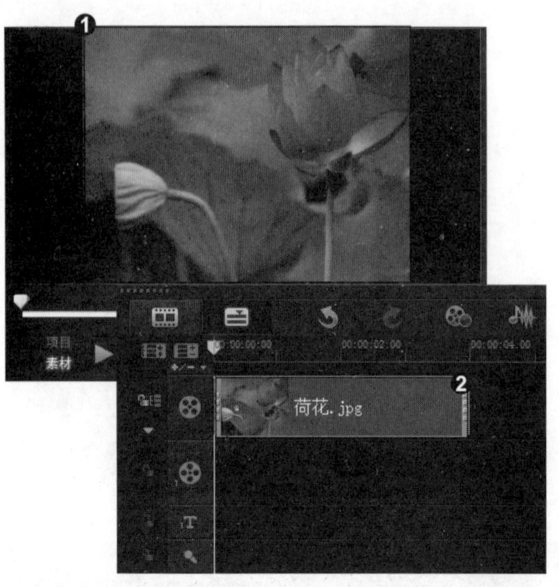

2. 修改“饱和度”参数

❶ 单击“选项”按钮，进入“照片”选项面板，单击“色彩校正”按钮，❷ 再次展开选项面板，在“饱和度”滑块上单击鼠标并向右拖曳，修改其参数为 22。

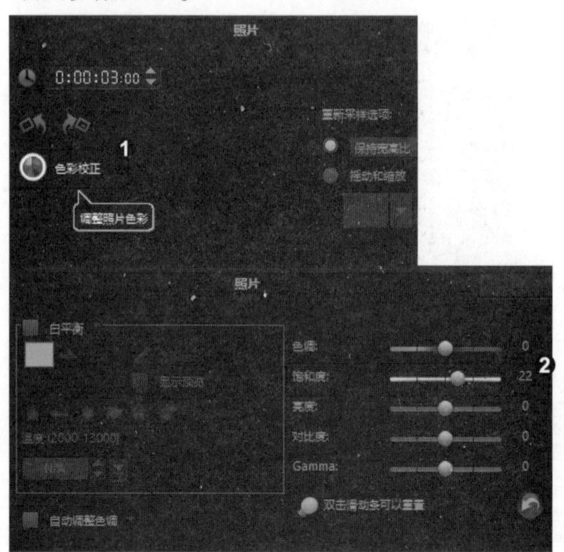

3. 查看图像效果

此时，即可修改图像的饱和度，并在导览面板中查看修改饱和度后的图像效果。

知识拓展

在调整视频的色彩浓度时，向左拖动滑块色彩浓度降低，向右拖动滑块色彩变得鲜艳。因此，用户不仅可以将图像的饱和度调整得更加鲜艳，还可以降低图像的色彩浓度。❶ 在“照片”选项面板中，将“饱和度”滑块通过鼠标向左拖曳，修改其参数为 -11，❷ 即可将图像的色彩浓度降低。

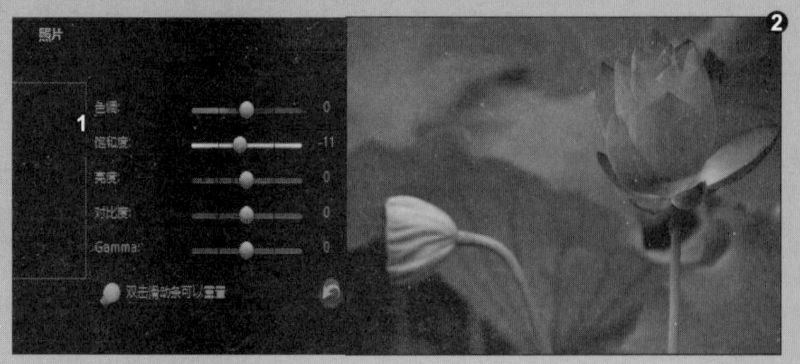

招式 075 调整寒梅怒放的白平衡

Q 在会声会影中编辑图像素材时，想为素材添加白平衡效果，您能教教我如何调整图像的白平衡吗？

A 没问题，您可以修改“色彩校正”下的“白平衡”参数来实现。

1. 选择图像素材

❶ 打开本书配备的“素材 \ 第 4 章 \ 招式 075　寒梅怒放 .vsp”项目文件，❷ 在“时间轴”面板中选择图像素材。

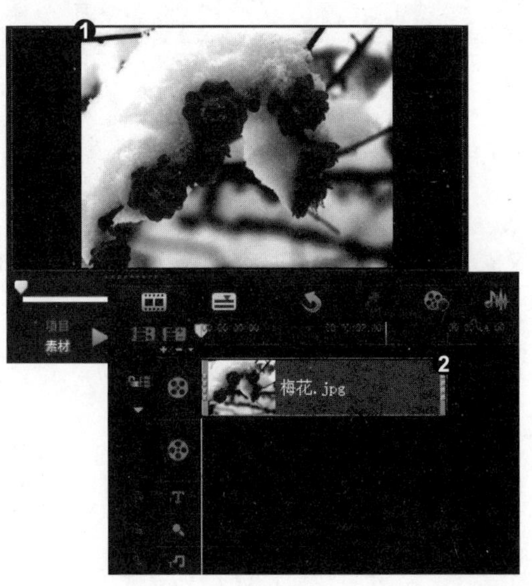

2. 勾选“白平衡”复选框

❶ 单击“选项”按钮，进入“照片”选项面板，单击“色彩校正”按钮，❷ 再次展开选项面板，勾选“白平衡”复选框。

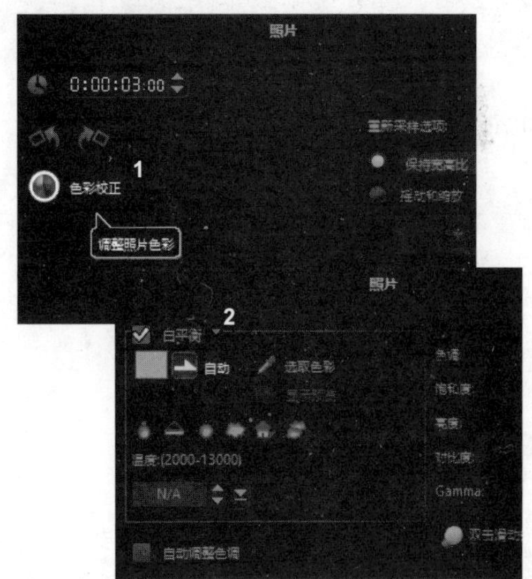

3. 预览图像效果

此时，即可调整图像的白平衡，并在导览面板中查看调整白平衡后的图像效果。

知识拓展

在会声会影中调整图像的白平衡时，不仅可以使用默认的白平衡效果，还可以调整“温度”参数，得到不同的白平衡效果。❶ 在“照片”选项面板中，修改“温度”参数为3900，❷ 即可得到不一样的白平衡效果。

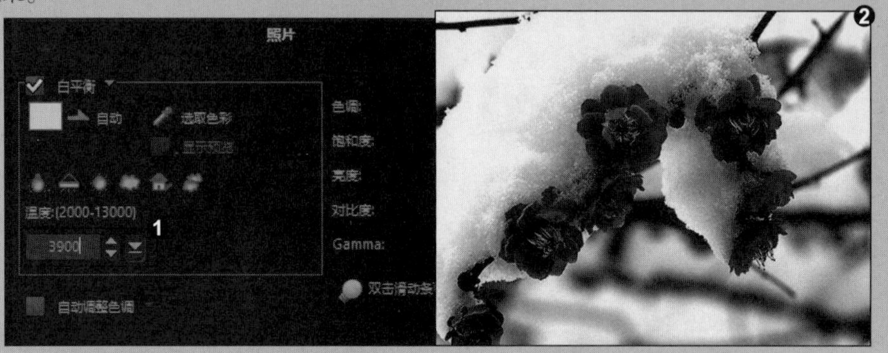

招式 076 调整国色天香的对比度

Q 在编辑会声会影中的图像时，不仅需要调整图像的明暗度，还需要调整明暗对比效果，您能教教我如何调整图像的对比度吗?

A 没问题，您可以修改“色彩校正”下的“对比度”参数来实现。

1. 选择图像素材

❶ 打开本书配备的“素材\第4章\招式076 国色天香.vsp”项目文件，❷ 在“时间轴”面板中选择图像素材。

2. 修改“对比度”参数

❶ 单击“选项”按钮，进入“照片”选项面板，单击“色彩校正”按钮，❷ 再次展开选项面板，在“对比度”滑块上，单击鼠标并向右拖曳，修改其参数为22。

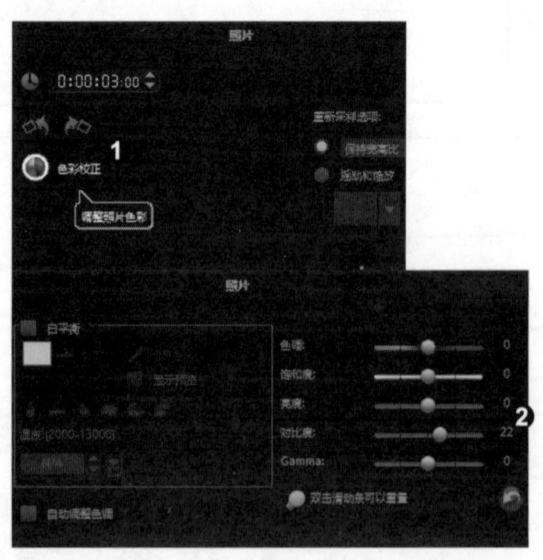

3. 预览图像效果

此时，即可修改图像的对比度，并在导览面板中查看修改对比度后的图像效果。

知识拓展

在调整图像的对比度时，向左拖动滑块对比度减小，向右拖动滑块对比度增强。因此，用户不仅可以增强对比度，还可以减小对比度。❶ 在“照片”选项面板中，将“对比度”滑块通过鼠标向左拖曳，修改其参数为 −15，❷ 即可调整好图像的对比度。

招式 077 调整相亲相爱的 Gamma

Q 在会声会影中，常常需要为图像调整画面的明暗平衡效果，您能教教我如何调整图像的 Gamma 吗?

A 没问题，您可以修改“色彩校正”下的 Gamma 参数来实现。

1. 选择图像素材

❶ 打开本书配备的“素材 \ 第 4 章 \ 招式 077　相亲相爱 .vsp”项目文件，❷ 在“时间轴”面板中选择图像素材。

2. 修改参数

❶ 单击“选项”按钮，进入“照片”选项面板，单击“色彩校正”按钮，❷ 再次展开选项面板，在 Gamma 滑块上，单击鼠标并向右拖曳，修改其参数为 42。

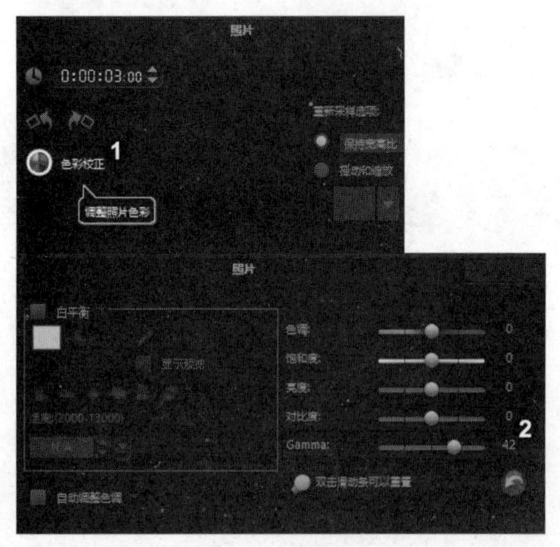

3. 预览图像效果

此时，即可修改图像的明暗平衡，并在导览面板中查看修改 Gamma 后的效果。

知识拓展

在调整图像的 Gamma 时，向左拖动滑块图像的明暗平衡变暗，向右拖动滑块图像的明暗平衡变亮。因此，用户不仅可以调亮图像的明暗平衡，还可以调暗图像的明暗平衡。❶ 在“照片”选项面板中，将 Gamma 滑块通过鼠标向左拖曳，修改其参数为 −43，❷ 即可将图像的明暗平衡调暗。

招式 078 变形甜蜜爱情的图像素材

Q 在会声会影中添加图像素材后，想为图像素材进行放大、缩小、倾斜或扭曲操作，使得影片的应用变得更加自由，您能教教我如何变形图像素材吗？

A 没问题，您可以使用“变形素材”命令来实现。

1. 选择图像素材

❶ 打开本书配备的“素材 \ 第 4 章 \ 招式 078　甜蜜爱情 .vsp”项目文件，❷ 在“时间轴”面板中选择图像素材。

2. 显示控制点

❶ 单击“选项”按钮，进入选项面板，并切换至“属性”选项面板，勾选“变形素材”复选框，❷ 此时预览窗口中的图像将显示控制点。

3. 调整图像大小

❶ 将鼠标置于控制框四周的黄色控制处，当鼠标指针呈↔或↕形状时，单击鼠标左键并拖曳，可以不按比例调整素材大小，❷ 将鼠标置于变换控制框四周的黄色控制处，当鼠标指针呈↘形状时，单击鼠标左键并拖曳，可以等比例调整图像大小。

知识拓展

在对图像进行变形操作时，不仅可以将图像进行等比例或者不等比例的大小调整时，还可以对图像进行倾斜操作。❶ 将鼠标置于变换控制框四周的绿色控制处，当鼠标指针呈⇘形状时，❷ 单击鼠标左键并拖曳，可以倾斜图像。

招式 079 为情人节宣传应用动态追踪

Q 在添加了视频素材后，想为视频素材中的人物打上马赛克后，再让观众观看，您能教教我如何为素材应用动态追踪吗?

A 没问题，您可以使用“动态追踪”功能来实现。

1. 单击“动态追踪”按钮

❶ 打开本书配备的“素材\第 4 章\招式 079 情人节宣传.vsp”项目文件，在视频轨道上，选择视频素材，❷ 单击“时间轴”面板上方的“运动追踪”按钮。

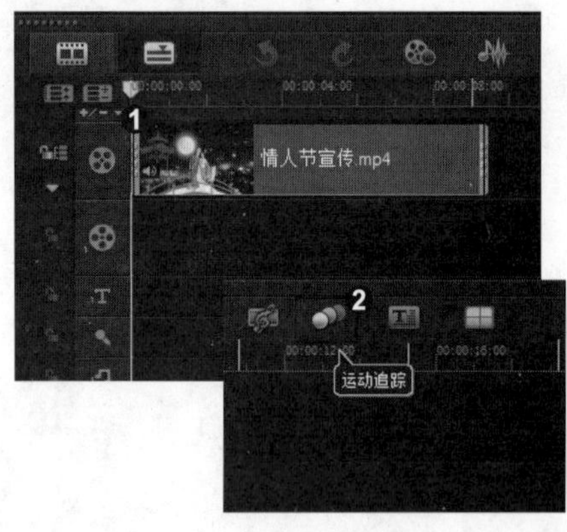

2. 调整马赛克大小

❶ 弹出“运动追踪”对话框，选择红色的跟踪器，将其拖动到需要跟踪的区域，❷ 在跟踪器类型中单击“按区域设置跟踪”按钮；接着单击“应用/隐藏马赛克”按钮，修改其形状为“圆形”，并修改其大小为 25。

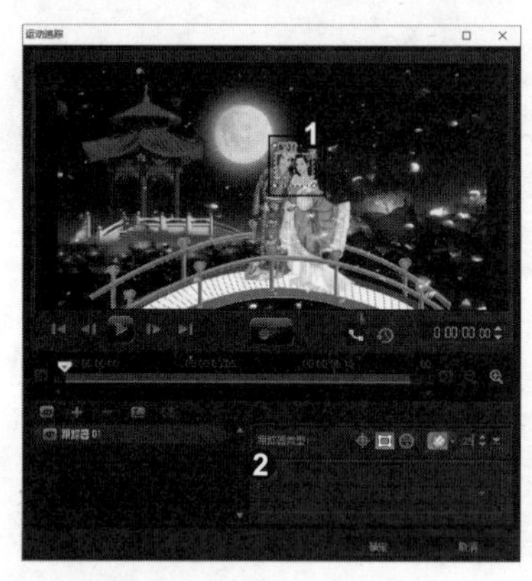

3. 创建追踪路径

❶ 在预览窗口中调整圆的大小，单击“运动追踪”按钮，❷ 此时，系统开始追踪并建立跟踪路径，到合适的位置单击按钮停止追踪，完成路径追踪的创建。

4. 预览视频效果

追踪完成后，单击“确定”按钮。在导览面板中单击“播放”按钮，预览添加动态追踪后的视频效果。

知识拓展

在应用动态追踪时，如果对创建好的追踪路径不满意，则可以单击“重置为默认设置”按钮，将其重置为默认设置即可。

招式 080 使用绘图器编辑制作书法效果

Q 在会声会影中，我想通过一种功能手动制作出动态视频，从而将制作的动画更加生动，您能教教我如何制作绘图效果吗？

A 没问题，您可以使用“绘图创建器”功能来实现。该功能可以将书法、涂鸦等素材图像的绘制过程记录下来。

1. 单击“背景图像选项”按钮

❶ 在会声会影菜单栏中选择“工具”|“绘图创建器”命令，❷ 弹出“绘图创建器”对话框，单击“背景图像选项”按钮。

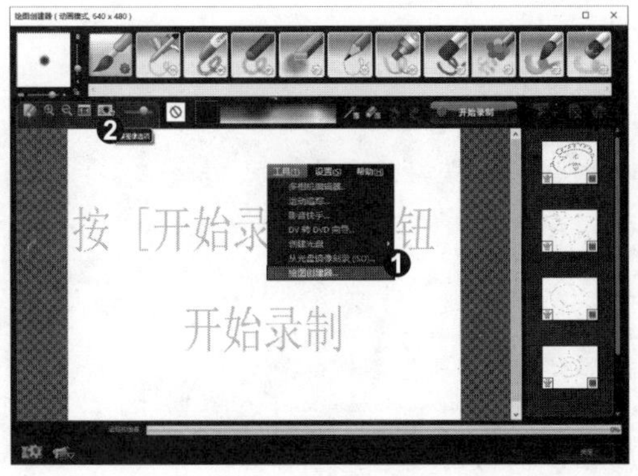

2. 选择图像文件

❶ 弹出“背景图像选项”对话框，选中“自定义图像”单选按钮，并单击右侧的...按钮，❷ 弹出“打开图像文件”对话框，选择“书法”图像文件。

3. 单击“开始录制”按钮

❶ 依次单击“打开”和“确定”按钮，返回到“绘图创建器”对话框，修改笔刷的颜色，❷ 并单击“开始录制”按钮。

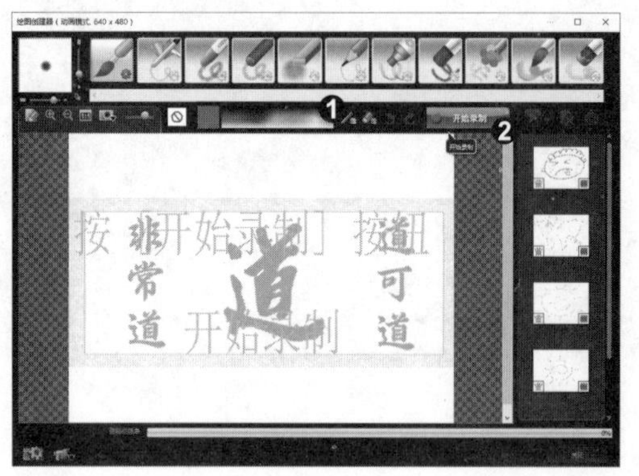

4. 绘制背景图像

❶ 即可参考背景图像进行绘制，并在绘制的过程中，根据需要调整笔刷的大小分别为 21 和 9，❷ 绘制完成后，单击“停止录制”按钮。

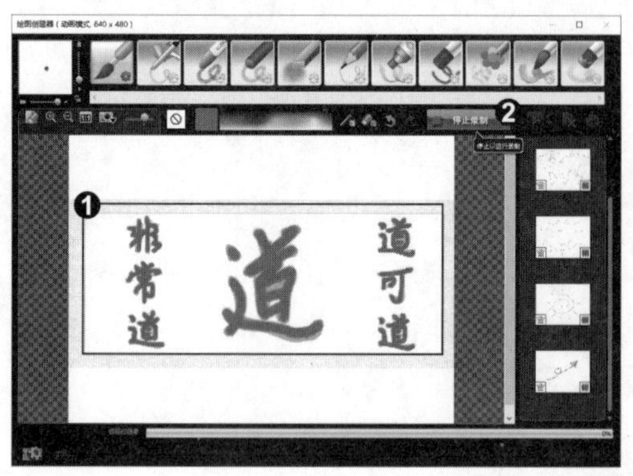

5. 单击“确定”按钮

❶ 单击“更改选择的画廊区间”按钮，在“区间”对话框中设置素材的“区间”参数为 6 秒，❷ 单击“确定”按钮完成操作，返回到“绘图创建器”对话框，单击“确定”按钮。

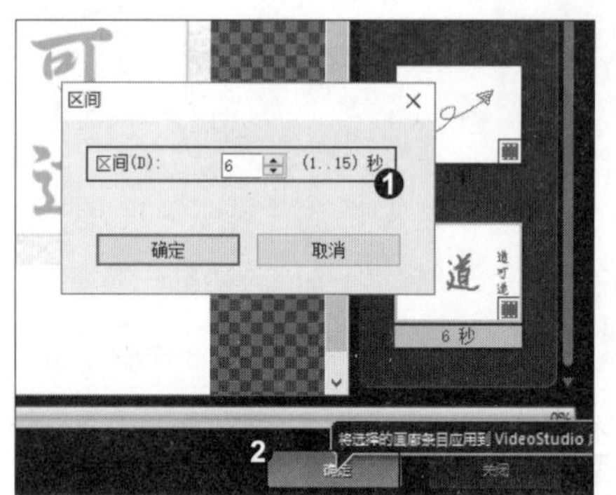

6. 保存素材

❶ 在“绘图创建器”对话框的底部将显示“正在制作绘图创建器文件”进度条，❷ 进度条读满后，绘制完成的素材会自动保存到会声会影 X9 的素材库中。

知识拓展

在使用绘图器编辑图像时，不仅可以在“绘图创建器”对话框中修改笔刷的颜色和大小，还可以调整笔刷的样式。在“绘图创建器”对话框笔画面板中提供了 11 种笔刷样式，用户可以根据需要选择即可。

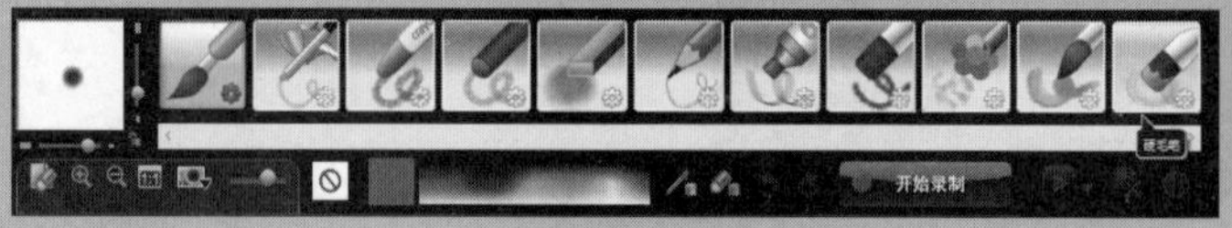

招式 081 使用多相机编辑器制作相册效果

Q 在会声会影中，想通过从不同相机、不同角度捕获的事件镜头来制作效果，您能教教我如何使用多相机编辑器制作相册效果吗？

A 没问题，您可以使用“多相机编辑器”功能来实现。

1. 选择“2 台相机”选项

❶ 在会声会影编辑界面中，选择菜单栏中的“工具”|“多相机编辑器”命令，❷ 弹出“多相机编辑器”对话框，单击“相机编号”下三角按钮，展开下拉列表，选择“2 台相机”选项。

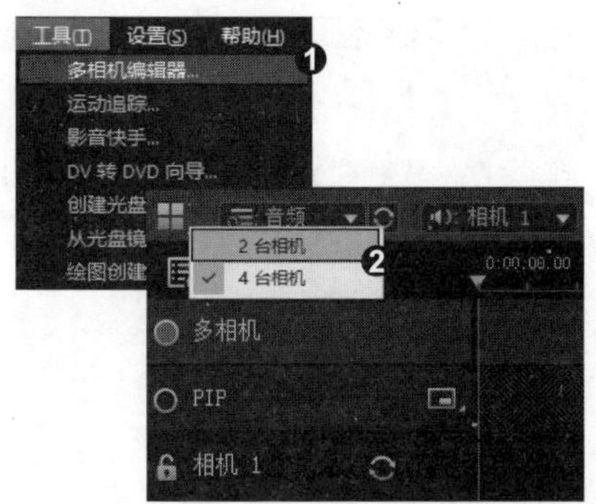

2. 单击“添加素材”按钮

❶ 即可修改相机的编号，然后单击“来源管理器”按钮，❷ 弹出“来源管理器”对话框，选择“相机 1”选项，单击“添加素材”按钮。

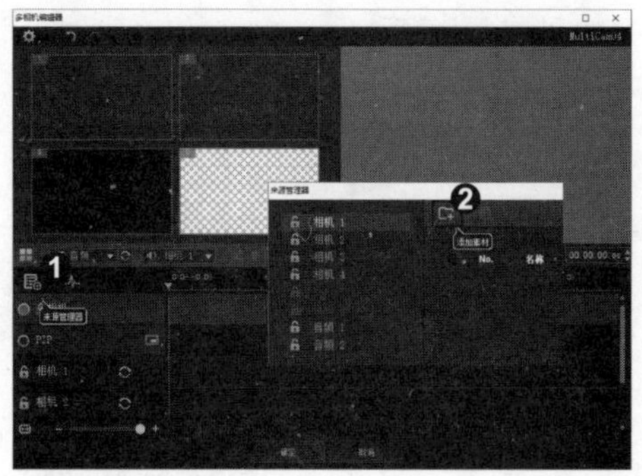

3. 添加视频文件

❶ 打开相应的对话框，选择合适的视频文件，单击“打开”按钮，❷ 即可将选择的视频文件添加至“来源管理器”对话框中。

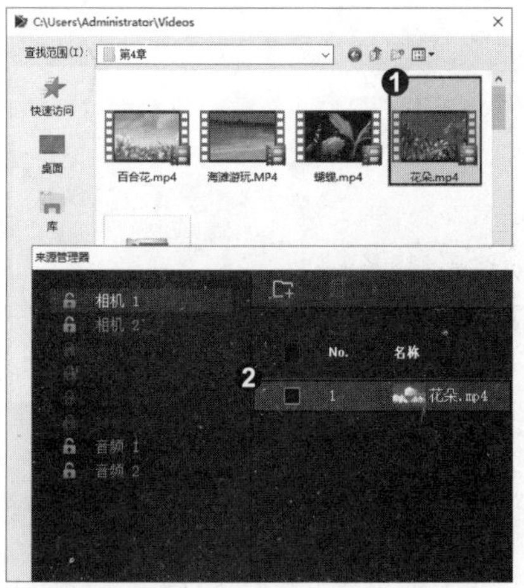

4. 选择“保存”选项

❶ 使用同样的方法，在“相机 2”中添加“百合花”视频，❷ 单击“确定”按钮，返回到“多相机编辑器”对话框，单击“设置”按钮，展开下拉列表，选择“保存”选项。

5. 显示相册效果

保存多相机效果，单击“确定”按钮，返回到“素材库”面板中，显示新制作好的相册效果。

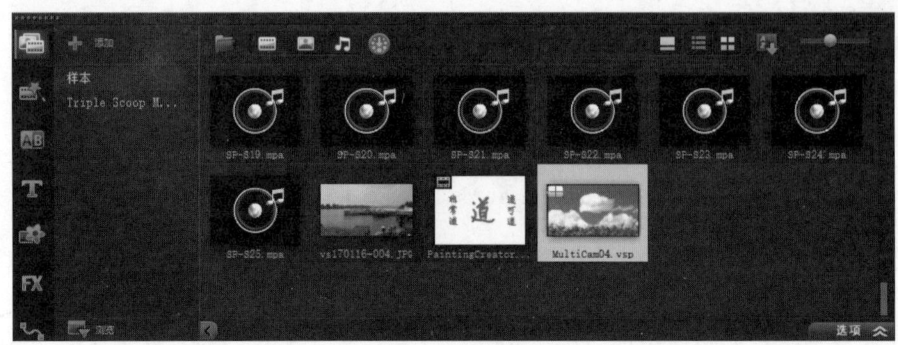

知识拓展

在“多相机编辑器”对话框中，不仅可以添加视频素材，还可以添加音频素材，并将音频和视频进行同步操作。在“多相机编辑器”对话框中，添加视频和音频素材后，单击“同步”按钮即可。

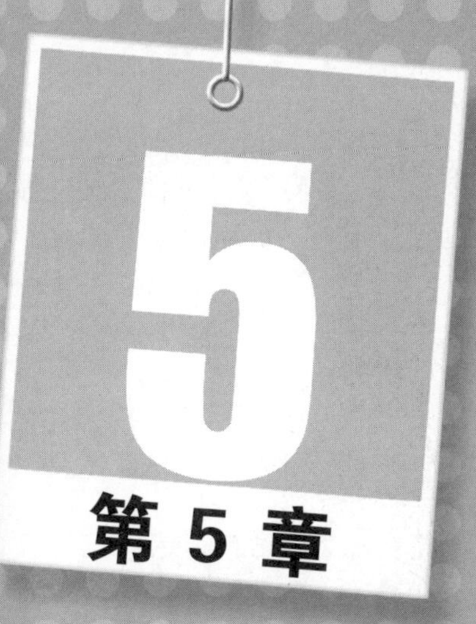

覆叠素材的叠加技巧

运用会声会影 X9 中的覆叠功能，可以使用户在编辑视频的过程中有更多的表现。在覆叠轨中可以添加图像或视频等素材，覆叠功能使视频轨上的视频与图像相互交织，组合成各式各样的视觉效果。本章将详细讲解覆叠素材的叠加操作方法，其内容包括添加单个覆叠素材、添加多个覆叠素材、调整覆叠素材的大小和形状、应用对象覆叠、应用边框覆叠等。通过本章的学习，可以帮助用户快速掌握覆叠素材的叠加技巧，并使编辑的影片画面更加丰富，更具有观赏性。

招式 082 添加单个覆叠素材

Q 在会声会影中制作相册时，有时需要在覆叠轨中添加素材，以便制作出更有趣味的画面，您能教教我如何为图像添加单个覆叠素材吗？

A 没问题，您只要在覆叠轨中添加素材即可。

1. 选择“插入照片”命令

❶ 打开本书配备的“素材\第5章\招式082 汽车飞驰.vsp”项目文件，❷ 在“时间轴”面板中的覆叠轨道上右击，弹出快捷菜单，选择“插入照片”命令。

2. 添加图像素材

❶ 弹出“浏览照片”对话框，选择“汽车1.PNG”图像素材，❷ 单击“打开”按钮，即可将选择的图片添加至覆叠轨上。

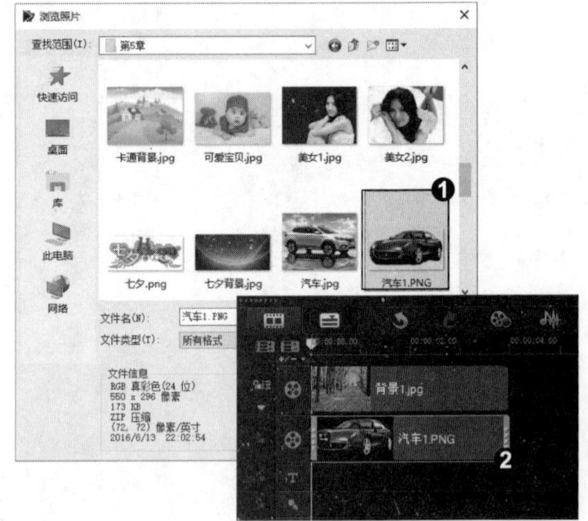

3. 查看覆叠效果

在导览面板中查看覆叠素材效果。

知识拓展

在会声会影中，不仅可以添加单个覆叠素材，还可以删除覆叠素材。❶ 在覆叠轨中选择覆叠素材，右击，弹出快捷菜单，选择“删除”命令，❷ 即可将选择的覆叠素材进行删除，并将不在“时间轴”面板的覆叠轨中显示。

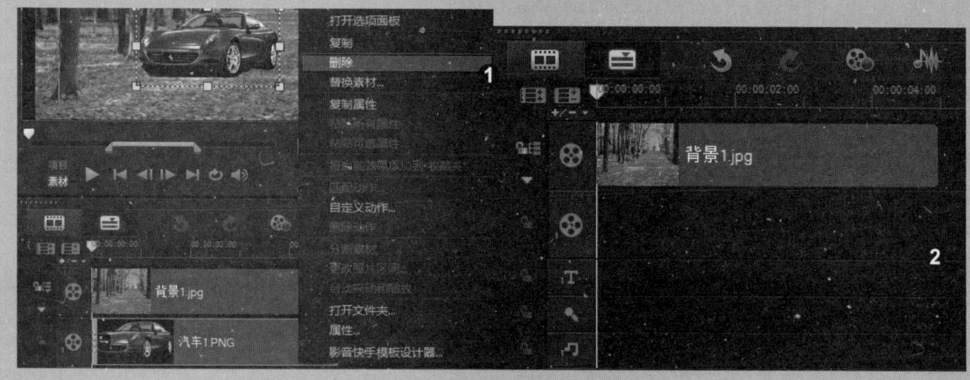

招式 083 添加多个覆叠素材

Q 在制作影片时，有时为了增强画面的叠加效果，需要添加多个轨道的覆叠素材，您能教教我如何添加多个覆叠素材吗？

A 没问题，您可以使用覆叠管理器创建多个轨道，再进行素材添加即可。

1. 选择“轨道管理器”命令

❶ 新建一个项目文件，在“时间轴”面板的视频轨上，添加“运动”素材图像。❷ 在“时间轴”面板的轨道上右击，弹出快捷菜单，选择“轨道管理器”命令。

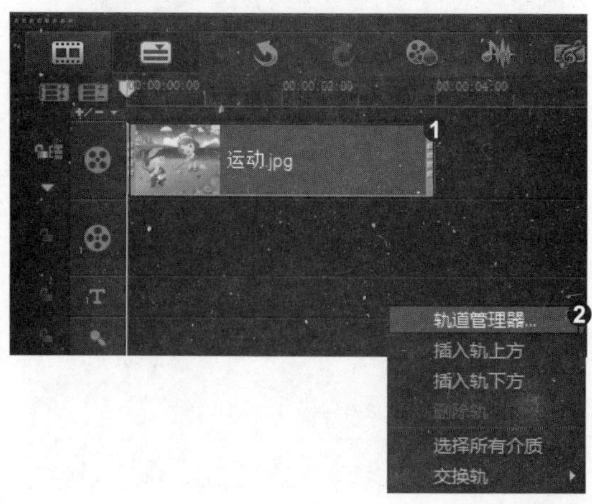

2. 添加多条覆叠轨道

❶ 弹出“轨道管理器”对话框，修改“覆叠轨”参数为 3，❷ 单击“确定”按钮，即可添加多条覆叠轨道。

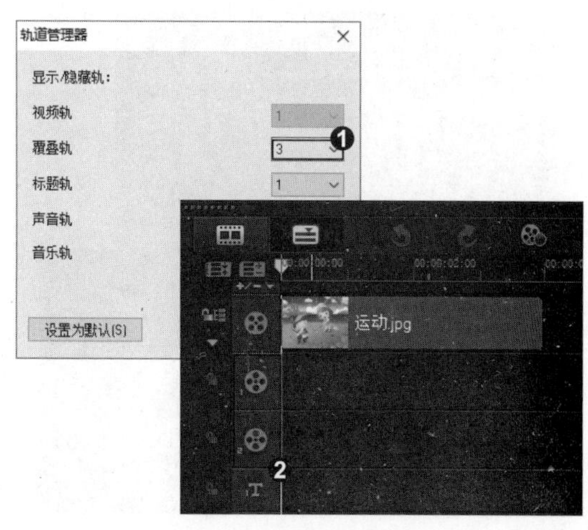

3. 预览图像效果

❶ 在覆叠轨 1 和覆叠轨 2 中分别添加"FR-C04.png"和"花朵 .png"素材，❷ 在导览面板中预览添加多个覆叠素材的最终效果。

知识拓展

在会声会影中，不仅可以添加多个覆叠素材，还可以删除多个覆叠素材，其操作方法请参考招式 082 中的"知识拓展"，这里将不再赘述。

招式 084 调整浪漫七夕覆叠素材的大小

Q 在制作电子相册时，添加的覆叠素材都是以默认的大小显示在画面上，有时需要对覆叠素材的大小进行调整，您能教教我如何调整覆叠素材的大小吗?

A 没问题，您可以通过鼠标调整黄色的调节点来实现。

1. 选择素材图像

❶ 打开本书配备的"素材\第 5 章\招式 084　浪漫七夕 .vsp"项目文件，❷ 在覆叠轨道上，选择"七夕 .png"素材图像。

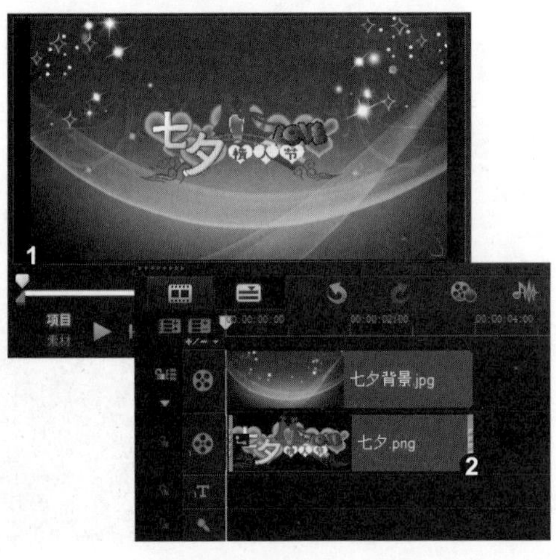

2. 调整素材大小

❶ 在预览窗口中，当鼠标放到素材的黄色调节点时，鼠标变成↗形状，❷ 单击并拖动鼠标，将素材调整至合适的大小。

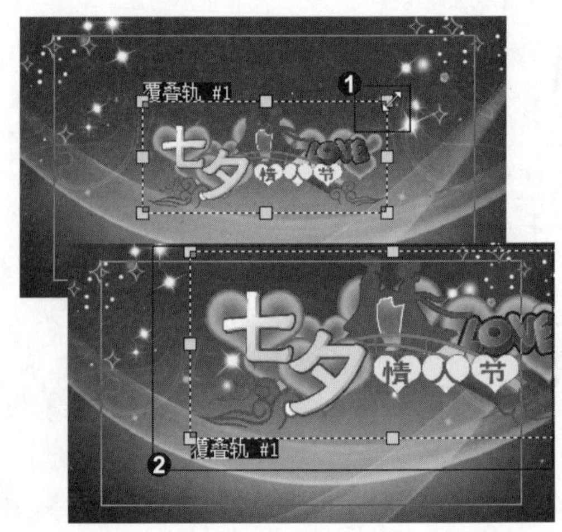

3. 预览图像效果

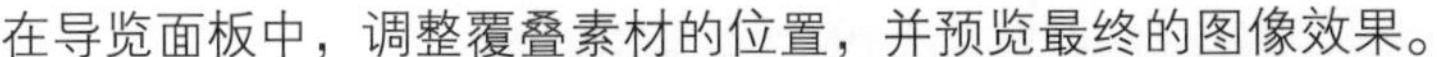

在导览面板中，调整覆叠素材的位置，并预览最终的图像效果。

知识拓展

在调整覆叠素材的大小时，不仅可以等比例调整素材的大小，还可以将覆叠素材调整到整个屏幕大小。❶ 选择覆叠素材，在预览窗口中右击，弹出快捷菜单，选择“调整到屏幕大小”命令，❷ 即可将覆叠素材调整到整个屏幕大小。

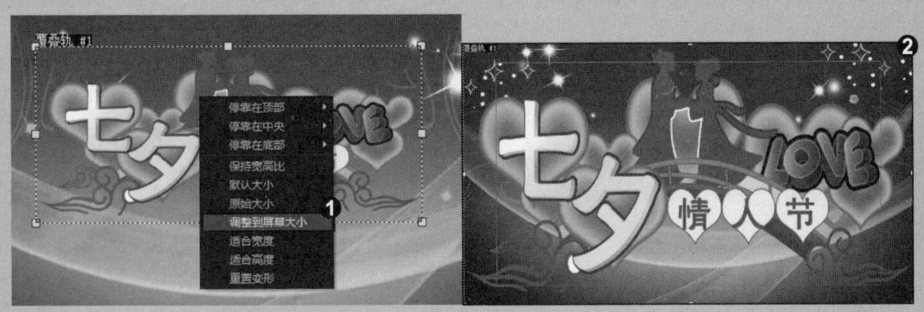

招式 085 调整汽车广告覆叠素材的形状

Q 在添加覆叠素材后，发现添加的覆叠素材的形状根本就不能满足要求，您能教教我如何调整覆叠素材的形状吗?

A 没问题，您可以使用“变形素材”功能对覆叠素材的形状进行重新调整。

1. 添加素材图像

❶ 在视频轨道上添加“广告背景 .jpg”素材图像，并将其调整到“保持宽高比 (无字母框)”，❷ 在覆叠轨上添加“汽车 .jpg”素材图像。

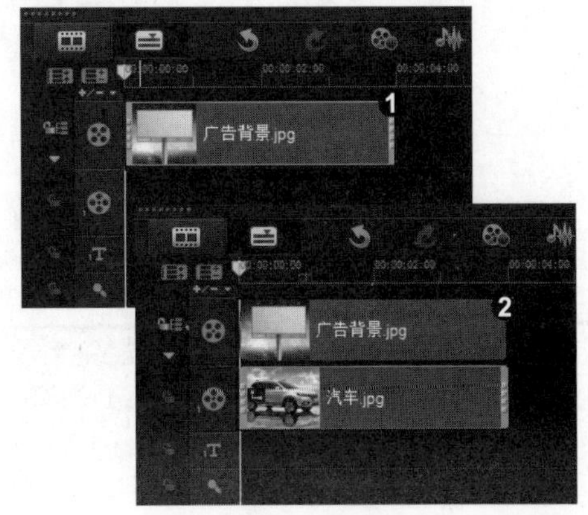

2. 拖动调节点

❶ 在预览窗口中按住覆叠轨素材的左上绿色调节点，向左上角拖动，❷ 按住覆叠轨素材的右上绿色调节点，向右上角拖动。

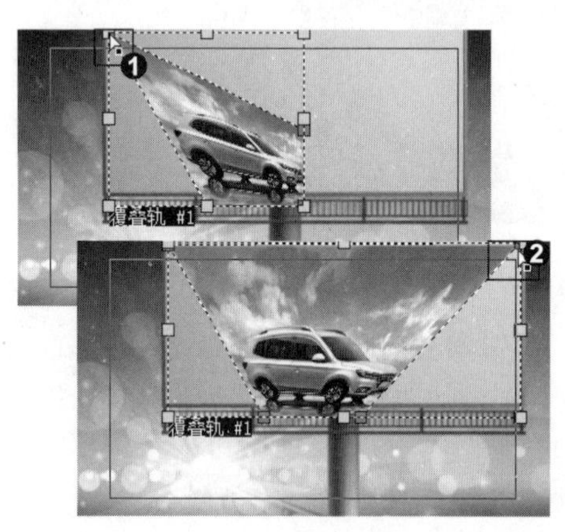

3. 拖动调节点

❶ 按住覆叠轨素材的左下绿色调节点，向左下角拖动，❷ 按住覆叠轨素材的右下绿色调节点，向右下角拖动。

4. 查看图像效果

即可完成覆叠素材形状的调整操作，并在导览面板中查看最终的图像效果。

知识拓展

在调整了覆叠素材的形状后，如果对调整后的形状不满意，则可以先将覆叠素材恢复到默认大小，重新调整即可。❶ 在导览面板中，选择覆叠素材，右击，弹出快捷菜单，选择“默认大小”命令，❷ 即可将覆叠素材恢复到默认大小。

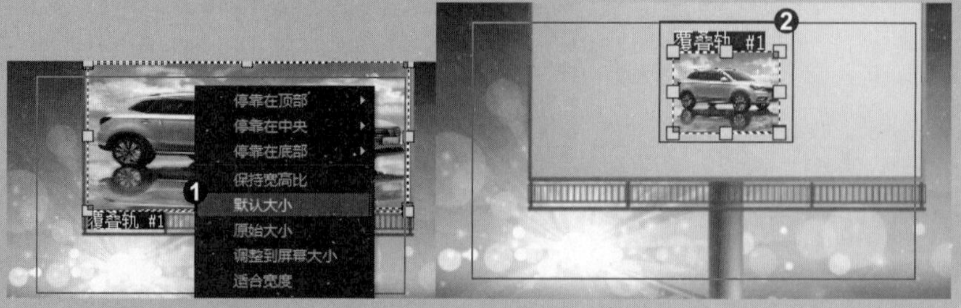

招式 086 调整仰望小狗覆叠素材的对齐方式

Q 在会声会影中添加覆叠素材后，想根据需要调整覆叠素材的位置，您能教教我如何调整覆叠素材的对齐方式吗?

A 没问题，会声会影提供了调整素材对齐方式的功能，包括“停靠在顶部”“停靠在中央”和“停靠在底部”3 种方式。

1. 选择图像素材

❶ 打开本书配备的“素材\第 5 章\招式 086　仰望的小狗.vsp”项目文件，❷ 在“时间轴”面板中选择覆叠轨上的图像素材。

2. 选择“靠右”命令

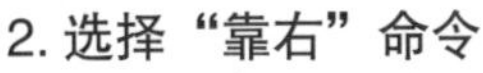

❶ 在预览窗口中，右击，弹出快捷菜单，选择“停靠在顶部”|“靠右”命令，❷ 即可将覆叠素材靠右上方对齐。

知识拓展

在会声会影中，不仅可以将覆叠素材停靠在顶部，还可以将覆叠素材停靠在中央或底部。❶ 选择覆叠素材，右击，弹出快捷菜单，选择“停靠在中央”命令即可；❷ 选择覆叠素材，右击，弹出快捷菜单，选择“停靠在底部”命令即可。

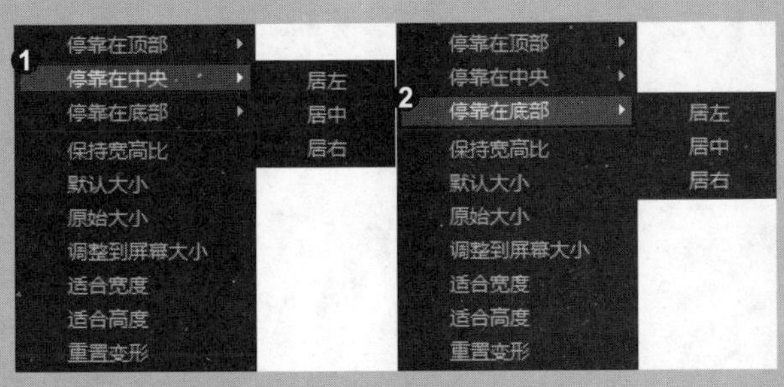

招式087 为蝶舞花间复制覆叠属性

Q 在会声会影中编辑图像时，常常要为多个覆叠素材应用相同的效果，但是一个个修改增加工作量，您能教教我如何为素材复制覆叠属性吗?

A 没问题，您可以使用"复制属性"功能来实现。

1. 选择覆叠素材

❶ 打开本书配备的"素材\第5章\招式087 蝶舞花间.vsp"项目文件，❷ 在覆叠轨上选择最左侧的覆叠素材。

2. 选择"粘贴所有属性"命令

❶ 然后右击，弹出快捷菜单，选择"复制属性"命令，❷ 选择覆叠轨上最右侧的覆叠素材，右击，弹出快捷菜单，选择"粘贴所有属性"命令。

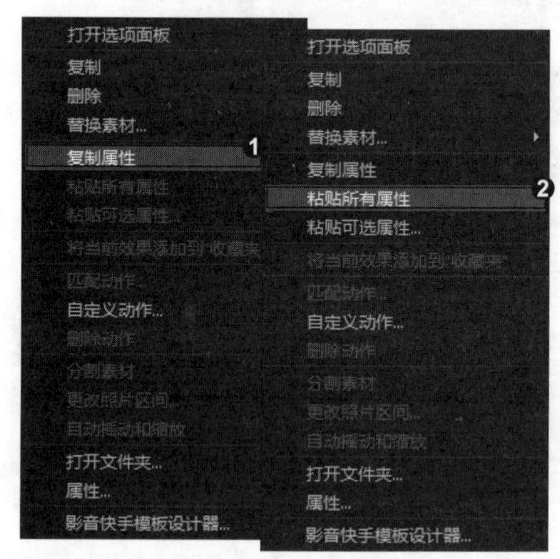

3. 预览图像效果

此时，即可完成覆叠属性的复制操作，并在导览面板中预览图像的覆叠效果。

知识拓展

在复制粘贴素材的属性时，不仅可以粘贴所有的属性参数，也可以粘贴部分的属性参数。❶复制素材的覆叠属性后，另选一个覆叠素材，右击，弹出快捷菜单，选择“粘贴可选属性”命令，❷弹出“粘贴可选属性”对话框，设置相应的属性参数，单击“确定”按钮即可。

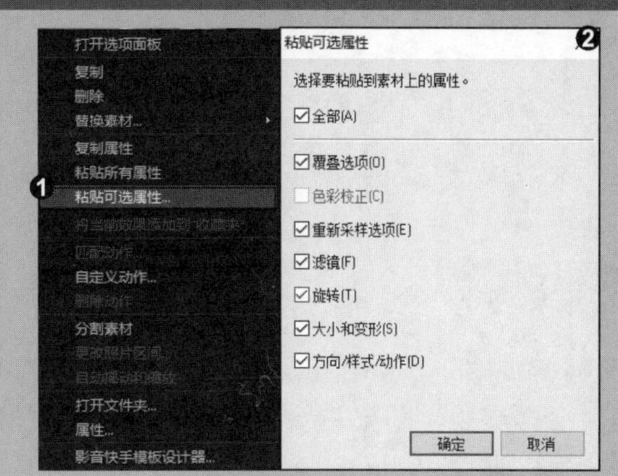

专家提示

用户除了可以通过快捷菜单调用“复制属性”或“粘贴所有属性”命令外，还可以在选择覆叠素材后，选择菜单栏中的“编辑”|“复制属性”命令或“编辑”|“粘贴所有属性”命令即可。

招式 088 设置美味水果的覆叠位置

Q 在会声会影中，想随意调整覆叠素材在覆叠轨中的位置，从而得到不同的覆叠效果，您能教教我如何设置覆叠素材的覆叠位置吗?

A 没问题，您可以直接在覆叠轨中移动素材的位置即可。

1. 选择覆叠素材

❶打开本书配备的“素材\第 5 章\招式 088　美味水果.vsp”项目文件，❷在“时间轴”面板中选择覆叠轨上的覆叠素材。

2. 调整图像位置

❶选中覆叠轨中的覆叠素材，单击鼠标，将其拖动至合适的位置，❷并在导览面板中预览图像效果。

知识拓展

在会声会影中调整覆叠素材的位置时，不仅可以直接在覆叠轨中调整素材位置，还可以在预览窗口中直接单击鼠标并进行位置移动即可。

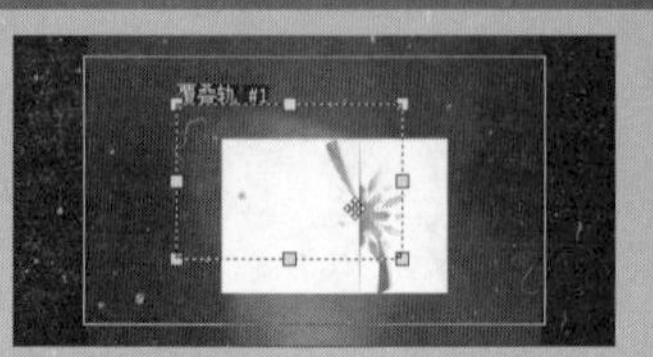

招式 089 为飞过天际设置进入效果

Q 在会声会影中，想为添加到覆叠轨中的素材设置进入的方向效果，您能教教我如何为素材设置进入效果吗？

A 没问题，您可以使用“基本动作”选项组中的“进入”方向区域进行设置即可。

1. 选择覆叠素材

❶ 打开本书配备的“素材\第5章\招式089 飞过天际.vsp”项目文件，❷ 在“时间轴”面板中选择覆叠素材。

2. 预览进入效果

❶ 双击鼠标左键，打开选项面板，单击“从右上方进入”按钮，❷ 即可设置素材的进入效果，并单击“播放”按钮，预览进入效果。

知识拓展

在“基本动作”选项组中的“进入”方向区域中，不仅可以设置从右上方进入，还可以设置其他的进入效果。❶ 单击“从左边进入”按钮，即可从左边进入图像；❷ 单击“从下方进入”按钮，即可从下方进入图像。

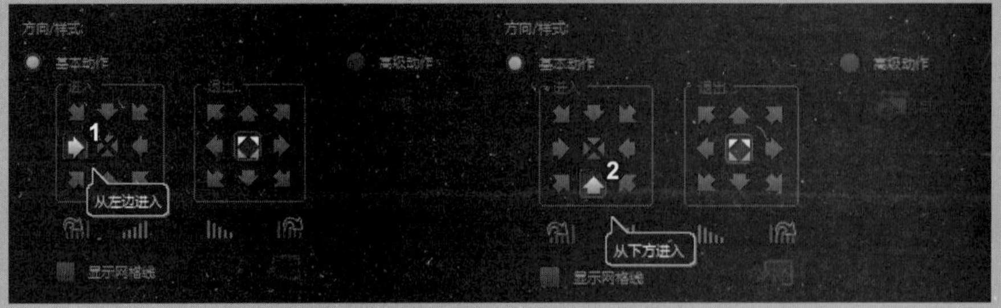

招式 090 为飞过天际设置退出效果

Q 在会声会影中，不仅要为素材设置进入效果，还可以根据需要设置退出效果，您能教教我如何为素材设置退出效果吗?

A 没问题，您可以使用“基本动作”选项组中的“退出”方向区域进行设置即可。

1. 单击“从左上方退出”按钮

❶ 打开上一招式保存的效果项目文件，选择覆叠轨上的覆叠素材，❷ 双击鼠标左键，打开选项面板，单击“从左上方退出”按钮。

2. 预览图像退出效果

即可设置素材的退出效果，并单击“播放”按钮，预览图像的退出效果。

知识拓展

在“基本动作”选项组中的“退出”方向区域中，不仅可以设置从左上方退出，还可以设置其他的退出效果。❶ 单击“从左下方退出”按钮，即可从左下方退出图像；❷ 单击“从上方退出”按钮，即可从上方退出图像。

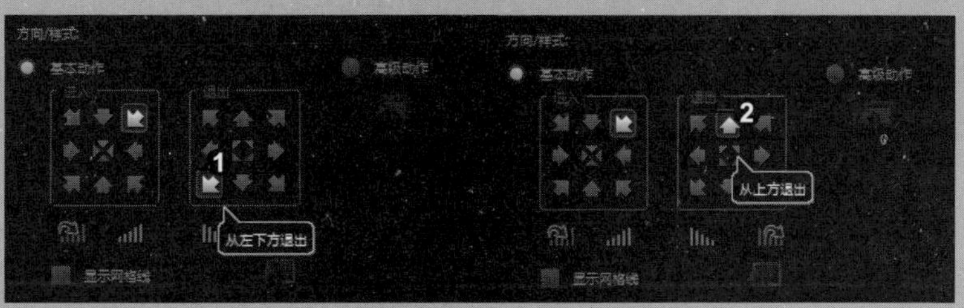

招式 091 为调皮小猴设置区间旋转动画

Q 在会声会影中制作影片时，想为影片中的覆叠素材添加区间旋转动画，以增加静态图像的动感效果，您能教教我如何为素材设置区间旋转动画吗?

A 没问题，您可以在“基本动作”选项组中使用“区间旋转动画”按钮即可。

1. 选择覆叠素材

❶ 打开本书配备的“素材\第5章\招式091 调皮小猴.vsp”项目文件，❷ 在“时间轴”面板中选择覆叠素材。

2. 设置区间旋转动画

❶ 双击鼠标左键，打开选项面板，单击“暂停区间前旋转”按钮，❷ 即可设置区间旋转动画，并单击“播放”按钮，预览区间旋转动画效果。

知识拓展

在会声会影中设置区间旋转动画时，不仅可以设置暂停区间前的旋转动画，还可以设置暂停区间后的旋转动画。在选项面板的“基本动作”选项组中，单击“暂停区间后旋转”按钮即可。

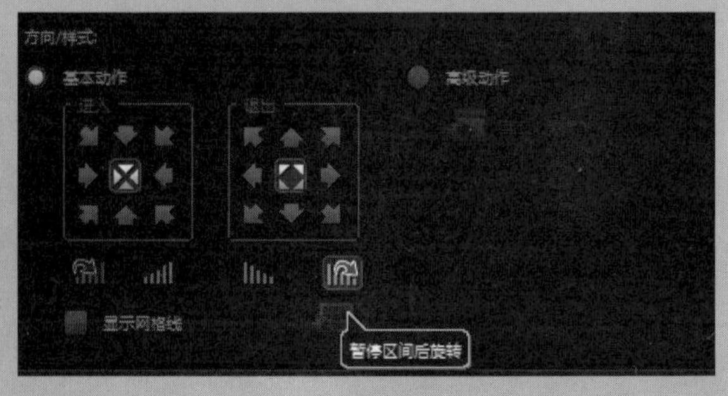

招式 092 为可爱宝贝应用对象覆叠

Q 在使用会声会影制作影片时，想为影片添加一些对象素材的覆叠效果，以起到装饰的作用，您能教教我如何为素材应用对象覆叠吗?

A 没问题，您可以将“对象”素材库中的素材添加到覆叠轨上即可。

1. 选择对象素材

❶ 在视频轨上添加“可爱宝贝 .jpg”素材图像，并将其调整到“保持宽高比(无字母框)”，❷ 在“对象”素材库中选择对象素材。

2. 应用对象覆叠

❶ 单击鼠标并将其拖曳至覆叠轨道上，❷ 在预览窗口中，调整对象的大小和位置，得到最终效果。

知识拓展

“对象”素材库中包含多种对象素材，用户可以根据需要选择合适的对象素材进行覆叠即可。❶ 在“对象”素材库中选择“OB-24.png”对象素材，将其添加至覆叠轨道上即可；❷ 在“对象”素材库中选择“OB-07.png”对象素材，将其添加至覆叠轨道上即可。

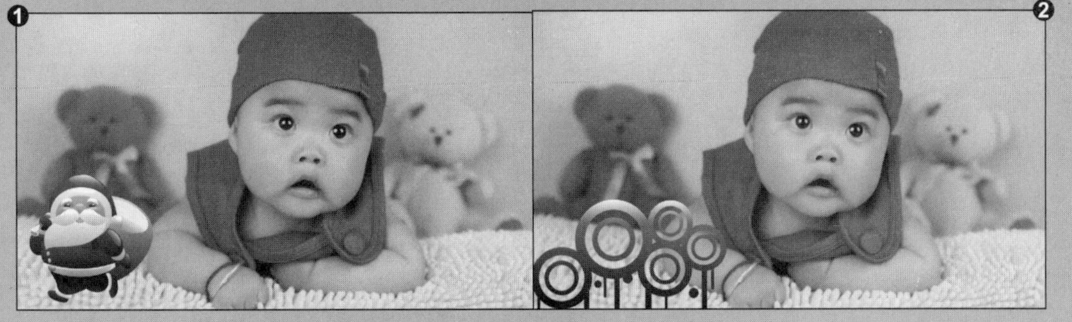

招式 093 为儿童成长应用边框覆叠

Q 在制作影片时，需要使用边框效果，以使素材图像更加突出，您能教教我如何为素材应用边框覆叠吗？

A 没问题，您可以将“边框”素材库中的边框素材添加到覆叠轨上即可。

1. 选择边框素材

❶ 在视频轨上添加“儿童.jpg”素材图像，并将其调整到“保持宽高比(无字母框)”，❷ 在“边框”素材库中选择边框素材。

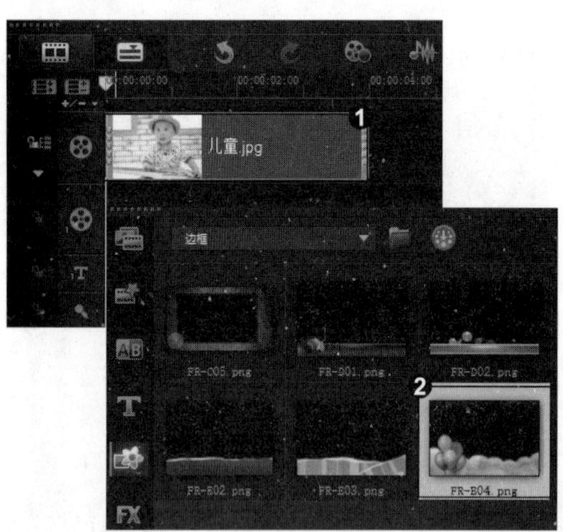

2. 应用边框覆叠

❶ 单击鼠标并将其拖曳至覆叠轨道上，❷ 在预览窗口中，调整对象的大小和位置，得到最终效果。

知识拓展

“边框”素材库中包含多种边框素材，用户可以根据需要选择合适的边框素材进行覆叠即可。❶ 在“边框”素材库中选择“FR-B02.png”边框素材，将其添加至覆叠轨道上即可；❷ 在“边框”素材库中选择“FR-E03.png”边框素材，将其添加至覆叠轨道上即可。

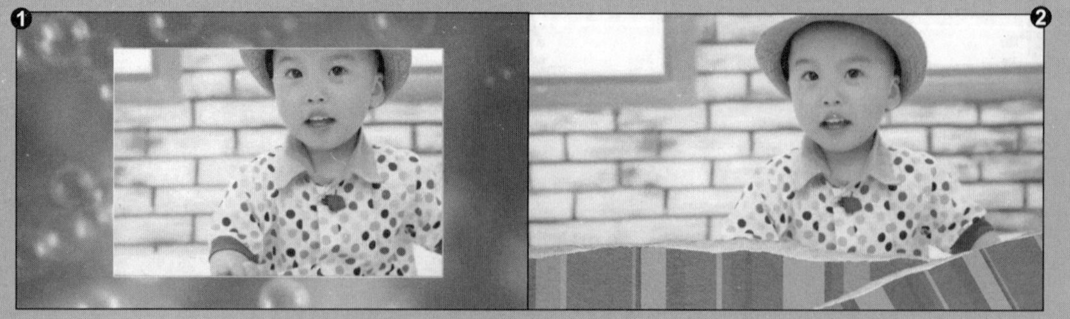

招式 094 为蝶舞花间应用 Flash 覆叠

Q 在会声会影中，想为静态的图像添加动态的覆叠效果，您能教教我如何为素材应用 Flash 覆叠吗?

A 没问题，您可以将“Flash 动画”素材库中的 Flash 素材添加到覆叠轨上即可。

1. 选择 Flash 素材

❶ 在视频轨上添加“儿童 .jpg”素材图像，并将其调整到“保持宽高比 (无字母框)”，❷ 在“Flash 动画”素材库中选择 Flash 素材。

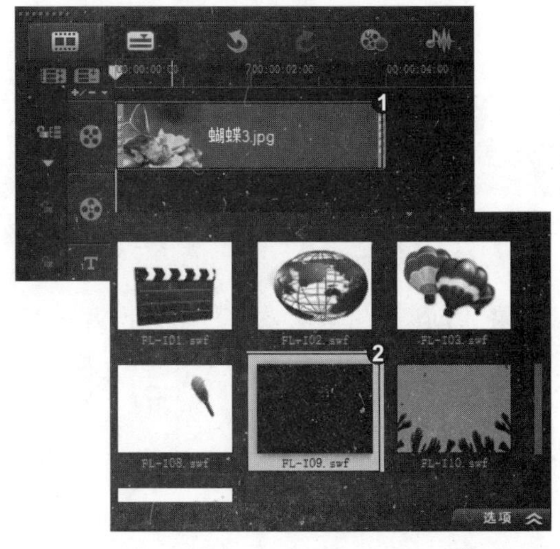

2. 调整素材长度

❶ 单击鼠标并将其拖曳至覆叠轨道上，❷ 在“时间轴”面板中，选择视频轨道上的素材图像，单击鼠标并拖曳，调整其长度。

3. 查看图像效果

在导览面板中单击“播放”按钮，预览添加 Flash 覆叠动画的最终效果。

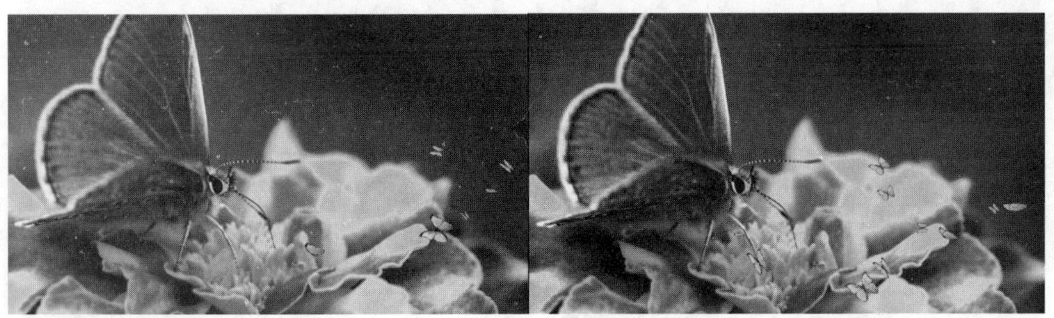

知识拓展

“Flash 动画”素材库中包含多种 Flash 素材，用户可以根据需要选择合适的 Flash 素材进行覆叠即可。❶ 在“Flash 动画”素材库中选择“FL-F01.snf”动画素材，将其添加至覆叠轨道上即可；❷ 在“边框”素材库中选择“FL-F19.snf”动画素材，将其添加至覆叠轨道上即可。

招式 095 设置俏皮松鼠的淡入淡出效果

Q 在制作影片时，想让影片呈现出一种若隐若现的效果，您能教教我如何设置素材的淡入淡出效果吗？

A 没问题，您可以使用“淡入动画效果”和“淡出动画效果”功能设置淡入淡出效果。

1. 选择覆叠素材

❶ 打开本书配备的“素材\第 5 章\招式 095 俏皮松鼠.vsp”项目文件，❷ 在“时间轴”面板中选择覆叠轨上的覆叠素材。

2. 单击相应的按钮

❶ 双击鼠标左键，打开选项面板，单击“淡入动画效果”按钮，添加淡入动画，❷ 单击“淡出动画效果”按钮，添加淡出动画。

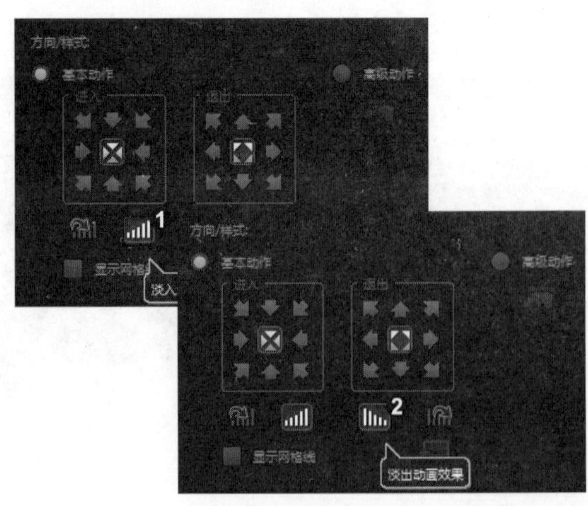

3. 查看淡入淡出动画效果

在导览面板中播放视频，查看淡入淡出动画效果。

知识拓展

在为覆叠素材添加淡入淡出效果时，可以只添加淡入效果，或者只添加淡出效果。用户只要在选项面板中单击“淡入动画效果”按钮或“淡出动画效果”按钮即可。

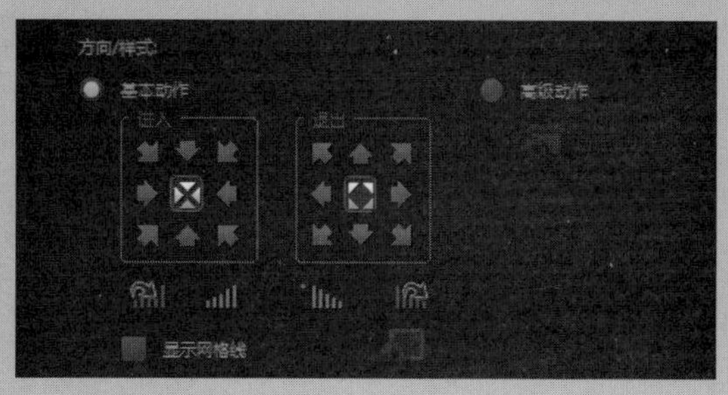

招式 096 为许愿瓶设置透明度覆叠

Q 在会声会影中，有时要为覆叠素材图像设置透明度效果，您能教教我如何为素材设置透明度覆叠吗?

A 没问题，您可以修改“透明度”参数来实现。

1. 选择覆叠素材

❶ 打开本书配备的“素材\第 5 章\招式 096　许愿瓶 .vsp”项目文件，❷ 在“时间轴”面板中选择覆叠轨上的覆叠素材。

2. 修改参数

❶ 双击鼠标左键，打开选项面板，单击“遮罩和色度键”按钮，❷ 进入“编辑”选项面板，修改“透明度”参数为30。

3. 查看图像效果

此时，即可完成透明度的设置，并在导览面板中查看设置透明度覆叠后的图像效果。

知识拓展

在设置透明度参数时，不仅可以将素材设置为半透明状态，还可以设置为全透明状态。在“编辑”选项面板中，修改“透明度”参数为99，即可将图像素材设置为全透明效果。

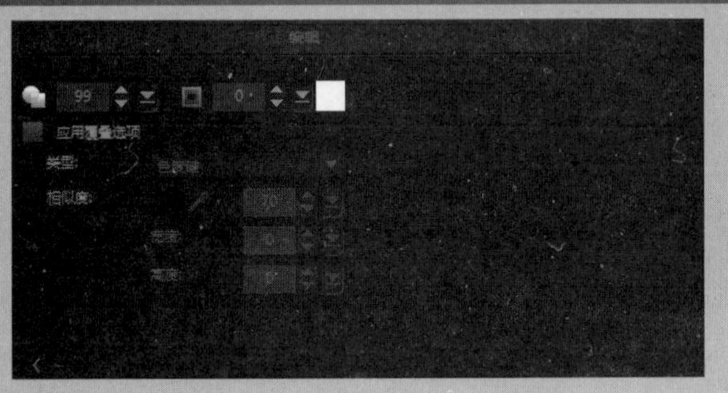

招式 097 为油菜花应用色彩覆叠

Q 在会声会影中，想在素材图像或者视频上添加一层色彩，以增加素材的朦胧效果，您能教教我如何为素材应用色彩覆叠吗？

A 没问题，您可以将“色彩”素材库中的色彩素材添加到覆叠轨上。

1. 选择色彩素材

❶ 打开本书配备的"素材\第 5 章\招式 097　油菜花 .vsp"项目文件，❷ 在"色彩"素材库中选择合适的色彩素材。

2. 选择"调整到屏幕大小"命令

❶ 单击鼠标并拖曳，将其添加覆叠轨道上，❷ 在预览窗口中的覆叠素材上右击，弹出快捷菜单，选择"调整到屏幕大小"命令。

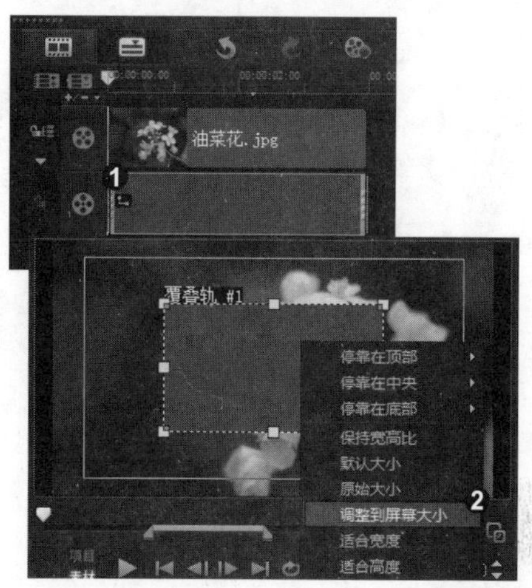

3. 单击"遮罩和色度键"按钮

❶ 即可将覆叠素材调整到屏幕大小显示，❷ 双击鼠标左键，打开选项面板，单击"遮罩和色度键"按钮。

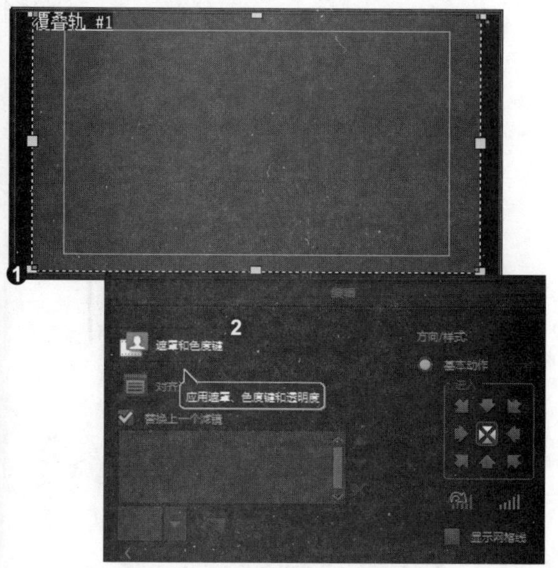

4. 预览图像效果

❶ 展开"编辑"选项面板，修改"透明度"参数为 85，❷ 即可完成色彩覆叠的设置，并在导览面板中查看设置后的图像效果。

知识拓展

在应用色彩覆叠时，用户不仅可以使用“色彩”素材库中的颜色进行覆叠，还可以直接使用“色彩选取器”按钮，直接选取颜色进行覆叠。❶ 在“编辑”选项面板中单击“色彩选取器”色块，❷ 展开颜色面板，选择合适的颜色即可。

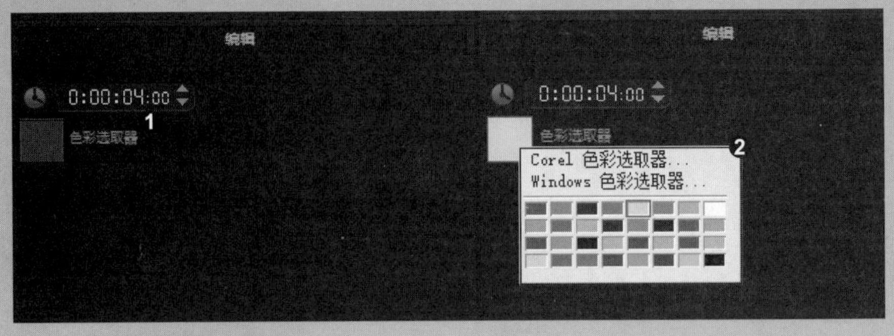

招式 098 为覆叠素材添加边框效果

Q 在会声会影中添加覆叠素材后，想为覆叠素材添加一种类似相框的效果，您能教教我如何为覆叠素材添加边框效果吗？

A 没问题，您可以通过修改“编辑”选项面板中的“色板”参数来实现。

1. 选择覆叠素材

❶ 打开本书配备的“素材\第5章\招式098 甜美女孩.vsp”项目文件，❷ 在“时间轴”面板中选择覆叠轨上的覆叠素材。

2. 修改参数

❶ 双击鼠标左键，打开选项面板，单击“遮罩和色度键”按钮，❷ 进入“编辑”选项面板，修改“边框”为4、“边框颜色”为淡绿色。

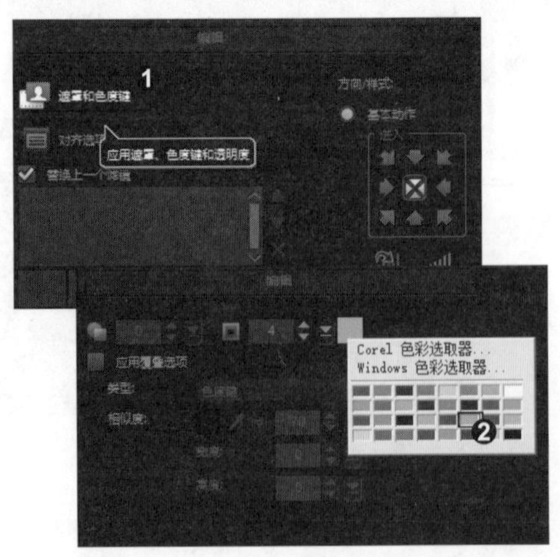

3. 预览图像效果

此时，即可完成边框效果的添加操作，并在导览面板的预览窗口中查看添加边框后的图像效果。

知识拓展

在设置边框的颜色时，除了可以通过已有的颜色进行设置外，还可以使用“Corel 色彩选取器”功能重新选取颜色进行设置。❶ 在“边框颜色”面板中，选择“Corel 色彩选取器”命令，❷ 弹出“Corel 色彩选取器”对话框，选取合适的颜色即可。

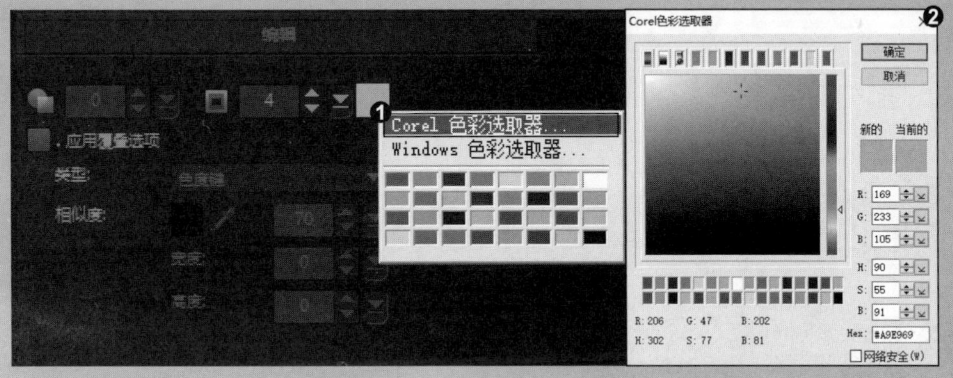

招式 099 为害羞美女添加覆叠遮罩

Q 在制作影片时，还需要在覆叠轨中为影片设置遮罩效果，使制作的影片更加美观，您能教教我如何为素材添加覆叠遮罩吗？

A 没问题，您可以使用“遮罩帧”选项来实现。

1. 选择覆叠素材

❶ 打开本书配备的“素材\第 5 章\招式 099 害羞美女.vsp”项目文件，❷ 在时间轴中选择覆叠轨中的覆叠素材。

2. 选择遮罩效果

❶ 双击鼠标左键，打开选项面板，单击“遮罩和色度键”按钮，❷ 进入“编辑”选项面板，勾选“应用覆叠选项”复选框，并在“遮罩帧”列表框中选择合适的遮罩效果。

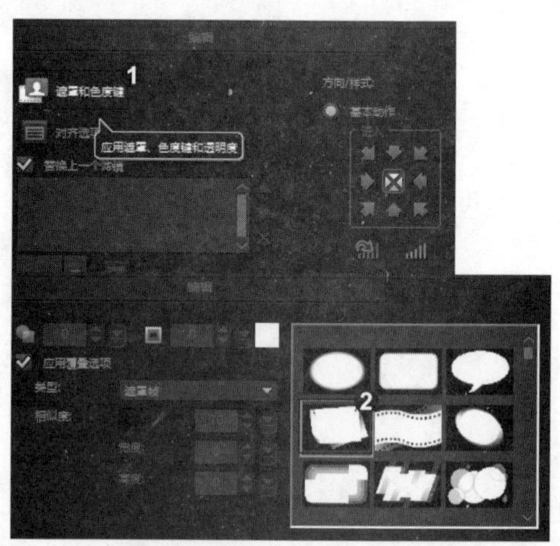

3. 预览图像效果

此时，即可完成遮罩效果的添加操作，并在导览面板的预览窗口中查看添加遮罩后的图像效果。

知识拓展

在“遮罩帧”列表框中包含多个遮罩效果，用户可以根据需要选择合适的遮罩效果进行覆叠即可。❶ 在“遮罩帧”列表框中选择“圆角矩形”遮罩效果即可；❷ 在“遮罩帧”列表框中选择“椭圆形”遮罩效果即可。

招式 100 为芭蕾少女应用自定义遮罩效果

Q 在为会声会影中的图像素材添加遮罩效果时，但对软件自带的遮罩效果不是很满意，想应用一些自己喜欢的遮罩效果，您能教教我如何为素材应用自定义遮罩效果吗？

A 没问题，您可以在“遮罩帧”列表框中使用“添加”功能添加新的遮罩效果即可。

1. 选择覆叠素材

❶ 打开本书配备的“素材\第 5 章\招式 100　芭蕾少女 .vsp”项目文件，❷ 在“时间轴”面板中选择覆叠轨中的覆叠素材。

2. 单击“添加遮罩项”按钮

❶ 双击鼠标左键，打开选项面板，单击“遮罩和色度键”按钮，❷ 进入“编辑”选项面板，勾选“应用覆叠选项”复选框，并在“遮罩帧”列表框中单击“添加遮罩项”按钮。

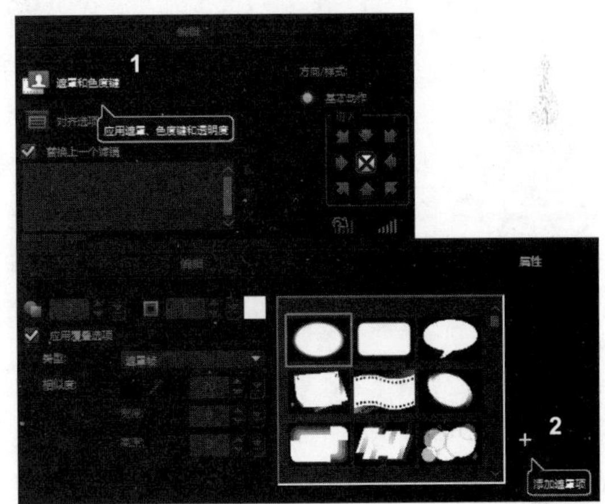

3. 预览图像效果

❶ 弹出“浏览照片”对话框，选择遮罩文件，❷ 单击“打开”按钮，弹出提示对话框，单击“确定”按钮，即可添加遮罩效果，❸ 在导览面板中预览图像效果。

知识拓展

在“遮罩帧”列表框中，不仅可以添加遮罩帧，还可以将多余的遮罩帧删除。在“编辑”选项面板的“遮罩帧”列表框中，单击“删除遮罩项”按钮即可。

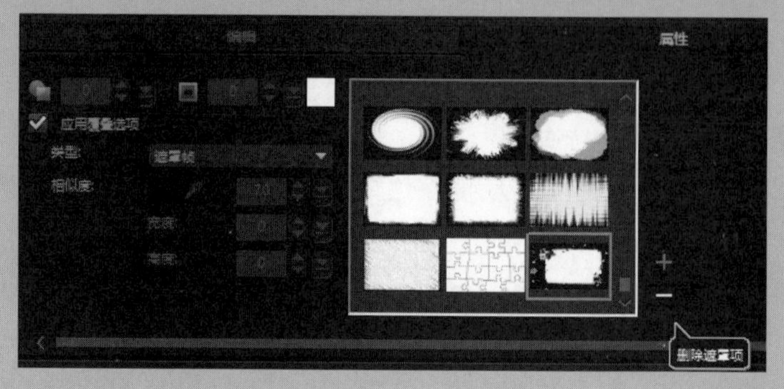

招式 101 为魅力女郎设置色度键覆叠

Q 在添加了背景素材和覆叠素材后，想将背景直接应用到覆叠素材上，您能教教我如何为素材设置色度键覆叠吗？

A 没问题，您可以使用“色度键”功能来实现。色度键就是人们常说的抠像功能，可以使用颜色来进行抠像，从而实现与背景的完美重合。

1. 选择覆叠素材

❶ 打开本书配备的“素材\第5章\招式101　魅力女郎.vsp”项目文件，❷ 在“时间轴”面板中选择覆叠轨上的覆叠素材。

2. 选择“色度键”选项

❶ 双击鼠标左键，打开选项面板，单击“遮罩和色度键”按钮，❷ 进入“编辑”选项面板，勾选“应用覆叠选项”复选框，在“类型”下拉列表中选择“色度键”选项。

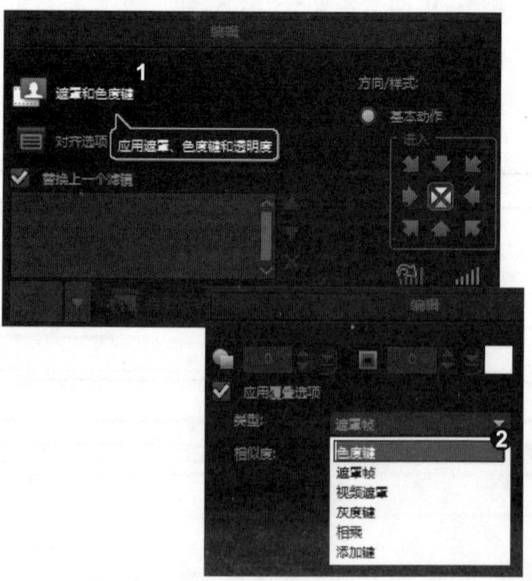

3. 预览图像效果

❶ 接着修改“相似度”参数为 70，❷ 即可完成色度键覆叠的设置操作，并在导览面板中预览最终的图像效果。

知识拓展

在设置色度键覆叠时，还可以为色度键设置反转效果。❶ 在“编辑”选项面板中勾选“反转”复选框，❷ 则会反转选取图像，得到反转后的色度键覆叠效果。

招式 102　为美丽星空添加路径覆叠

Q 在制作电子相册时，有时要用到覆叠路径，为覆叠素材添加一个预设的路径，以增加电子相册的动感，您能教教我如何为素材添加路径覆叠吗?

A 没问题，您可以将“路径”素材库中的预设路径添加到覆叠轨的素材上即可。

1. 单击“路径”按钮

❶ 打开本书配备的“素材 \ 第 5 章 \ 招式 102　美丽星空 .vsp”项目文件，❷ 在“素材库”面板中单击“路径”按钮。

2. 添加路径

❶ 进入“路径”素材库，选择 P05 路径，❷ 单击鼠标并拖曳，将其添加至覆叠轨的覆叠素材上。

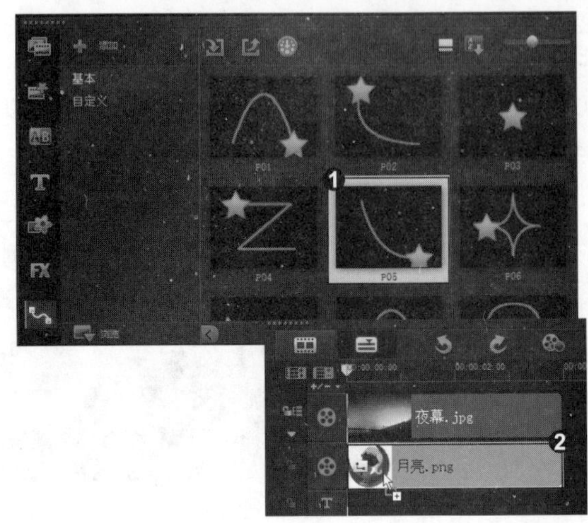

3. 预览图像效果

在导览面板中单击“播放”按钮，预览添加路径覆叠后的图像效果。

知识拓展

在会声会影中，不仅可以添加路径覆叠，还可以删除路径覆叠。当用户不再需要使用路径效果时，可在应用了路径的素材上右击，选择“删除动作”命令即可。

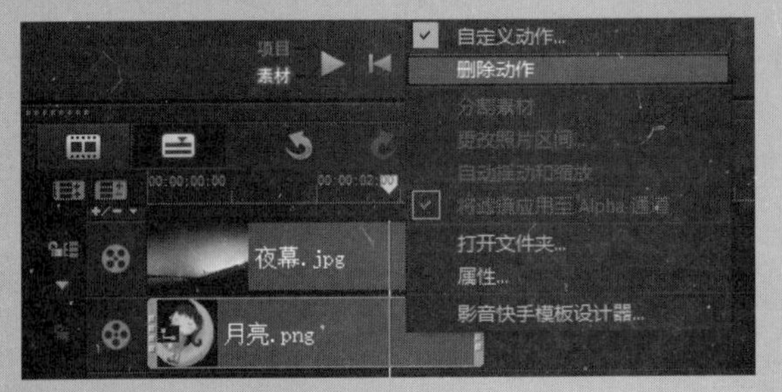

专家提示

对素材大小或形状进行了改变，在添加路径时，系统会自动将素材调整到默认大小及形状；如果添加了路径，素材就无法调整大小了。

招式 103 自定义美丽星空的运动路径

Q 在添加路径覆叠后，路径覆叠是以默认的参数进行运动的。因此，我想对覆叠素材的运动路径中的素材大小、旋转、边框等参数进行设置，得到自己想要的运动路径，您能教教我如何自定义素材的运动路径吗？

A 没问题，您可以使用“自定义动作”命令来实现。

1. 单击“自定义动作”按钮

❶ 打开上一招式保存的效果项目文件，在“时间轴”面板中选择覆叠素材，❷ 双击鼠标左键，进入“属性”选项面板，单击“自定义动作”按钮。

2. 修改参数

❶ 弹出“自定义动作”对话框，选择第 1 个关键帧，修改“大小”选项组中的 X、Y 参数均为 0，❷ 选择最后 1 个关键帧，修改“位置”选项组中的 X、Y 参数分别为 -42 和 50。

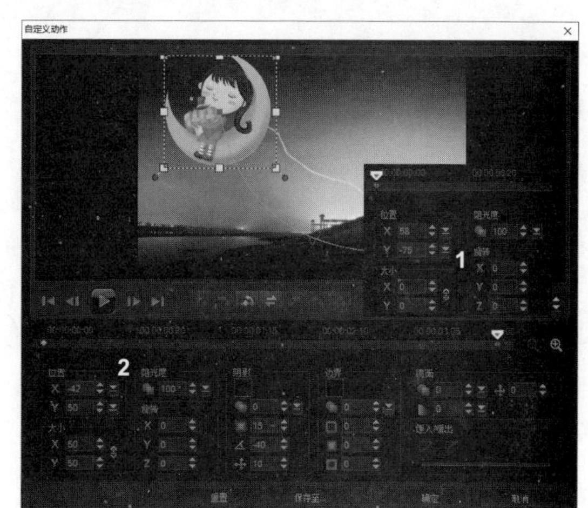

3. 预览图像效果

单击“确定”按钮，完成运动路径的自定义操作，在导览面板中单击“播放”按钮，预览自定义路径覆叠后的图像效果。

知识拓展

在自定义动作路径后，还可以使用“保存至”功能将自定义好的路径保存到“路径”素材库中。❶在“自定义动作”对话框中，单击“保存至”按钮，❷弹出“保存到路径库”对话框，修改路径名称，单击“确定”按钮即可。

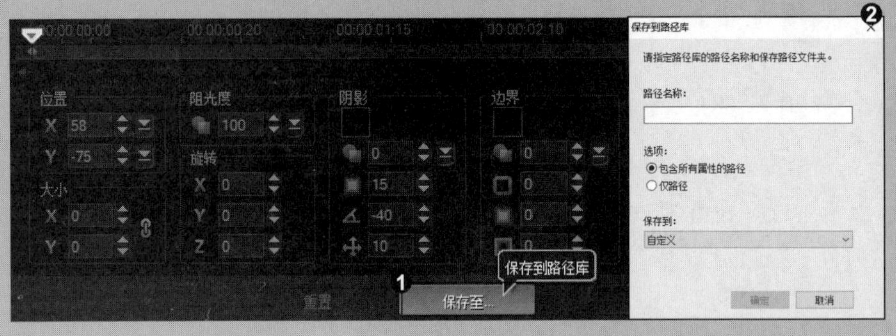

招式 104 为云上芭蕾覆叠滤镜应用

Q 在制作影片时，常常需要为覆叠素材添加滤镜效果，以增加素材的动感和美感，您能教教我如何为覆叠素材应用滤镜吗?

A 没问题，您可以使用“滤镜”功能为视频轨以及覆叠轨中的素材添加滤镜即可。

1. 单击“滤镜”按钮

❶打开本书配备的“素材\第5章\招式104 云上芭蕾.vsp”项目文件，❷在“素材库”面板中单击“滤镜”按钮。

2. 添加滤镜效果

❶进入“滤镜”素材库，选择“云彩”滤镜效果，❷单击鼠标并拖曳，将其分别添加至视频轨和覆叠轨的素材上。

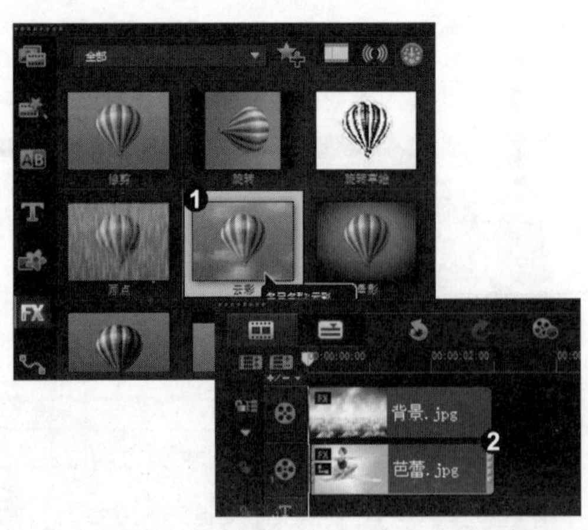

3. 修改透明度参数

❶ 选择覆叠轨上的覆叠素材，双击鼠标左键，打开选项面板，单击“遮罩和色度键”按钮，❷ 进入“编辑”选项面板，修改“透明度”参数为 50。

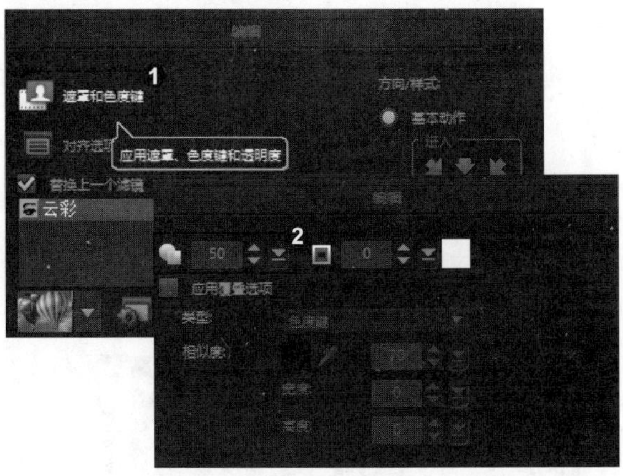

4. 添加淡入淡出动画

❶ 再次进入选项面板，在“方向 / 样式”选项组中单击“淡入动画效果”按钮，添加淡入动画；❷ 单击“淡出动画效果”按钮，添加淡出动画。

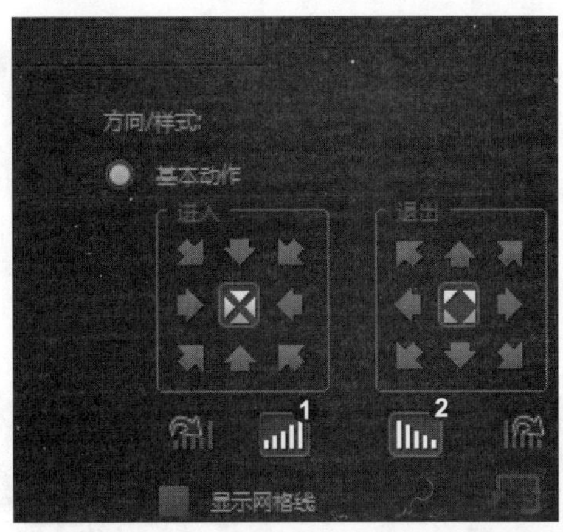

5. 预览图像效果

在导览面板中单击“播放”按钮，预览应用覆叠滤镜后的图像效果。

知识拓展

“滤镜”素材库中包含多种滤镜效果，用户可以根据需要选择合适的滤镜效果进行覆叠操作即可。

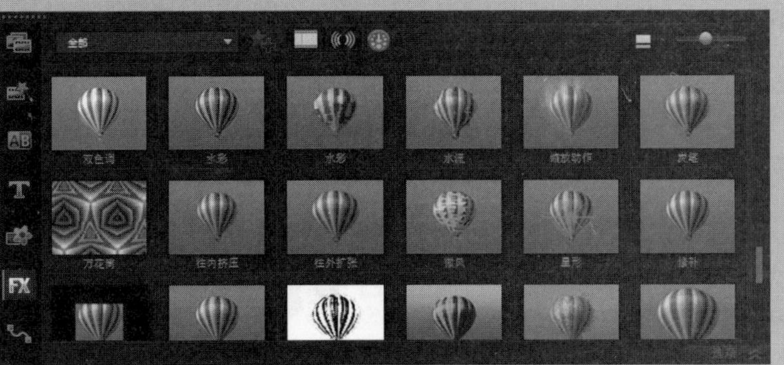

招式 105 为气球飞舞应用视频遮罩

Q 在会声会影中制作影片时，不仅想为素材添加静态的遮罩效果，还想添加一种动态的遮罩效果，您能教教我如何为素材应用视频遮罩吗？

A 没问题，您可以使用“视频遮罩”功能来实现。

1. 选择视频素材

❶ 打开本书配备的“素材\第5章\招式105 气球飞舞.vsp”项目文件，❷ 在“时间轴”面板中选择覆叠轨上的视频素材。

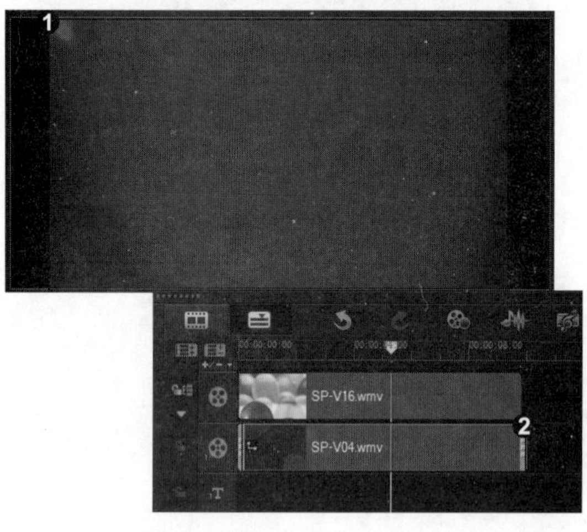

2. 选择“视频遮罩”选项

❶ 双击鼠标左键，打开选项面板，单击“遮罩和色度键”按钮，❷ 进入“编辑”选项面板，勾选“应用覆叠选项”复选框，在“类型”下拉列表中选择“视频遮罩”选项。

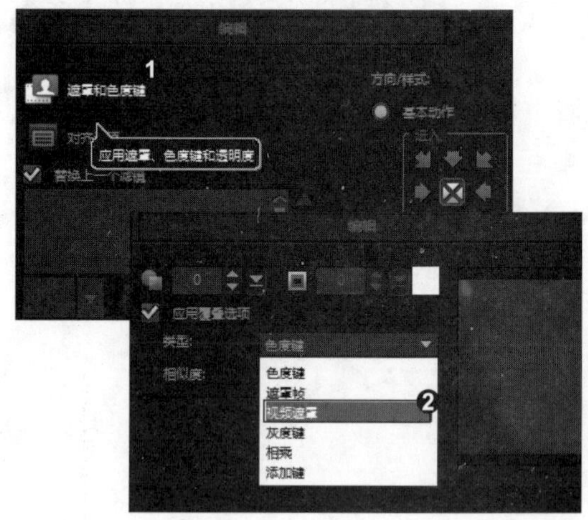

3. 预览视频效果

此时，即可为覆叠素材应用“视频遮罩”效果，在导览面板中单击“播放”按钮，预览应用后的视频效果。

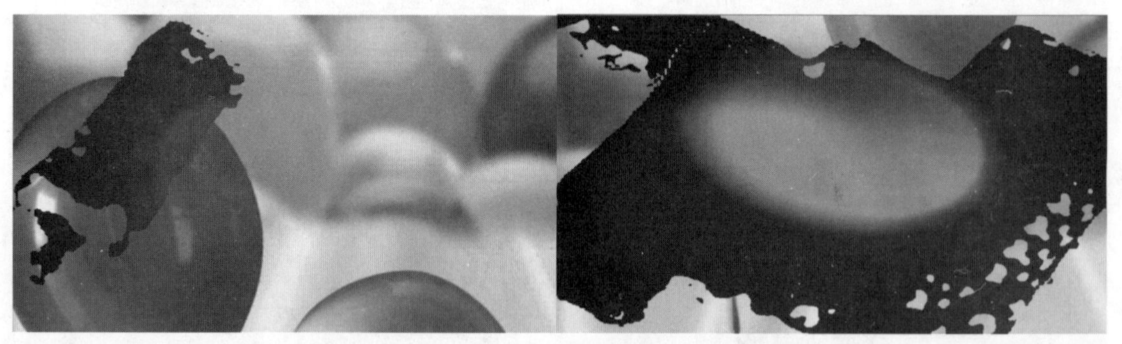

知识拓展

在应用视频遮罩时，默认情况下，只有一种视频遮罩方式，用户可以使用“添加遮罩项”功能添加新的视频遮罩方式。❶在“编辑”选项面板中，单击“添加遮罩项”按钮，❷弹出“浏览照片”对话框，选择合适的视频文件即可。

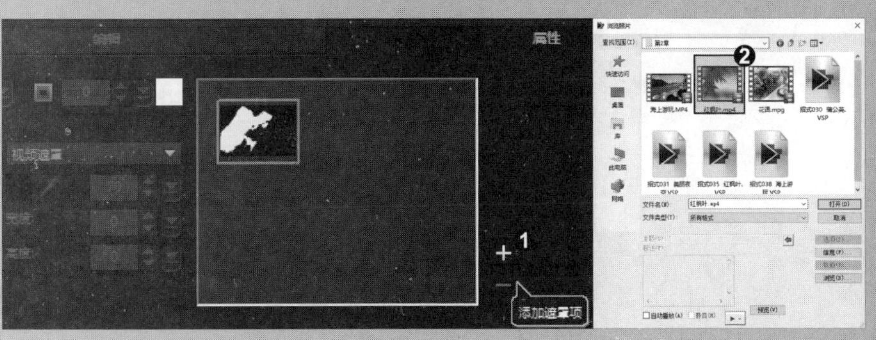

招式 106　为睡美人设置灰度键覆叠

Q 在会声会影中制作影片时，想将覆叠素材中的背景区域呈透明或半透明展示出来，您能教教我如何设置才能实现吗?

A 没问题，您可以使用“灰度键”功能来实现。使用灰度键，可以将覆叠对象中的白色区域呈透明显示，浅色区域呈半透明显示，从而将此区域的背景展示出来。

1. 选择覆叠素材

❶打开本书配备的“素材\第 5 章\招式 106　睡美人 .vsp”项目文件，❷在“时间轴”面板中选择覆叠轨上的覆叠素材。

2. 选择“灰度键”选项

❶双击鼠标左键，打开选项面板，单击“遮罩和色度键”按钮，❷进入“编辑”选项面板，勾选“应用覆叠选项”复选框，在“类型”下拉列表中选择“灰度键”选项。

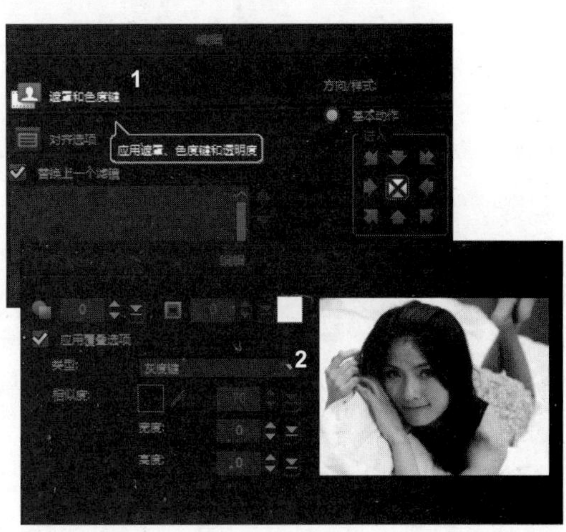

3. 预览图像效果

此时，即可为覆叠素材应用“灰度键”效果，在导览面板中单击“播放”按钮，预览应用后的图像效果。

知识拓展

在为覆叠素材设置灰度键覆叠时，不仅可以使用默认的灰度键覆叠效果，还可以调整灰度键的Gamma数值，以得到不一样的灰度键覆叠效果。❶将Gamma数值设置为-35，可以查看灰度键覆叠的图像效果；❷将Gamma数值设置为26，可以查看灰度键覆叠的图像效果。

招式107 为青春美少女设置相乘混合覆叠

Q 在会声会影中制作影片时，想将覆叠轨与视频轨上的图像素材叠加重合，并显示出较暗区域的图像，您能教教我如何为素材设置混合覆叠效果吗?

A 没问题，您可以使用“相乘”功能来实现。

1. 选择覆叠素材

❶ 打开本书配备的“素材\第 5 章\招式 107　青春美少女.vsp”项目文件，❷ 在“时间轴”面板中选择覆叠轨上的覆叠素材。

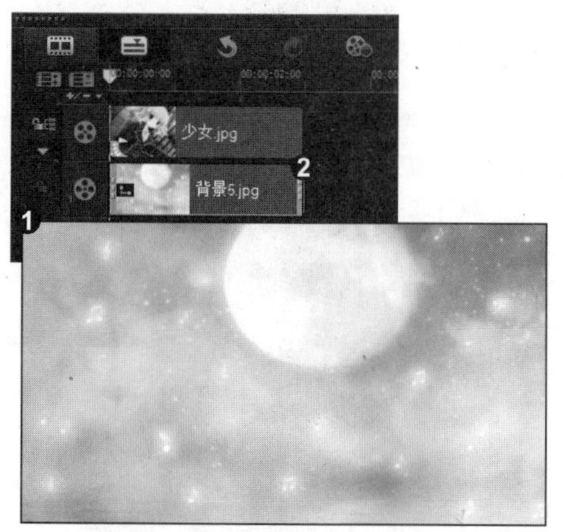

2. 选择“相乘”选项

❶ 双击鼠标左键，打开选项面板，单击“遮罩和色度键”按钮，❷ 进入“编辑”选项面板，勾选“应用覆叠选项”复选框，在“类型”下拉列表中选择“相乘”选项。

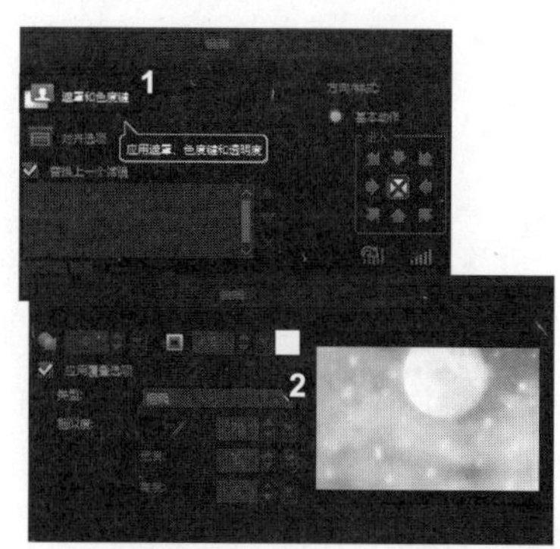

3. 预览图像效果

此时，即可为覆叠素材应用“相乘混合”效果，在导览面板中单击“播放”按钮，预览应用后的图像效果。

知识拓展

在为覆叠素材设置相乘混合覆叠时，可以设置“混合/阻光度”参数，得到不一样的相乘混合覆叠效果。❶ 将“混合/阻光度”数值设置为 82，可以查看图像效果；❷ 将“混合/阻光度”数值设置为 10，可以查看图像效果。

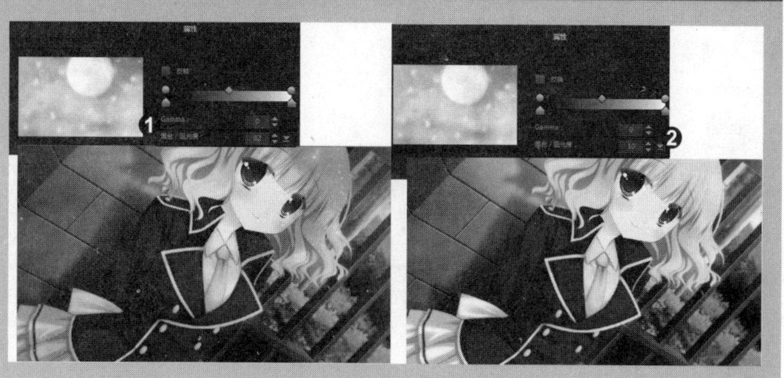

★★★★★ 招式 108 为浓情中秋设置添加键覆叠

Q 在会声会影中制作影片时，想将覆叠轨与视频轨上的图像素材进行添加键效果的覆叠操作，您能教教我如何为素材设置覆叠吗?

A 没问题，您可以使用“添加键”功能来实现。

1. 选择覆叠素材

❶ 打开本书配备的“素材\第5章\招式108 浓情中秋.vsp”项目文件，❷ 在“时间轴”面板中选择覆叠轨上的覆叠素材。

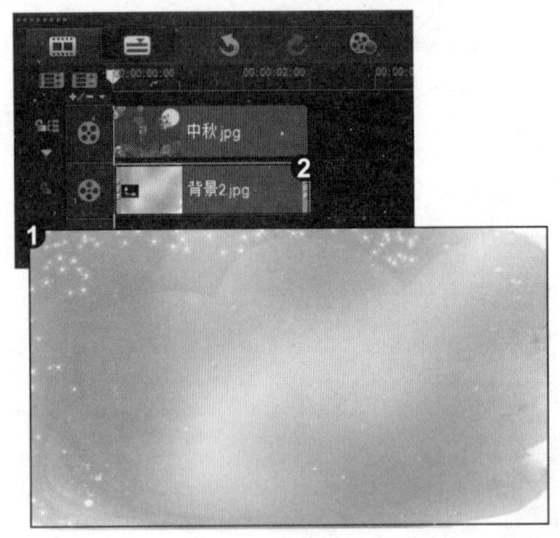

2. 选择“添加键”选项

❶ 双击鼠标左键，打开选项面板，单击“遮罩和色度键”按钮，❷ 进入“编辑”选项面板，勾选“应用覆叠选项”复选框，在“类型”下拉列表中选择“添加键”选项。

3. 预览图像效果

此时，即可为覆叠素材应用“添加键”效果，在导览面板中单击“播放”按钮，预览应用后的图像效果。

知识拓展

在为素材添加“添加键”覆叠效果后，如果想取消该覆叠效果的添加，则可以在“编辑”选项面板中取消勾选“应用覆叠选项”复选框即可。

第 6 章

视频滤镜的应用技巧

滤镜是一种插件模块，能够对图像中的像素进行操作，也可以模拟一种特殊的光照效果或带有装饰性的纹理效果。本章将详细讲解视频滤镜的应用操作方法，其内容包括添加单个视频滤镜、添加多个视频滤镜、替换视频滤镜、删除视频滤镜以及应用各种类型的滤镜等。通过本章的学习，可以帮助用户快速掌握视频滤镜的应用技巧，并让用户无须耗费大量的时间和精力就可以快速制作出云彩、马赛克、模糊及各种扭曲效果。

招式 109 为可爱猫咪添加单个视频滤镜

Q 在会声会影中制作相册时，有时需要为视频或图像素材添加滤镜效果，从而改变素材的外观和样式，您能教教我如何为图像添加单个视频滤镜吗？

A 没问题，您可以在“滤镜”素材库中选择合适的滤镜效果进行添加即可。

1. 选择“NewBlue 视频精选 11”选项

❶ 打开本书配备的“素材 \ 第 6 章 \ 招式 109 可爱猫咪 .vsp”项目文件，❷ 在“滤镜”素材库中，单击“全部”下三角按钮，展开下拉列表，选择“NewBlue 视频精选 11”选项。

2. 添加视频滤镜

❶ 进入“NewBlue 视频精选 11”滤镜库，选择“色彩替换”滤镜，❷ 单击鼠标并拖曳，将其添加至视频轨道的素材上，并在导览面板中查看应用滤镜后的图像效果。

知识拓展

在会声会影的“滤镜”素材库中提供了很多种滤镜，不同的滤镜能制作不同的视频特效。例如，可以在“滤镜”素材库中选择并添加“镜头闪光”滤镜，查看其图像效果。

招式 110 为执子之手添加多个视频滤镜

Q 在为素材添加视频滤镜时，有时需要应用两种以上的滤镜效果，但是每次添加都是直接替换原来的滤镜了，您能教教我如何为素材添加多个视频滤镜吗？

A 没问题，您可以在添加多个视频滤镜时，取消勾选"替换上一个滤镜"复选框即可。

1. 选择"局部马赛克"滤镜

❶ 打开本书配备的"素材\第 6 章\招式 110 执子之手.vsp"项目文件，❷ 在"滤镜"素材库的"NewBlue 视频精选 1"滤镜库中选择"局部马赛克"滤镜。

2. 取消勾选复选框

❶ 单击鼠标并拖曳，将其添加至视频轨道的素材上，❷ 双击鼠标左键，进入选项面板，取消勾选"替换上一个滤镜"复选框。

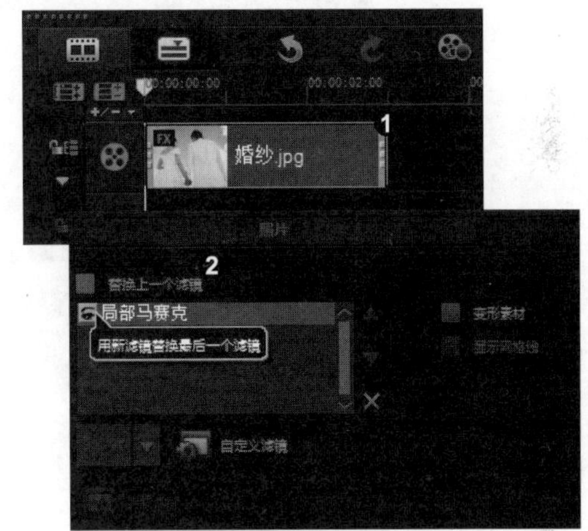

3. 添加两个滤镜

❶ 在"滤镜"素材库的"NewBlue 样品效果"滤镜库中，选择"喷枪"滤镜，❷ 单击鼠标并拖曳，将其添加至视频轨道的素材上，在滤镜列表框中将显示两个滤镜。

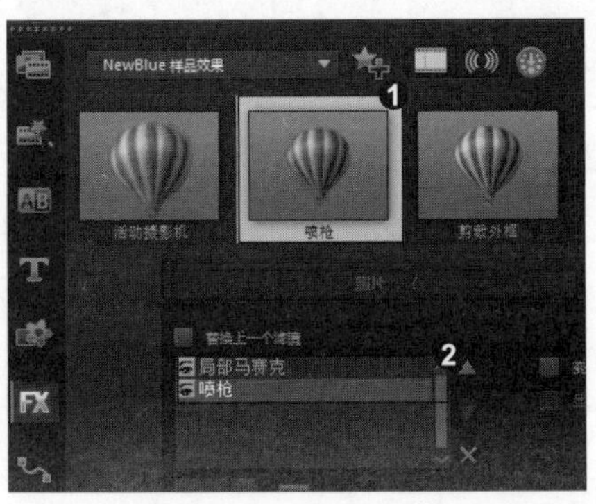

4. 预览图像效果

此时，即可完成多个视频滤镜的添加操作，并在导览面板中单击"播放"按钮，查看应用多个滤镜后的图像效果。

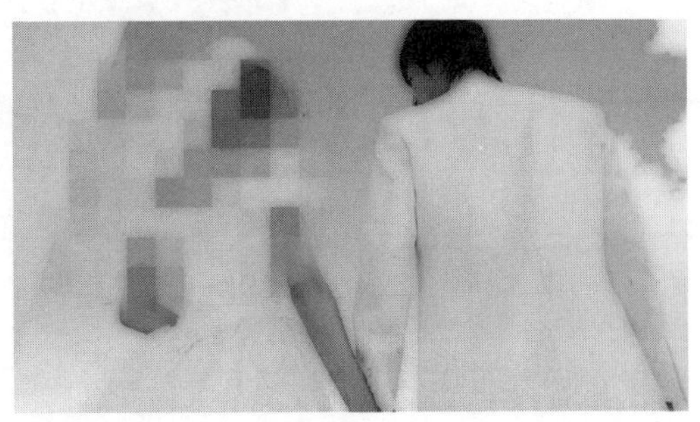

知识拓展

在会声会影中，不仅可以添加多个视频滤镜，还可以添加单个视频滤镜。在选项面板中勾选“替换上一个滤镜”复选框，即可只能添加单个视频滤镜。

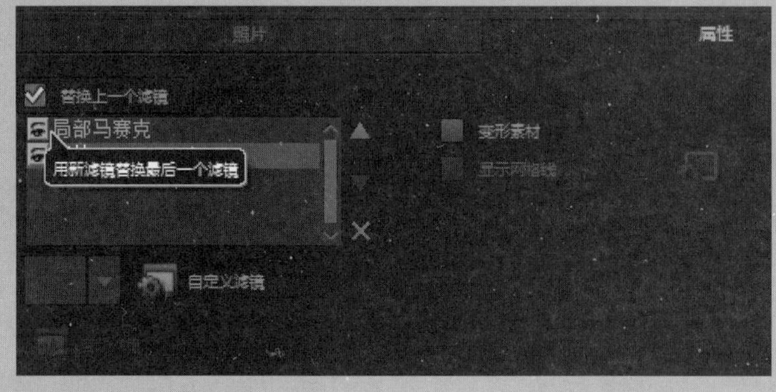

招式 111 隐藏生日蛋糕中的视频滤镜

Q 在为素材添加好视频滤镜后，发现该视频没有达到预期的效果，想将该滤镜隐藏起来，您能教教我如何隐藏素材中的视频滤镜吗?

A 没问题，您可以通过单击视频滤镜前的眼睛图标来实现。

1. 选择素材图像

❶ 打开本书配备的“素材\第6章\招式111 生日蛋糕.vsp”项目文件，❷ 在“时间轴”面板的视频轨道上选择图像素材。

2. 隐藏视频滤镜

❶ 双击鼠标左键，进入选项面板，在滤镜前的眼睛图标上单击鼠标，❷ 即可隐藏该图像的滤镜，并在导览面板中预览最终的图像效果。

知识拓展

在会声会影中，不仅可以隐藏图像中的视频滤镜，还可以显示图像中的视频滤镜。在选项面板的“滤镜”列表框中，单击滤镜前的图标，当图标显示为眼睛样式时，则视频滤镜已显示。

招式 112　删除晶莹欲滴中的视频滤镜

Q 在素材中添加滤镜后，发现该滤镜没有达到自己所需要的效果时，想将该滤镜效果删除，您能教教我如何删除素材中的视频滤镜吗？

A 没问题，您可以使用“删除滤镜”按钮来实现。

1. 选择图像素材

❶ 打开本书配备的“素材 \ 第 6 章 \ 招式 112　晶莹欲滴 .vsp”项目文件，❷ 在“时间轴”面板中选择视频轨道上的图像素材。

2. 删除视频滤镜

❶ 双击鼠标左键，进入选项面板，选择需要删除的滤镜，单击“删除滤镜”按钮，❷ 即可删除该滤镜，并在导览面板中预览最终的图像效果。

知识拓展

在会声会影中，不仅可以对滤镜进行删除操作，还可以对添加的滤镜顺序进行调整。❶ 在“滤镜”列表框中选择合适的滤镜，单击“上移滤镜”按钮，即可将滤镜上移；❷ 在“滤镜”列表框中选择合适的滤镜，单击“下移滤镜”按钮，即可将滤镜下移。

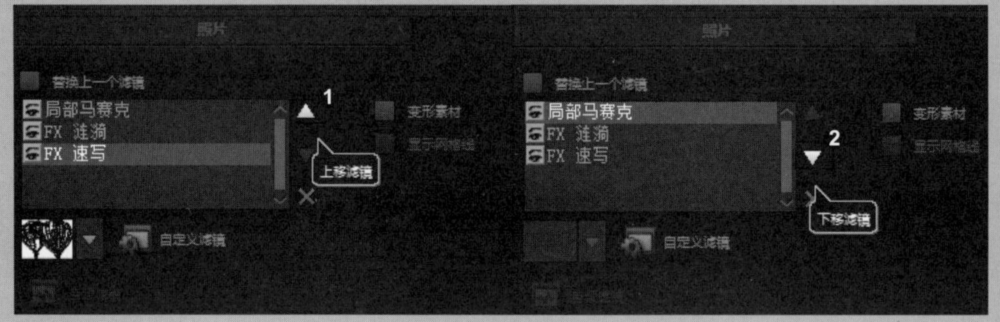

招式 113 为花草选择滤镜预设效果

Q 在会声会影中添加滤镜后，想快速对滤镜的预设效果进行更改，您能教教我如何为滤镜选择滤镜预设效果吗?

A 没问题，会声会影中的滤镜都提供有预设模式，用户可以通过单击“滤镜预设”下三角按钮，在展开的列表框中选择合适的预设效果即可。

1. 选择图像素材

❶ 打开本书配备的“素材\第6章\招式113 花草.vsp”项目文件，❷ 在“时间轴”面板中选择视频轨道上的图像素材。

2. 选择滤镜预设效果

❶ 双击鼠标左键，进入选项面板，单击“滤镜预设”下三角按钮，展开列表框，选择第4个预设效果，❷ 即可为滤镜选择预设效果，并在导览面板中预览最终的图像效果。

知识拓展

在“滤镜预设”列表框中包含多种预设效果，选择不同的预设效果，画面所产生的效果也会不同。❶在“滤镜预设”列表框中，选择第 7 个预设效果，并在导览面板中查看图像效果；❷在“滤镜预设”列表框中，选择第 16 个预设效果，并在导览面板中查看图像效果。

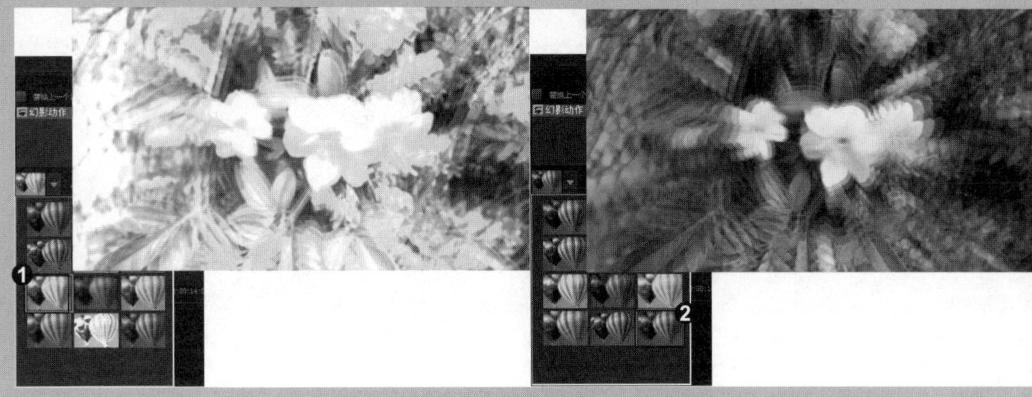

招式 114 自定义情侣的滤镜属性

Q 在会声会影中添加滤镜效果后，总觉得添加的滤镜效果没有达到想要的效果，您能教教我如何自定义素材的滤镜属性吗?

A 没问题，您可以使用“自定义属性”功能，重新调整滤镜，使得滤镜达到某种特殊效果。

1. 选择图像素材

❶打开本书配备的“素材\第 6 章\招式 114　情侣.vsp”项目文件，❷在“时间轴”面板中选择视频轨道上的图像素材。

2. 修改第 1 个关键帧

❶双击鼠标左键，打开选项面板，单击“自定义滤镜”按钮，❷弹出“NewBlue 模拟景深”对话框，拖曳至第 1 个关键帧，修改参数和效果选项。

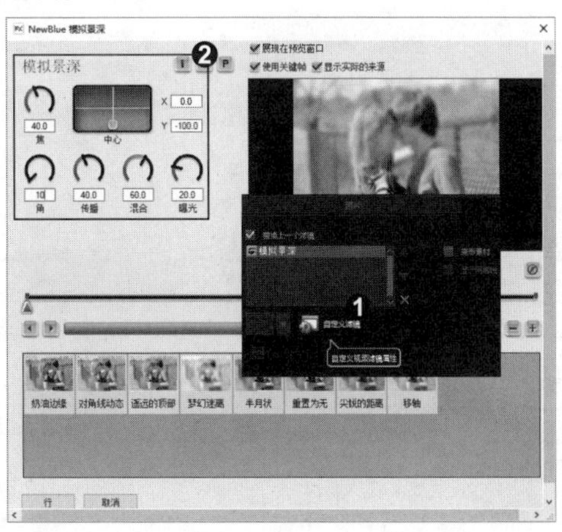

3. 预览图像效果

❶ 将时间移至00:01.12的位置，修改相应的参数，添加一个关键帧，❷ 在对话框的底部单击“行”按钮，即可完成滤镜属性的自定义操作，并在导览面板中预览最终的图像效果。

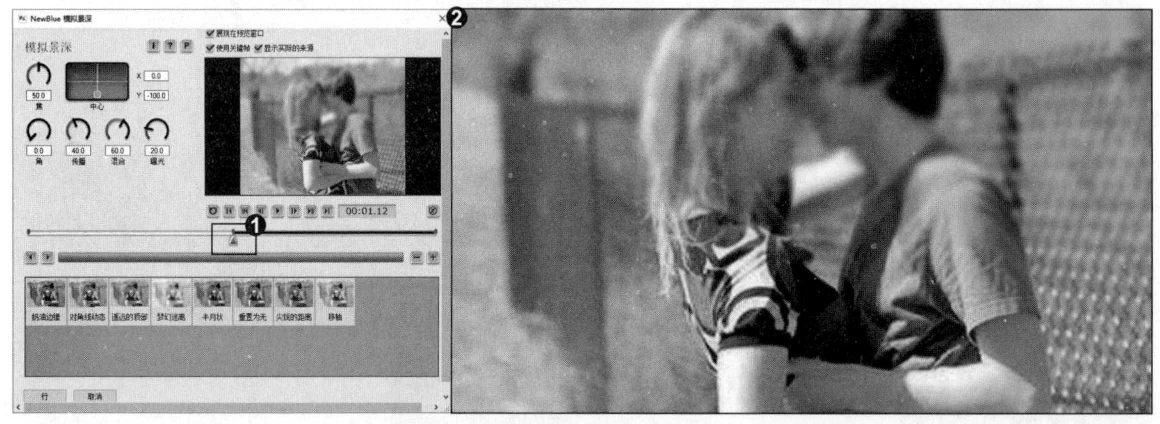

知识拓展

在“NewBlue模拟景深”对话框中包含多种滤镜效果，选择不一样的滤镜选项，则产生不一样的滤镜效果。❶ 在“NewBlue模拟景深”对话框中，选择“对角线动态”选项即可，并在预览区中预览图像效果；❷ 在“NewBlue模拟景深”对话框中，选择“半月状”选项即可，并在预览区中预览图像效果。

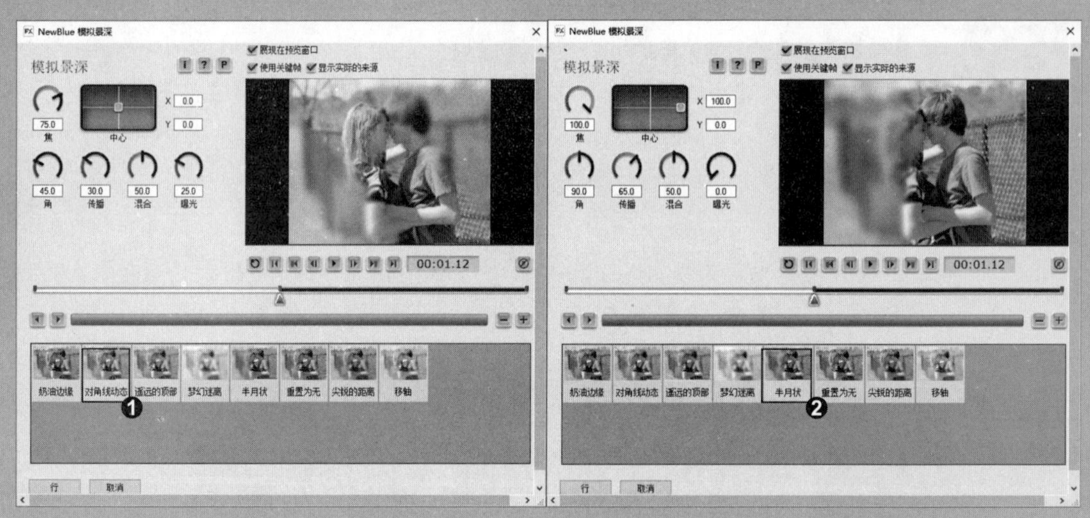

招式115 为古典美人应用“改善光线”滤镜

Q 在会声会影中的素材图像上，由于有些素材的光线较差，想使用滤镜改善下，您能教教我如何为素材应用“改善光线”滤镜吗?

A 没问题，您可以应用“改善光线”滤镜即可，使用该滤镜可以校正光线较差的视频或图像。

1. 选择“改善光线”滤镜

❶ 打开本书配备的“素材\第 6 章\招式 115　古典美人 .vsp”项目文件，❷ 在“滤镜”素材库的“调整”滤镜库中，选择“改善光线”滤镜。

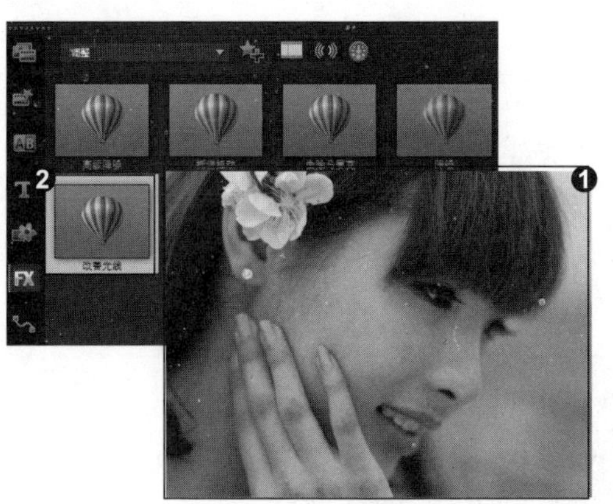

2. 修改参数

❶ 单击鼠标并拖曳，将其添加至视频轨的素材图像上，并在“属性”选项面板中，单击“自定义滤镜”按钮，❷ 弹出“改善光线”对话框，修改“填充闪光”参数为 22、“改善阴影”参数为 28。

3. 预览图像效果

单击“确定”按钮，即可自定义滤镜，并在导览面板中预览最终的图像效果。

知识拓展

在自定义“改善光线”滤镜时，不仅可以对“填充闪光”和“改善阴影”参数进行修改，还可以勾选“自动”复选框，将其参数修改为自动值。

招式 116 为上阵父子兵应用“自动草绘”滤镜

Q 在会声会影中的素材图像上，想为素材添加一种模仿手绘画制作的滤镜效果，您能教教我如何实现吗？

A 没问题，您可以应用“自动草绘”滤镜来实现。

1. 选择“自动草绘”滤镜

❶打开本书配备的“素材\第6章\招式116 上阵父子兵.vsp”项目文件，❷在“滤镜”素材库的“自然绘图”滤镜库中，选择“自动草绘”滤镜。

2. 预览自动草绘效果

❶单击鼠标并拖曳，将其添加至视频轨的素材图像上，即可添加视频滤镜，❷并在导览面板中单击“播放”按钮，预览自动草绘效果。

知识拓展

在应用“自动草绘”滤镜草绘图形时，可以使用“显示钢笔”功能，在进行自动草绘演示时，显示钢笔进行草绘。❶在“自动草绘”对话框中的左下方，勾选“显示钢笔”复选框，❷单击“确定”按钮，在演示草绘图形时将显示钢笔图形。

招式 117 为神秘森林应用“闪电”滤镜

Q 在会声会影中编辑影片时，想为影片添加一种闪电的效果，您能教教我如何实现吗?

A 没问题，您可以应用“闪电”滤镜来实现。

1. 选择“闪电”滤镜

❶ 打开本书配备的“素材 \ 第 6 章 \ 招式 117　神秘森林 .vsp”项目文件，❷ 在“滤镜”素材库的“特殊”滤镜库中，选择“闪电”滤镜。

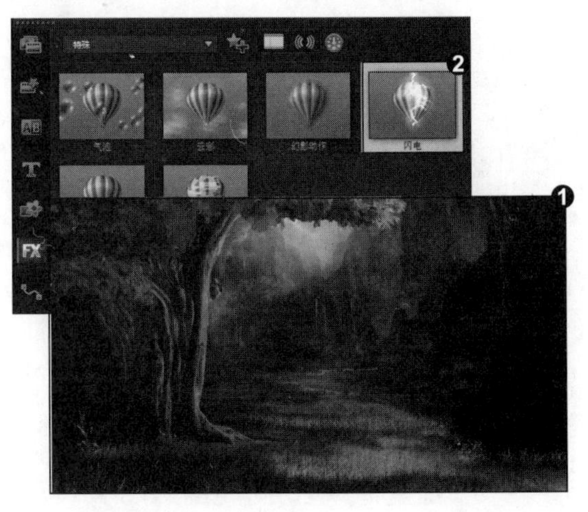

2. 单击“自定义滤镜”按钮

❶ 单击鼠标并拖曳，将其添加至视频轨的素材图像上，即可添加视频滤镜，❷ 并在“属性”选项面板中单击“自定义滤镜”按钮。

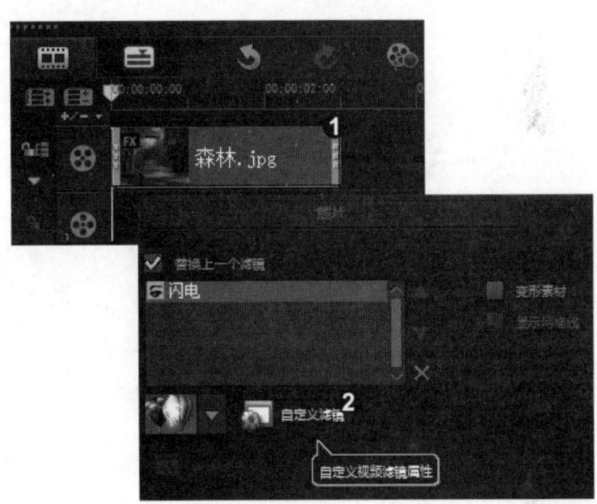

3. 修改参数

❶ 弹出“闪电”对话框，将鼠标向左上拖动十字形状，修改闪电中心点位置，❷ 在对话框下方的“基本”选项组中，修改“光晕”参数为 4、“频率”参数为 100。

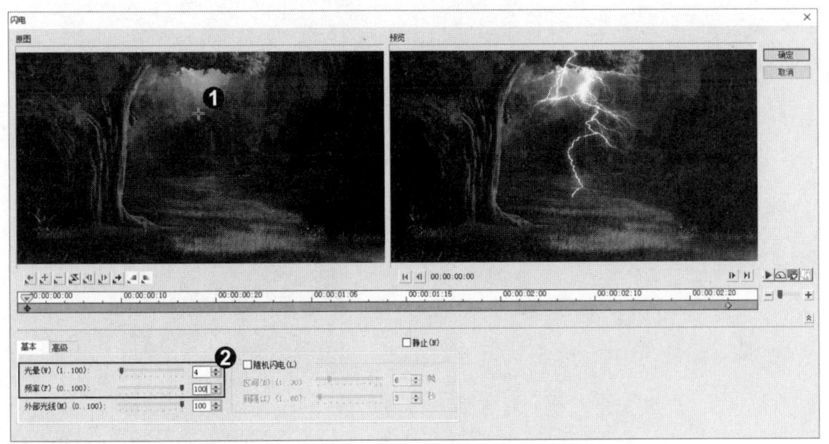

4. 预览图像效果

单击"确定"按钮，完成"闪电"滤镜的添加和自定义操作，并在导览面板中单击"播放"按钮，预览最终的图像效果。

知识拓展

在应用了"闪电"滤镜后，不仅可以对"闪电"滤镜进行自定义操作，还可以选择"闪电"滤镜的预设效果。❶在"滤镜预设"列表框中，选择第2个预设效果，并在导览面板中查看图像效果；❷在"滤镜预设"列表框中，选择第6个预设效果，并在导览面板中查看图像效果。

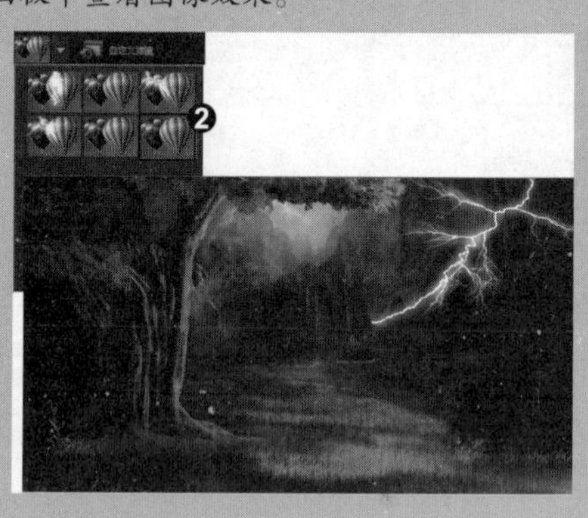

招式 118 为细雨柔荷应用"雨点"滤镜

Q 在会声会影中添加素材图像后，想为图像画面添加雨点效果，您能教教我如何实现镜吗?

A 没问题，您可以应用"雨点"滤镜来实现。

1. 选择"雨点"滤镜

❶打开本书配备的"素材\第6章\招式118　细雨柔荷.vsp"项目文件，❷在"滤镜"素材库的"特殊"滤镜库中，选择"雨点"滤镜。

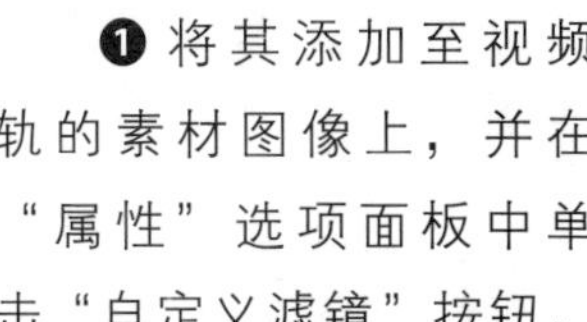

2. 修改各参数

❶ 将其添加至视频轨的素材图像上，并在“属性”选项面板中单击“自定义滤镜”按钮，❷ 弹出“雨点”对话框，修改各参数。

3. 预览图像效果

单击“确定”按钮，完成“雨点”滤镜的添加和自定义操作，并在导览面板中单击“播放”按钮，预览最终的图像效果。

知识拓展

使用“雨点”滤镜不仅可以制作下雨的效果，还可以制作下雪的效果。❶ 在“雨点”对话框中，依次在“基本”选项卡和“高级”选项卡中设置相应的参数，❷ 单击“确定”按钮，即可完成下雪效果的制作。

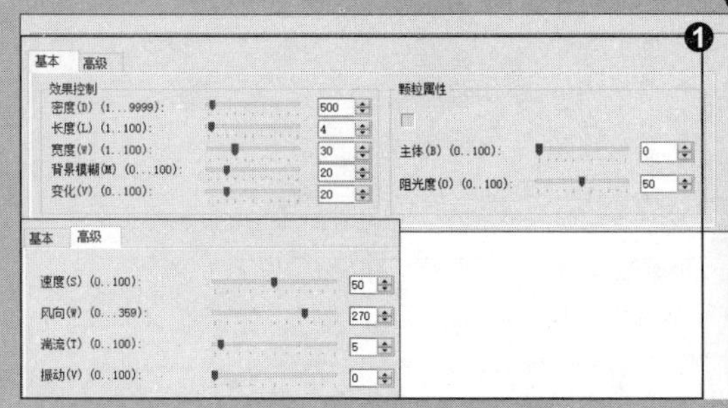

招式 119 为醉人芙蓉应用“色调”滤镜

Q 在会声会影中添加素材图像后，想为图像添加一种调整图像色调的滤镜效果，您能教教我如何实现吗?

A 没问题，您可以应用“色调”滤镜来实现。

1. 选择“色调”滤镜

❶打开本书配备的“素材\第 6 章\招式 119 醉人芙蓉.vsp”项目文件，❷在“滤镜”素材库“NewBlue 视频精选 1”滤镜库中，选择“色调”滤镜。

2. 添加“色调”滤镜

单击鼠标并拖曳，将其添加至视频轨的素材图像上，即可添加视频滤镜，并在导览面板中预览最终的图像效果。

知识拓展

在为图像添加“色调”滤镜后，用户还可以利用“自定义滤镜”按钮，在“NewBlue 色调”对话框中选择其他的色调效果。❶在“NewBlue 色调”对话框中，选择“褪色的照片”选项，并在预览区中预览图像效果；❷在“NewBlue 色调”对话框中，选择“荧光灯灯”选项，并在预览区中预览图像效果。

招式 120 为甜美女孩应用“柔焦”滤镜

Q 在会声会影中编辑图像时，想为图像添加一种滤镜效果，用来调整整体画面的柔和度与焦距，您能教教我如何实现吗？

A 没问题，您可以使用“柔焦”滤镜来实现。

1. 选择“柔焦”滤镜

❶ 打开本书配备的“素材\第 6 章\招式 120　甜美女孩 .vsp”项目文件，❷ 在“滤镜”素材库“NewBlue 视频精选 1”滤镜库中，选择“柔焦”滤镜。

2. 添加关键帧

❶ 将其添加至视频轨的素材图像上，并在“属性”选项面板中单击“自定义滤镜”按钮，❷ 弹出“NewBlue 柔焦”对话框，在 00:01.12 的位置，修改“模糊”参数为 44.0、“混合”参数为 33.5，添加一个关键帧。

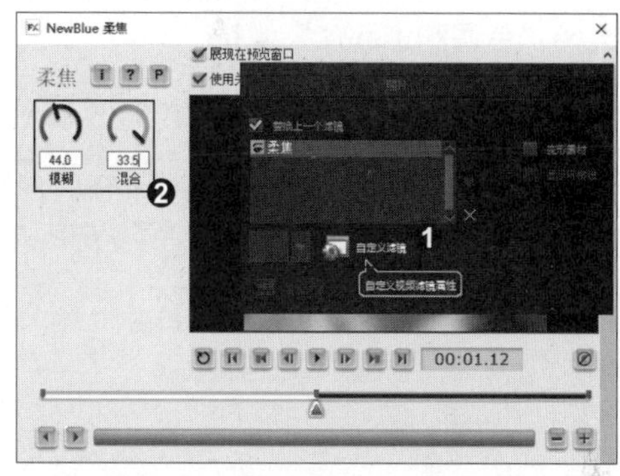

3. 预览图像效果

单击“确定”按钮，完成“柔焦”滤镜的添加和自定义操作，并在导览面板中单击“播放”按钮，预览最终的图像效果。

知识拓展

在为图像添加“柔焦”滤镜后，用户还可以利用“自定义滤镜”按钮，在“NewBlue 柔焦”对话框中选择其他的柔焦效果。❶ 在“NewBlue 柔焦”对话框中，选择“梦”选项，并在预览区中预览图像效果；❷ 在“NewBlue 柔焦”对话框中，选择“雾”选项，并在预览区中预览图像效果。

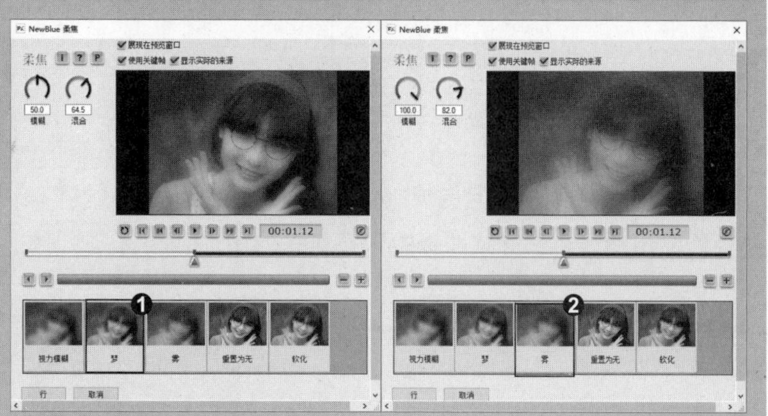

招式 121 为鲜花怒放应用“色调和饱和度”滤镜

Q 在会声会影中制作电子相册时，想为相册中的图片添加一种滤镜，用来调整图像的色调和饱和度，您能教教我如何实现吗？

A 没问题，您可以使用“色调和饱和度”滤镜来实现。

1. 选择“色调和饱和度”滤镜

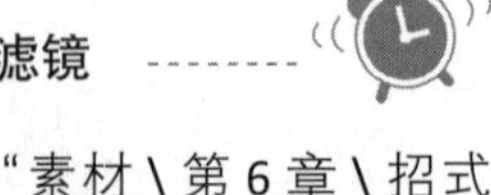

❶ 打开本书配备的“素材\第6章\招式121 鲜花怒放.vsp”项目文件，❷ 在“滤镜”素材库暗房”滤镜库中，选择“色调和饱和度”滤镜。

2. 修改参数

❶ 将其添加至视频轨的素材图像上，并在“属性”选项面板中单击“自定义滤镜”按钮，❷ 弹出“色调和饱和度”对话框，修改第1帧和最后一帧中的“色调”和“饱和度”参数均为 -15。

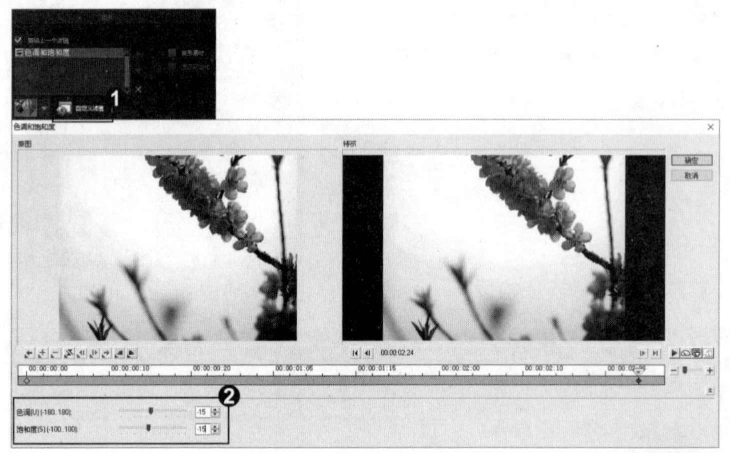

3. 预览图像效果

单击“确定”按钮，即可完成“色调和饱和度”滤镜的应用操作，在导览面板中预览最终的图像效果。

知识拓展

在应用“色调和饱和度”滤镜时，用户不仅可以使用“自定义滤镜”功能自动调整滤镜的参数，还可以在“滤镜预设”列表框中直接调用滤镜的预设效果。❶ 在“滤镜预设”列表框中，选择第 3 个预设效果，并在导览面板中查看图像效果；❷ 在“滤镜预设”列表框中，选择第 4 个预设效果，并在导览面板中查看图像效果。

招式 122 为清凉饮料应用“色彩平衡”滤镜

Q 在制作影片时，想调整影片中的图像，让图像的颜色偏向自己喜好的色彩一点，您能教教我如何实现吗？

A 没问题，您可以使用“色彩平衡”滤镜来实现，使用该滤镜可以根据颜色的补色原理校正图像的色偏。

1. 选择“色彩平衡”滤镜

❶ 打开本书配备的“素材\第 6 章\招式 122　清凉饮料 .vsp”项目文件，❷ 在“滤镜”素材库的“暗房”滤镜库中，选择“色彩平衡”滤镜。

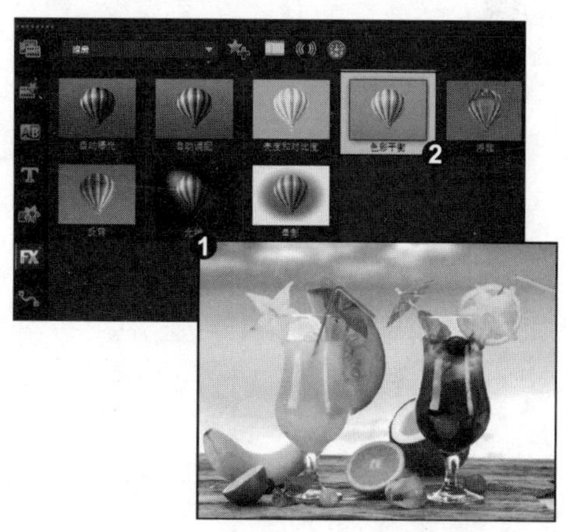

2. 添加滤镜效果

❶ 将其添加至视频轨的素材图像上，在“属性”选项面板中的“滤镜预设”列表框中，选择第 8 个预设效果，❷ 在导览面板中预览图像效果。

知识拓展

在应用“色彩平衡”滤镜时，“滤镜预设”列表框中包含了多种预设效果，选择不同的预设样式，则可以为图像呈现出不同的效果。❶ 在“滤镜预设”列表框中，选择第 2 个预设效果，并在导览面板中查看图像效果；❷ 在“滤镜预设”列表框中，选择第 4 个预设效果，并在导览面板中查看图像效果。

招式 123 为玫瑰花应用“翻转”滤镜

Q 在会声会影编辑图像时，常常需要对图片进行翻转操作，但是如果将图片在图像处理软件中进行翻转操作，再导入到项目文件中，既费时又容易出问题，您能教教我如何实现吗?

A 没问题，您可以使用“翻转”滤镜来实现。

1. 选择“翻转”滤镜

❶ 打开本书配备的“素材 \ 第 6 章 \ 招式 123 玫瑰花 .vsp”项目文件，❷ 在“滤镜”素材库的“标题效果”滤镜库中，选择“翻转”滤镜。

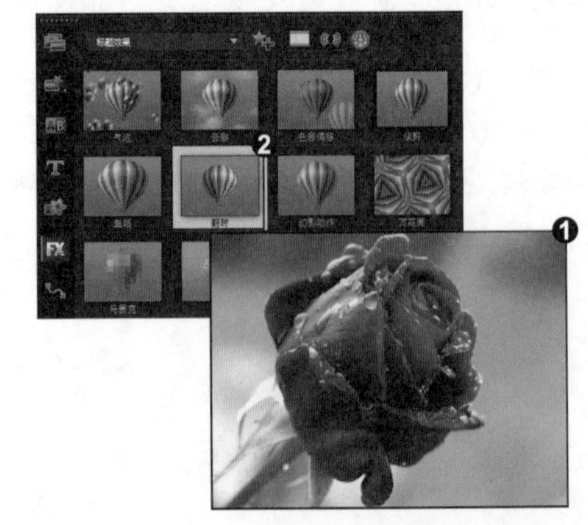

2. 添加“翻转”滤镜

❶ 将其添加至视频轨的素材图像上，在“属性”选项面板的“滤镜”列表框中，将显示新添加的滤镜，❷ 在导览面板中预览图像效果。

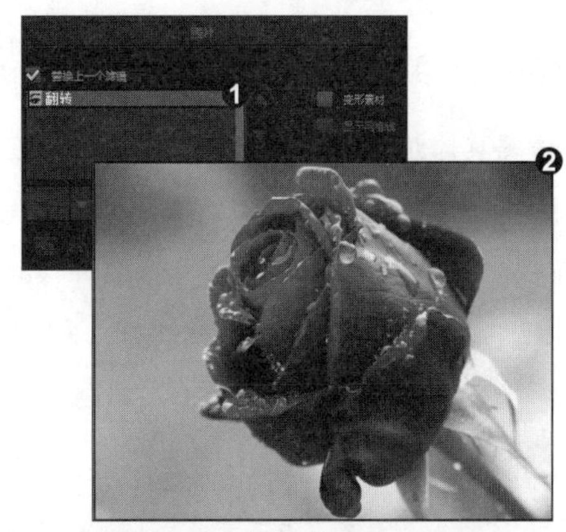

知识拓展

在对图像进行翻转操作时，不仅可以进行水平翻转操作，还可以通过“自定义滤镜”功能进行垂直翻转操作。❶ 在“属性”选项面板中，单击“自定义滤镜”按钮，❷ 弹出“翻转”对话框，选中“垂直”单选按钮，即可垂直翻转图像，并在预览区中查看图像效果。

招式 124 为星空少女应用“视频摇动和缩放”滤镜

Q 在制作电子相册时，想为相册中的图片添加一种摇动和缩放效果，从而为图片增添动感，您能教教我如何实现吗?

A 没问题，您可以使用“视频摇动和缩放”滤镜来实现。

1. 选择“视频摇动和缩放”滤镜

❶ 打开本书配备的“素材 \ 第 6 章 \ 招式 124　星空少女 .vsp”项目文件，❷ 在“滤镜”素材库的“标题效果”滤镜库中，选择“视频摇动和缩放”滤镜。

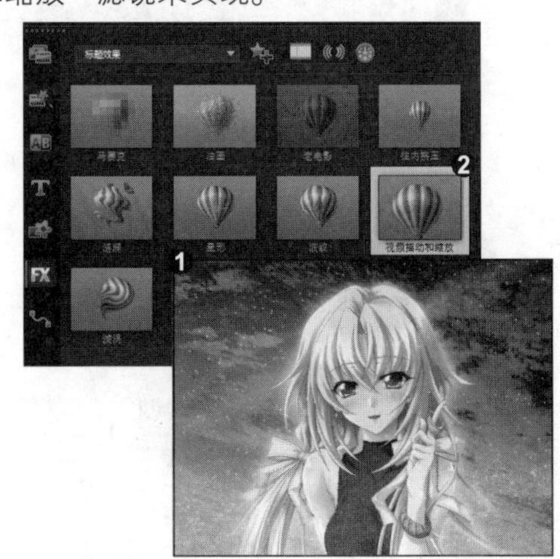

2. 设置第 2 个关键帧

❶将其添加至视频轨的素材图像上，在“属性”面板中，单击“自定义滤镜”按钮，❷弹出“视频摇动和缩放”对话框，选择第1个关键帧，修改“缩放率”参数为100，并调整中心点的位置。

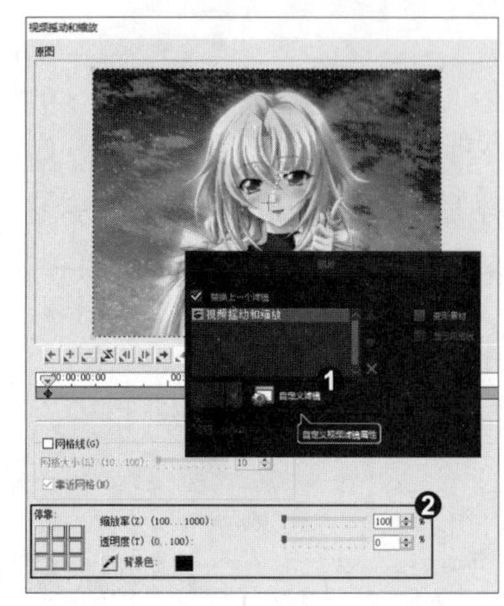

3. 预览图像效果

单击“确定”按钮，即可完成“视频摇动和缩放”滤镜的自定义操作，在导览面板中单击“播放”按钮，预览图像的视频摇动和缩放效果。

知识拓展

在添加“视频摇动和缩放”滤镜后，不仅可以将视频进行居中缩放操作和摇动，还可以在“视频摇动和缩放”对话框中的“停靠”选项组中单击相应的按钮，变换缩放和摇动的区域。

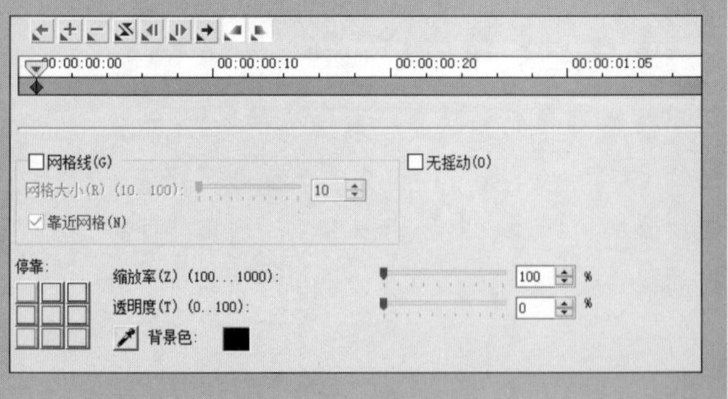

招式 125 为可爱小狗应用“晕影”滤镜

Q 在会声会影中编辑图像效果时，想将图像周围出现亮度或饱和度比中心区域低的现象，从而突出主体，您能教教我如何实现吗？

A 没问题，您可以使用“晕影”滤镜来实现。

1. 选择“晕影”滤镜

❶ 打开本书配备的“素材\第 6 章\招式 125　可爱小狗 .vsp”项目文件，❷ 在“滤镜”素材库的“NewBlue 视频精选 2”滤镜库中，选择“晕影”滤镜。

2. 添加“晕影”滤镜

单击鼠标并拖曳，将其添加至视频轨的素材图像上，完成“晕影”滤镜的添加，并在导览面板中预览最终的图像效果。

知识拓展

在为图像添加“晕影”滤镜后，用户还可以利用“自定义滤镜”按钮，在“NewBlue 晕影”对话框中选择其他的晕影效果。❶ 在“NewBlue 晕影”对话框中，选择“双筒望远镜”选项，并在预览区中预览图像效果；❷ 在“NewBlue 晕影”对话框中，选择“颗粒感”选项，并在预览区中预览图像效果。

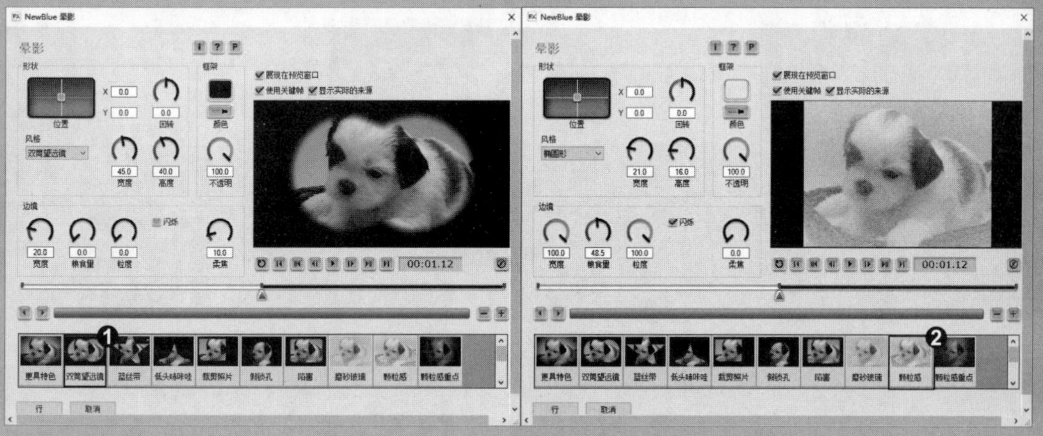

招式 126 为水中游玩应用“气泡”滤镜

Q 在制作水中游玩的影片时，想为素材添加“气泡”效果，使拍摄的画面更加唯美，并充满趣味，您能教教我如何实现吗？

A 没问题，您可以使用“气泡”滤镜来实现。

1. 选择“气泡”滤镜

❶ 打开本书配备的“素材\第6章\招式126 水中游玩.vsp”项目文件，❷ 在“滤镜”素材库的“特殊”滤镜库中，选择“气泡”滤镜。

2. 添加“气泡”滤镜

❶ 单击鼠标并拖曳，将其添加至视频轨的素材图像上，完成“气泡”滤镜的添加，在“属性”选项面板的“滤镜预设”列表框中，选择第2个预设效果，❷ 并在导览面板中单击“播放”按钮，预览最终的图像效果。

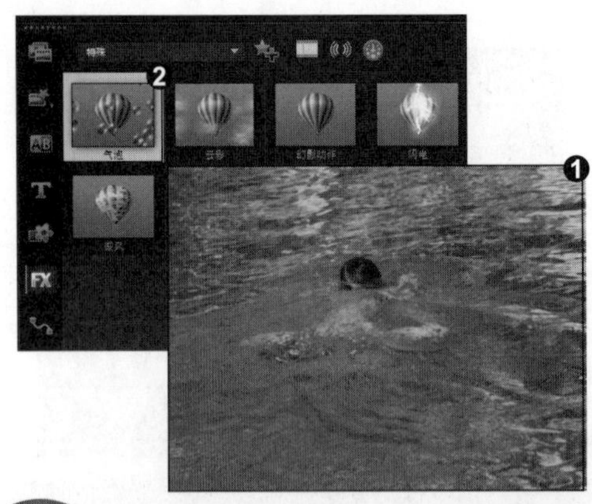

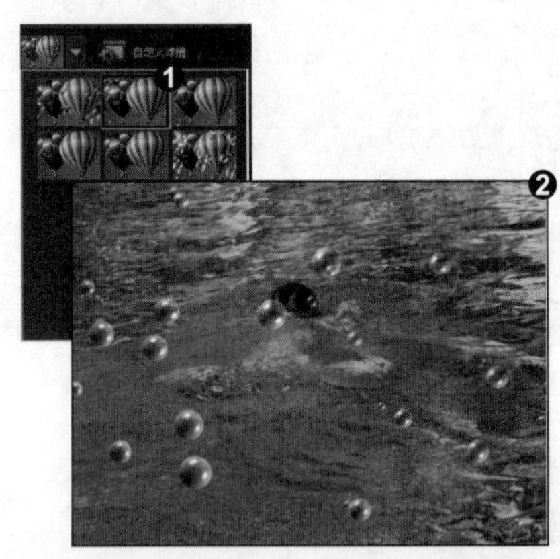

知识拓展

在应用“气泡”滤镜时，“滤镜预设”列表框中包含了多种预设效果，选择不同的预设样式，则可以为图像呈现出不同的效果。❶ 在“滤镜预设”列表框中，选择第1个预设效果，并在导览面板中查看图像效果；❷ 在“滤镜预设”列表框中，选择第6个预设效果，并在导览面板中查看图像效果。

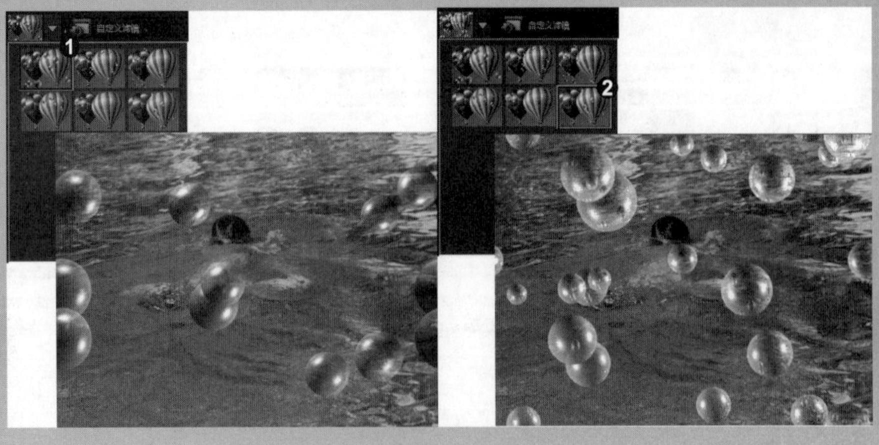

招式 127 为山顶日出应用“镜头闪光”滤镜

Q 在会声会影中添加光照图像时，需要为该图像制作物理光斑和光晕的效果，以增加图像的美感，您能教教我如何实现吗?

A 没问题，您可以使用“镜头闪光”滤镜来实现。

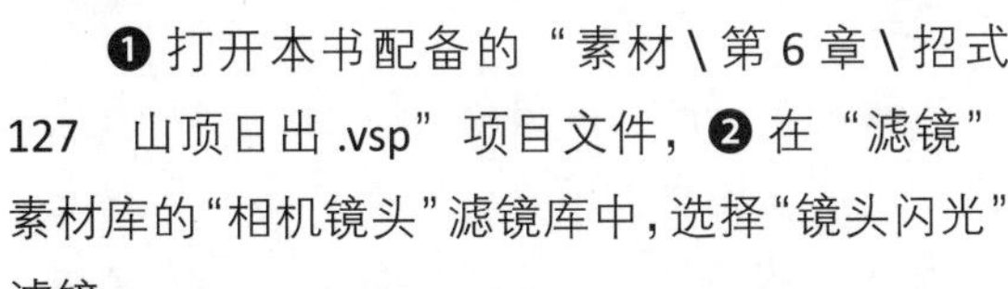

1. 选择“镜头闪光”滤镜

❶ 打开本书配备的“素材\第 6 章\招式 127　山顶日出 .vsp”项目文件，❷ 在“滤镜”素材库的“相机镜头”滤镜库中，选择“镜头闪光”滤镜。

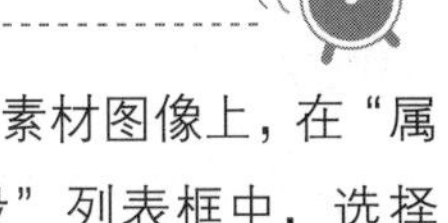

2. 添加“镜头闪光”滤镜

❶ 将其添加至视频轨的素材图像上，在“属性”选项面板的“滤镜预设”列表框中，选择第 5 个预设效果，❷ 并在导览面板中单击“播放”按钮，预览最终的图像效果。

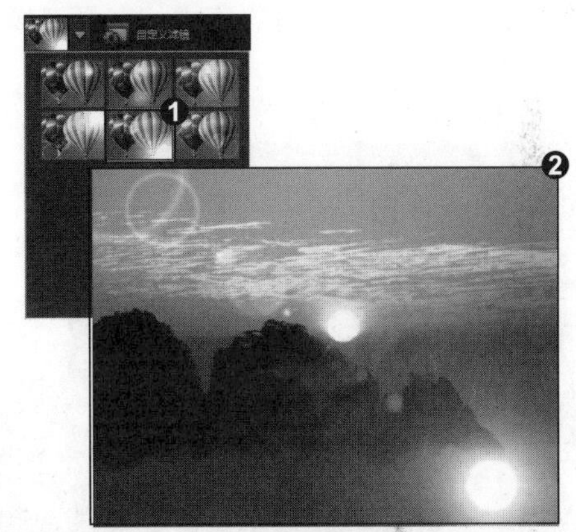

知识拓展

在应用“镜头闪光”滤镜时，“滤镜预设”列表框中包含了多种预设效果，选择不同的预设样式，则可以为图像呈现出不同的效果。❶ 在“滤镜预设”列表框中，选择第 2 个预设效果，并在导览面板中查看图像效果；❷ 在“滤镜预设”列表框中，选择第 4 个预设效果，并在导览面板中查看图像效果。

招式 128 为花纹生长应用“修剪”滤镜

Q 在制作花纹素材的生长效果时，想制作出花纹缓缓生长的效果，您能教教我如何实现吗？

A 没问题，您可以使用“修剪”滤镜来实现。使用该滤镜可以通过添加关键帧将素材进行修剪操作。

1. 选择“修剪”滤镜

❶ 打开本书配备的“素材\第6章\招式128 花纹生长.vsp”项目文件，在“时间轴”面板中，选择覆盖轨上的覆盖素材，❷ 在“滤镜”素材库的“二维映射”滤镜库中，选择“修剪”滤镜。

2. 设置第1帧参数

❶ 将选择的滤镜选择到覆叠素材上，在“属性”选项面板中，单击“自定义滤镜”按钮，❷ 弹出“修剪”对话框，设置第1帧的参数，并调整控制点到左下方的位置。

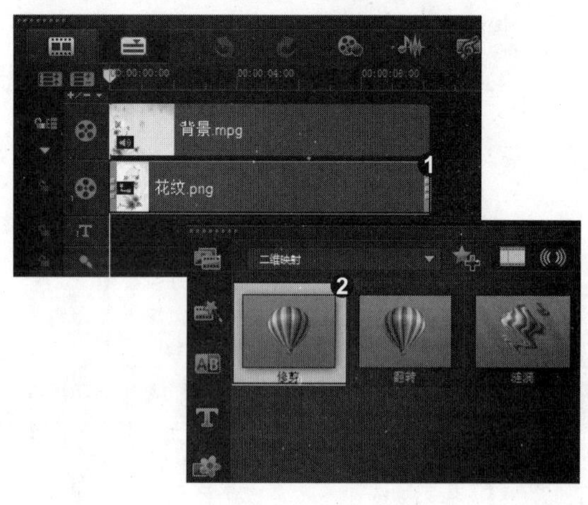

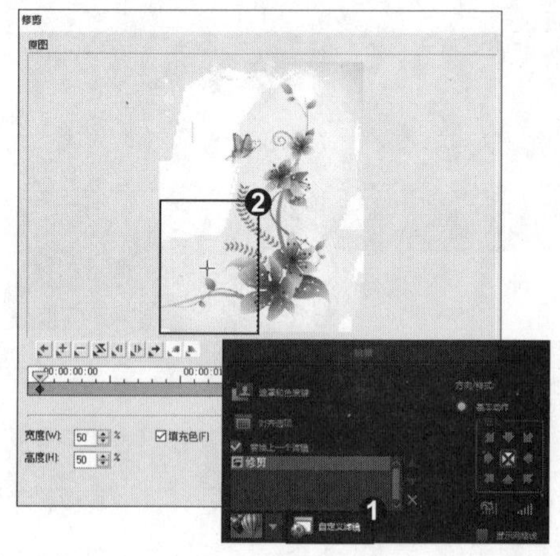

3. 设置关键帧参数

❶ 将时间线移至00:02.12的位置，添加一组关键帧，修改其参数均为100，并调整控制点的位置，❷ 再选择最后一个关键帧，调整控制点的位置。

4. 预览图像效果

单击“确定”按钮即可，在导览面板中单击“播放”按钮，预览最终的图像效果。

知识拓展

在应用“修剪”滤镜时，不仅可以制作运动的修剪效果，还可以制作静止的修剪效果。在“修剪”对话框中，勾选“静止”复选框，则可以将修剪的图形静止为固定值。

招式 129 为烛火余晖应用“光线”滤镜

Q 在编辑会声会影中的图像素材或者视频素材时，想为素材制作探照灯的效果，您能教教我如何实现吗？

A 没问题，您可以使用“光线”滤镜来实现。

1. 选择“光线”滤镜

❶ 打开本书配备的“素材 \ 第 6 章 \ 招式 129　烛火余晖 .vsp”项目文件，❷ 在“滤镜”素材库的“暗房”滤镜库中，选择“光线”滤镜。

2. 添加路径

❶ 将其添加至视频轨的素材图像上，在“属性”选项面板的“滤镜预设”列表框中，选择第4个预设效果，❷ 并在导览面板中单击“播放”按钮，预览最终的图像效果。

知识拓展

在应用“光线”滤镜时，“滤镜预设”列表框中包含了多种预设效果，选择不同的预设样式，则可以为图像呈现出不同的效果。❶ 在“滤镜预设”列表框中，选择第3个预设效果，并在导览面板中查看图像效果；❷ 在“滤镜预设”列表框中，选择第9个预设效果，并在导览面板中查看图像效果。

招式 130 为蓝色天空应用“云彩”滤镜

Q 在制作天空效果时，时常需要为天空模拟云彩飘出的效果，以增加图像的真实感，您能教教我如何实现吗？

A 没问题，您可以使用“云彩”滤镜来实现。

1. 选择“云彩”滤镜

❶ 打开本书配备的“素材\第6章\招式130 蓝色天空.vsp”项目文件，❷ 在“滤镜”素材库的“特殊”滤镜库中，选择“云彩”滤镜。

2. 添加“云彩”滤镜

❶ 将其添加至视频轨的素材图像上，在“属性”选项面板的“滤镜预设”列表框中，选择第 2 个预设效果，❷ 并在导览面板中单击“播放”按钮，预览最终的图像效果。

知识拓展

在应用“云彩”滤镜时，“滤镜预设”列表框中包含了多种预设效果，选择不同的预设样式，则可以为图像呈现出不同的效果。❶ 在“滤镜预设”列表框中，选择第 7 个预设效果，并在导览面板中查看图像效果；❷ 在“滤镜预设”列表框中，选择第 10 个预设效果，并在导览面板中查看图像效果。

招式 131　为拉琴少女应用“画中画”滤镜

Q 在制作影片时，想为多个画面同步显示画中画效果，让人产生一种在画中的全新视觉感受，您能教教我如何实现吗？

A 没问题，您可以使用“画中画”滤镜来实现。

1. 选择“画中画”滤镜

❶ 打开本书配备的“素材 \ 第 6 章 \ 招式 131　拉琴少女 .vsp”项目文件，❷ 在“滤镜”素材库的“NewBlue 视频精选 2”滤镜库中，选择“画中画”滤镜。

2. 设置关键帧参数

❶ 将其添加至覆叠轨的素材图像上，在“属性”选项面板中，单击“自定义滤镜”按钮，❷ 弹出“NewBlue 画中画”对话框，选择第 1 个关键帧，修改“旋转 X”参数为 30。

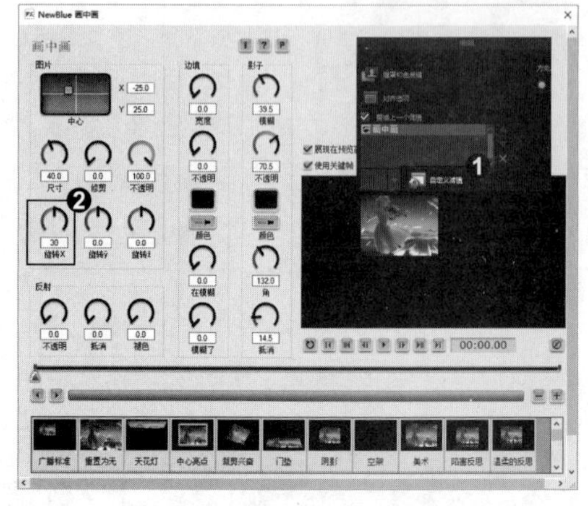

3. 修改关键帧参数

❶ 将时间移至 00:01.12 的位置，修改 XY 均为 15、“尺寸”参数为 60.0，添加一个关键帧，❷ 选择最后一个关键帧，修改 XY 均为 3.0、“尺寸”参数为 90。

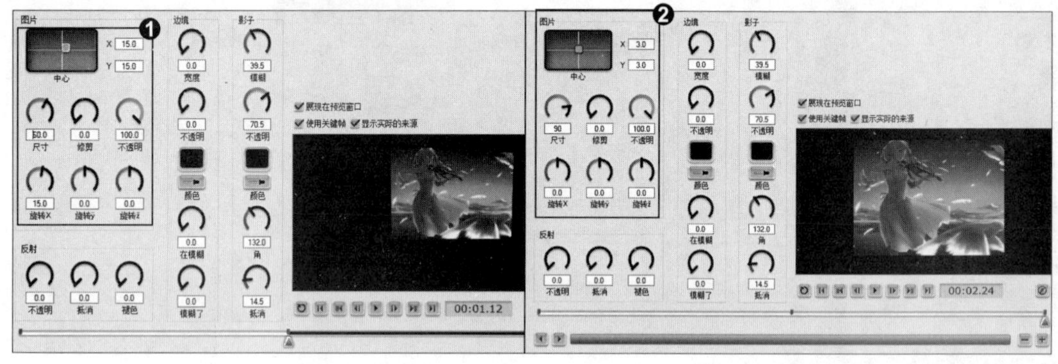

4. 预览画中画效果

单击“行”按钮即可，在导览面板中单击“播放”按钮，预览画中画的图像效果。

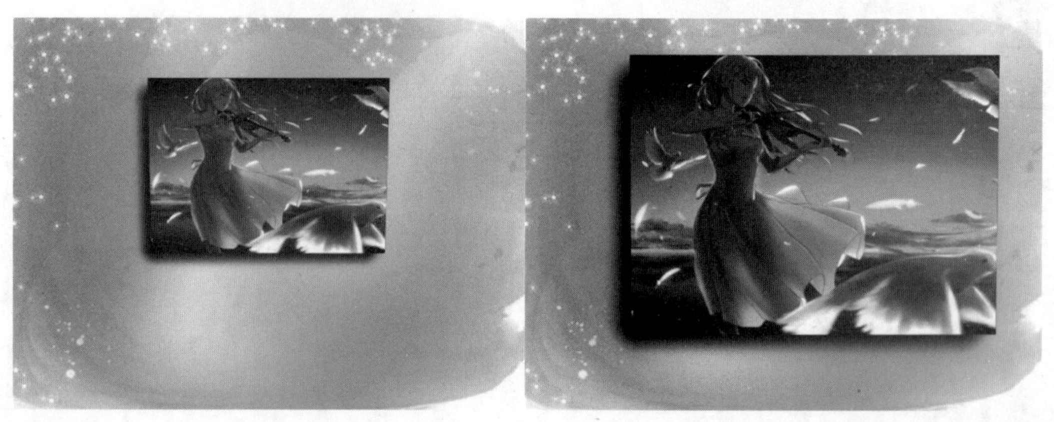

知识拓展

在为图像添加“画中画”滤镜后，用户还可以利用“自定义滤镜”按钮，在“NewBlue 画中画”对话框中选择其他的画中画效果。❶在“NewBlue 画中画”对话框中，选择“中心亮点”选项，并在预览区中预览图像效果；❷在“NewBlue 画中画”对话框中，选择“美术”选项，并在预览区中预览图像效果。

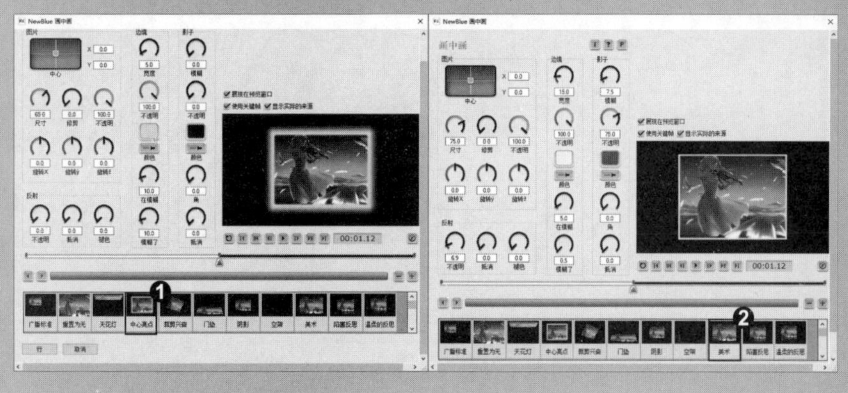

招式 132　为忧郁小狗应用“马赛克”滤镜

Q 在制作电子相册时，想将一些不愿意或不方便公开的人或事物用一些小方块遮挡住，您能教教我如何实现吗？

A 没问题，您可以使用“马赛克”滤镜来实现。

1. 选择“马赛克”滤镜

❶打开本书配备的“素材\第 6 章\招式 132　忧郁小狗.vsp”项目文件，❷在“滤镜”素材库的“相机镜头”滤镜库中，选择“马赛克”滤镜。

2. 添加“马赛克”滤镜

❶将其添加至视频轨的素材图像上，在“属性”选项面板的“滤镜预设”列表框中，选择第 4 个预设效果，❷并在导览面板中单击“播放”按钮，预览最终的图像效果。

知识拓展

在会声会影中，用户不仅可以设置“马赛克”滤镜的预设效果，还可以通过“马赛克”对话框，调整马赛克的大小。在“马赛克”对话框中，修改“宽度”和“高度”参数即可。

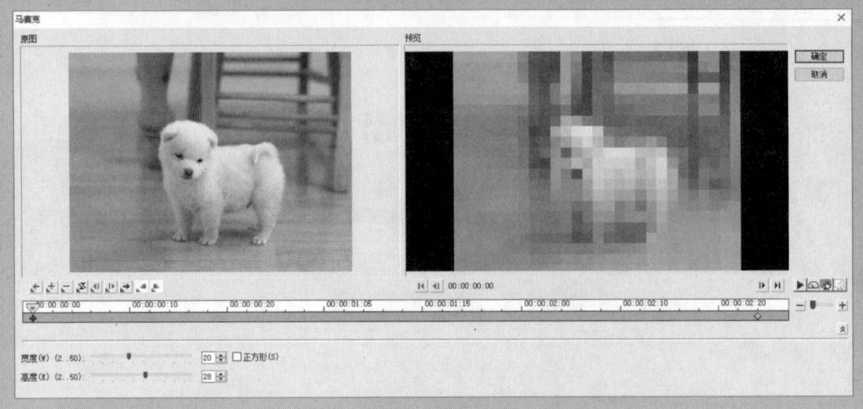

招式 133 为水波荡漾应用“涟漪”滤镜

Q 在制作水波效果时，常常需要为水波添加涟漪的波纹，以增添水波荡漾的效果，您能教教我如何实现吗？

A 没问题，您可以使用“涟漪”滤镜来实现。

1. 选择“涟漪”滤镜

❶ 打开本书配备的“素材 \ 第 6 章 \ 招式 133　水波荡漾 .vsp”项目文件，❷ 在“滤镜”素材库的“二维映射”滤镜库中，选择“涟漪”滤镜。

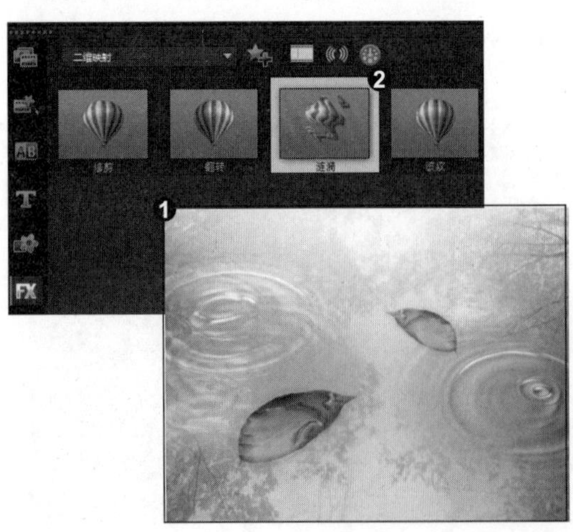

2. 添加“涟漪”滤镜

❶ 将其添加至视频轨的素材图像上，在“属性”选项面板的“滤镜预设”列表框中，选择第 4 个预设效果，❷ 并在导览面板中单击“播放”按钮，预览最终的图像效果。

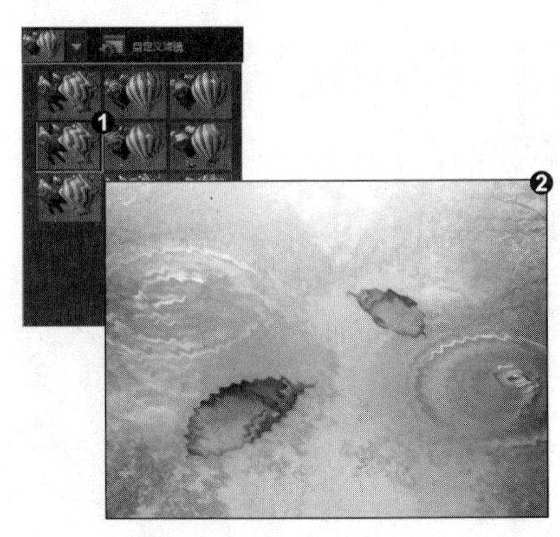

知识拓展

在会声会影中，用户不仅可以制作浮动小的涟漪效果，还可以制作浮动大的涟漪效果。❶ 在“滤镜”素材库的“Corel FX”滤镜库中，选择“FX 涟漪”滤镜，❷ 将其添加至素材图像上，即可得到浮动大的涟漪运动效果。

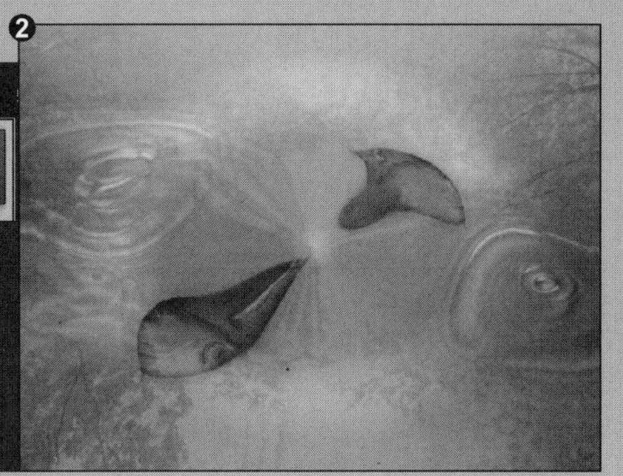

招式 134　为山水一色应用“往外扩张”滤镜

Q 在会声会影中编辑图像素材时，想为图像添加一种往外扩张的动感效果，以突出某一部分图形缓缓移动至眼前的效果，您能教教我如何实现吗？

A 可以的，您可以使用“往外扩张”滤镜来实现。

1. 选择“往外扩张”滤镜

❶ 打开本书配备的“素材\第 6 章\招式 134　山水一色 .vsp”项目文件，❷ 在“滤镜”素材库的“三维纹理映射”滤镜库中，选择“往外扩张”滤镜。

2. 添加滤镜效果

单击鼠标并拖曳，将选择的滤镜添加至视频轨的图像素材上，完成“往外扩张”滤镜的添加，在导览面板中单击“播放”按钮，预览图像效果。

知识拓展

在会声会影中，用户不仅可以制作往外扩张的滤镜效果，还可以制作出向内挤压，且与往外扩张相反的滤镜效果。❶在“滤镜”素材库中“三维纹理映射”滤镜库中，选择“往内挤压”滤镜，❷将其添加至素材图像上，即可得到往内挤压的图像效果。

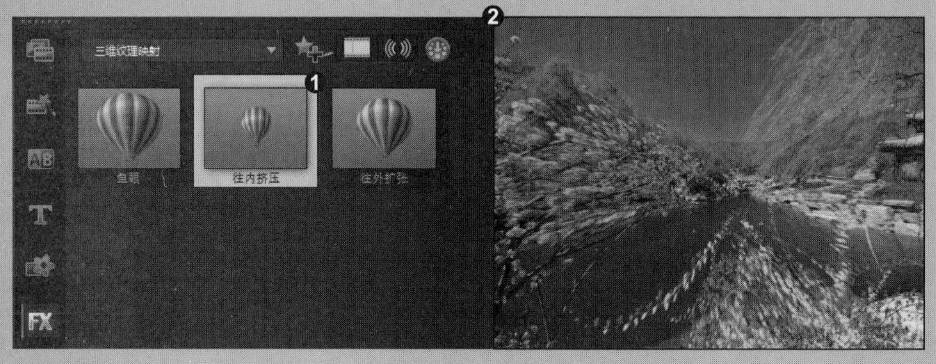

招式 135 为一米阳光应用“光芒”滤镜

Q 在用会声会影制作影片时，想在影片中制作放射的光芒，您能教教我如何实现吗?

A 没问题，您可以使用“光芒”滤镜来实现。

1. 选择“光芒”滤镜

❶打开本书配备的“素材\第6章\招式135 一米阳光.vsp”项目文件，❷在“滤镜”素材库的“相机镜头”滤镜库中，选择“光芒”滤镜。

2. 添加滤镜效果

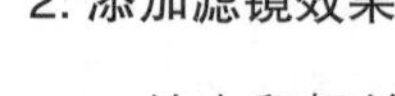

单击鼠标并拖曳，将选择的滤镜添加至视频轨的图像素材上，完成“光芒”滤镜的添加，在导览面板中单击“播放”按钮，预览图像效果。

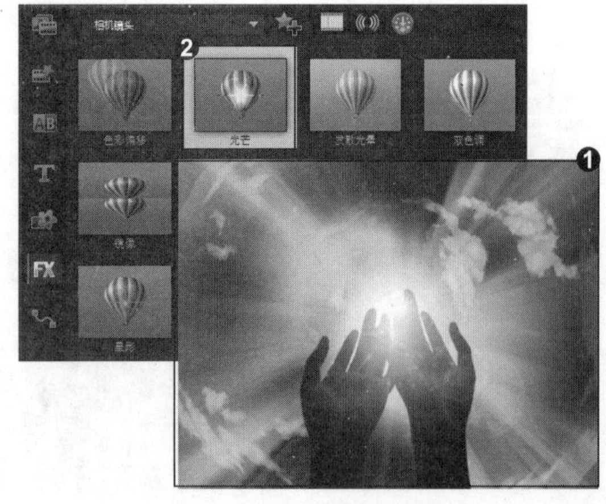

知识拓展

在应用“光芒”滤镜时，“滤镜预设”列表框中包含了多种预设效果，选择不同的预设样式，则可以为图像呈现出不同的效果。❶ 在“滤镜预设”列表框中，选择第 2 个预设效果，并在导览面板中查看图像效果；❷ 在“滤镜预设”列表框中，选择第 8 个预设效果，并在导览面板中查看图像效果。

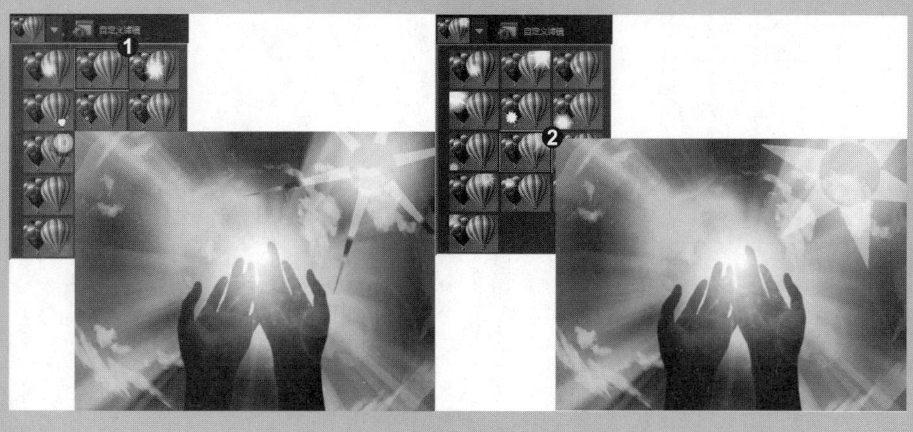

招式 136 为影视片头应用“双色调”滤镜

Q 在制作影片时，想为影片制作两种颜色的色调效果，从而让影片画面更加多变和生动有趣，您能教教我如何实现吗?

A 没问题，您可以使用“双色调”滤镜来实现。

1. 选择“双色调”滤镜

❶ 打开本书配备的“素材\第 6 章\招式 136　影视片头 .vsp”项目文件，❷ 在“滤镜”素材库的“相机镜头”滤镜库中，选择“双色调”滤镜。

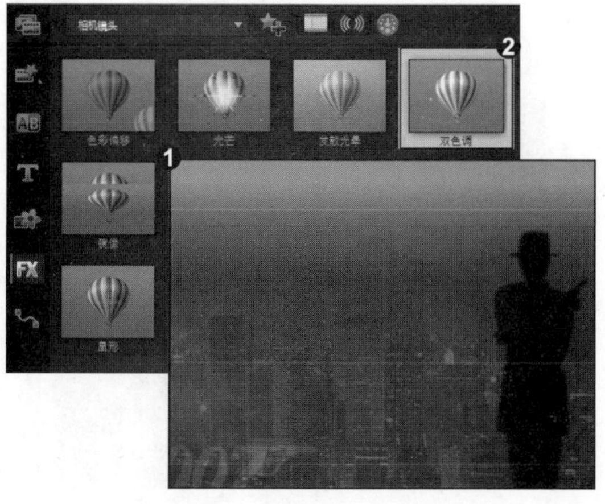

2. 添加滤镜效果

单击鼠标并拖曳，将选择的滤镜添加至视频轨的图像素材上，完成“双色调”滤镜的添加，在导览面板中单击“播放”按钮，预览图像效果。

知识拓展

在应用"双色调"滤镜时，"滤镜预设"列表框中包含了多种预设效果，选择不同的预设样式，则可以为图像呈现出不同的效果。❶ 在"滤镜预设"列表框中，选择第 5 个预设效果，并在导览面板中查看图像效果；❷ 在"滤镜预设"列表框中，选择第 10 个预设效果，并在导览面板中查看图像效果。

招式 137 为个人写真应用"老电影"滤镜

Q 在会声会影中编辑影片或图像素材时，想将视频或图像变成复古的老电影效果，您能教教我如何实现吗？

A 没问题，您可以使用"老电影"滤镜来实现。

1. 选择"老电影"滤镜

❶ 打开本书配备的"素材 \ 第 6 章 \ 招式 137 个人写真 .vsp"项目文件，❷ 在"滤镜"素材库的"相机镜头"滤镜库中，选择"老电影"滤镜。

2. 添加滤镜效果

❶ 将其添加至视频轨的素材图像上，在"属性"选项面板的"滤镜预设"列表框中，选择第 2 个预设效果，❷ 并在导览面板中单击"播放"按钮，预览最终的图像效果。

知识拓展

在应用“老电影”滤镜时，用户还可以使用“自定义滤镜”下的“替换色彩”功能，重新替换应用滤镜的色彩效果。❶ 单击“自定义滤镜”按钮，弹出“老电影”对话框，单击“替换色彩”右侧的色块，❷ 弹出“Core 色彩选取器”对话框，选择合适的颜色即可。

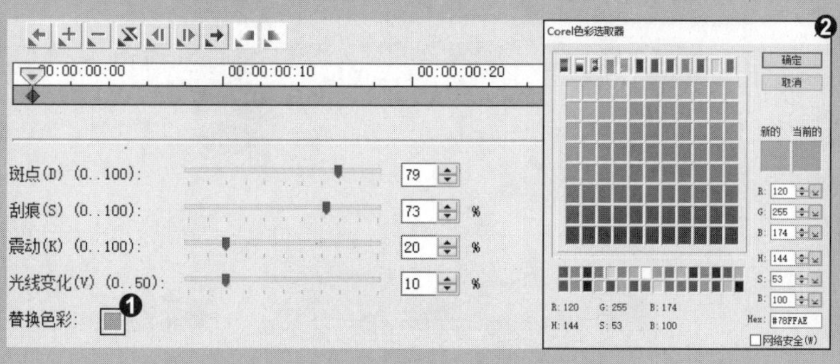

招式 138 为唯美阳光应用“发散光晕”滤镜

Q 在制作影片时，想为影片添加柔光，以展现一些梦境内容或是虚幻的画面，从而产生梦幻般的朦胧效果，您能教教我如何实现吗?

A 没问题，您可以使用“发散光晕”滤镜来实现。

1. 选择“发散光晕”滤镜

❶ 打开本书配备的“素材 \ 第 6 章 \ 招式 138　唯美阳光 .vsp”项目文件，❷ 在“滤镜”素材库的“相机镜头”滤镜库中，选择“发散光晕”滤镜。

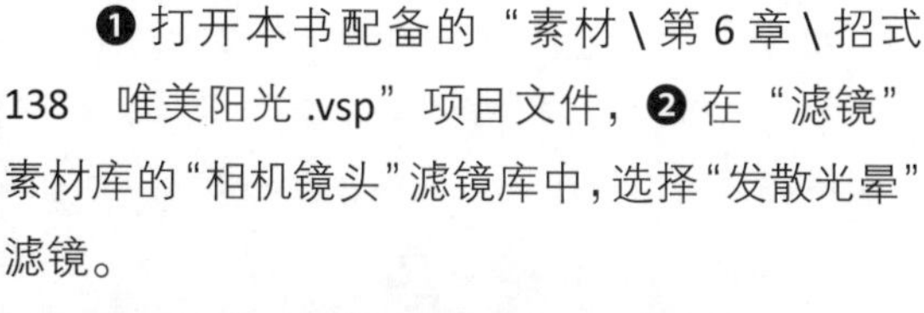

2. 添加滤镜效果

❶ 将其添加至视频轨的素材图像上，在“属性”选项面板的“滤镜预设”列表框中，选择第 5 个预设效果，❷ 并在导览面板中单击“播放”按钮，预览最终的图像效果。

知识拓展

在应用“发散光晕”滤镜时，“滤镜预设”列表框中包含了多种预设效果，选择不同的预设样式，则可以为图像呈现出不同的效果。❶在“滤镜预设”列表框中，选择第3个预设效果，并在导览面板中查看图像效果；❷在“滤镜预设”列表框中，选择第6个预设效果，并在导览面板中查看图像效果。

招式139 为美丽蒲公英应用“缩放动作”滤镜

Q 在制作影片时，想为影片添加一种“缩放动作”的运动效果，您能教教我如何实现吗？

A 没问题，您可以使用“缩放动作”滤镜来实现。

1. 选择“缩放动作”滤镜

❶打开本书配备的“素材\第6章\招式139　美丽蒲公英.vsp”项目文件，❷在“滤镜”素材库的“相机镜头”滤镜库中，选择“缩放动作”滤镜。

2. 添加滤镜效果

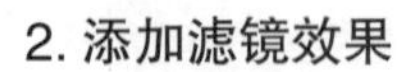

❶将其添加至视频轨的素材图像上，在“属性”选项面板的“滤镜预设”列表框中，选择第4个预设效果，❷并在导览面板中单击“播放”按钮，预览最终的图像效果。

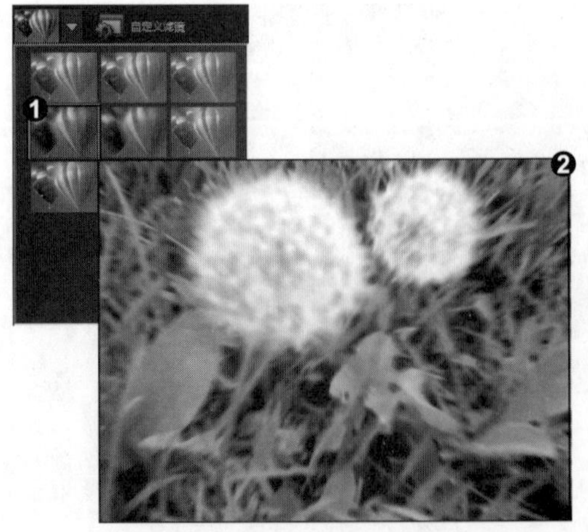

知识拓展

在应用“缩放动作”滤镜时，“滤镜预设”列表框中包含了多种预设效果，选择不同的预设样式，则可以为图像呈现出不同的效果。❶在“滤镜预设”列表框中，选择第1个预设效果，并在导览面板中查看图像效果；❷在“滤镜预设”列表框中，选择第5个预设效果，并在导览面板中查看图像效果。

招式 140　为深情对望应用“浮雕”滤镜

Q 在制作影片时，想为影片添加一种类似雕刻的效果，以为影片增加立体感，您能教教我如何实现吗？

A 没问题，您可以使用“浮雕”滤镜来实现。

1. 选择“浮雕”滤镜

❶打开本书配备的“素材\第6章\招式140　深情对望.vsp”项目文件，❷在“滤镜”素材库的“标题效果”滤镜库中，选择“浮雕”滤镜。

2. 添加滤镜效果

❶将其添加至视频轨的素材图像上，在“属性”选项面板的“滤镜预设”列表框中，选择第2个预设效果，❷并在导览面板中单击“播放”按钮，预览最终的图像效果。

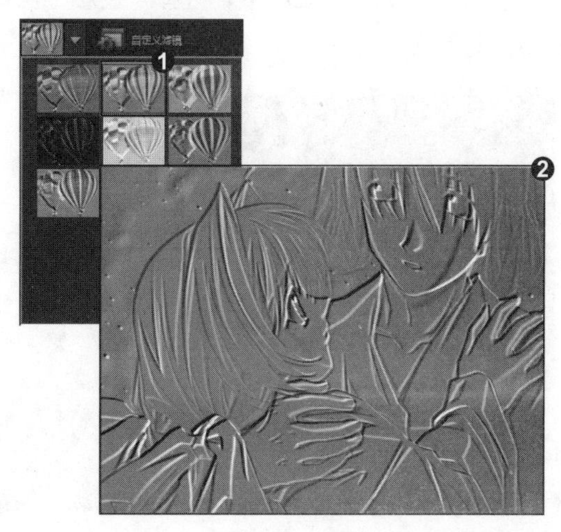

知识拓展

在添加了“浮雕”滤镜后，用户不仅可以设置滤镜预设效果，还可以重新为滤镜设置光线方向，得到不一样的效果。在“浮雕”对话框的“光线方向”选项组中，选中相应的方向单选按钮，即可改变“浮雕”滤镜的方向。

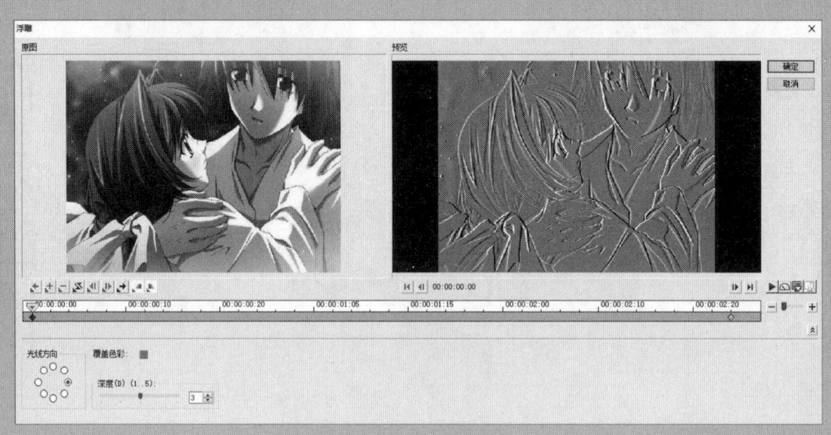

招式 141 为落日黄昏应用“色彩平衡”滤镜

Q 在制作影片时，想为影片调整色温，您能教教我如何实现吗？

A 没问题，您可以使用“色彩平衡”滤镜来实现。

1. 选择“色彩平衡”滤镜

❶ 打开本书配备的“素材\第6章\招式141 落日黄昏.vsp”项目文件，❷ 在“滤镜”素材库的“暗房”滤镜库中，选择“色彩平衡”滤镜。

2. 添加滤镜效果

❶ 将其添加至视频轨的素材图像上，在“属性”选项面板的“滤镜预设”列表框中，选择第4个预设效果，❷ 并在导览面板中单击“播放”按钮，预览最终的图像效果。

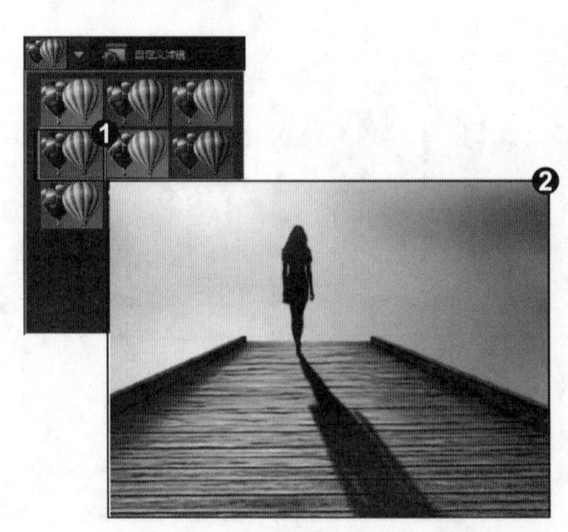

知识拓展

在应用“色彩平衡”滤镜时，“滤镜预设”列表框中包含了多种预设效果，选择不同的预设样式，则可以为图像呈现出不同的效果。❶ 在“滤镜预设”列表框中，选择第 6 个预设效果，并在导览面板中查看图像效果；❷ 在“滤镜预设”列表框中，选择第 7 个预设效果，并在导览面板中查看图像效果。

招式 142 为金色帽子应用“水彩”滤镜

Q 在会声会影中编辑图像时，想为图像添加一种类似于水彩笔绘制出来的手绘效果，您能教教我如何实现吗？

A 没问题，您可以使用“水彩”滤镜来实现。

1. 选择“水彩”滤镜

❶ 打开本书配备的“素材\第 6 章\招式 142　金色帽子 .vsp”项目文件，❷ 在“滤镜”素材库的“自然绘图”滤镜库中，选择“水彩”滤镜。

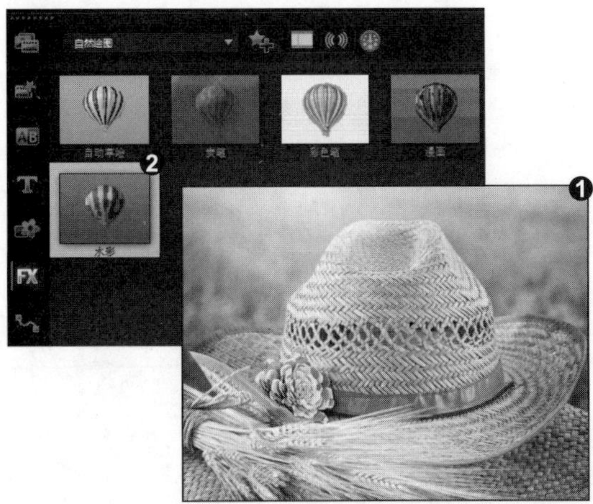

2. 添加滤镜效果

❶ 将其添加至视频轨的素材图像上，在“属性”选项面板的“滤镜预设”列表框中，选择第 10 个预设效果，❷ 并在导览面板中单击“播放”按钮，预览最终的图像效果。

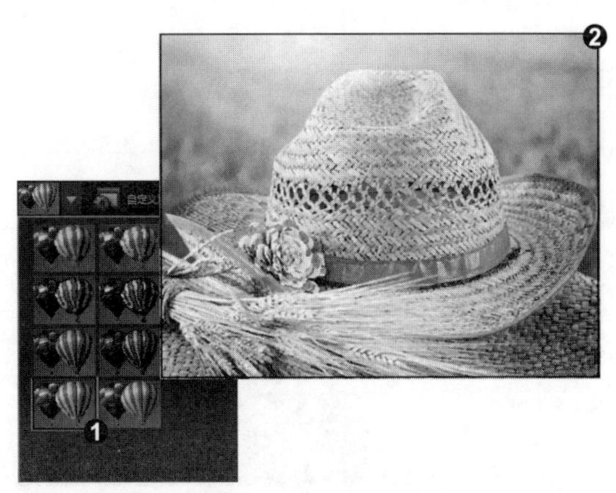

知识拓展

在应用“水彩”滤镜时，“滤镜预设”列表框中包含了多种预设效果，选择不同的预设样式，则可以为图像呈现出不同的效果。❶ 在“滤镜预设”列表框中，选择第 2 个预设效果，并在导览面板中查看图像效果；❷ 在“滤镜预设”列表框中，选择第 7 个预设效果，并在导览面板中查看图像效果。

招式 143 为春意盎然应用“镜头校正”滤镜

Q 在制作电子相册时，发现相册中的有些照片拍摄的角度不好，出现了变形现象，您能教教我如何调整吗？

A 没问题，您可以使用“镜头校正”滤镜校正照片。

1. 选择“镜头校正”滤镜

❶ 打开本书配备的“素材 \ 第 6 章 \ 招式 143 春意盎然 .vsp”项目文件，❷ 在“滤镜”素材库的“NewBlue 视频精选 2”滤镜库中，选择“镜头校正”滤镜。

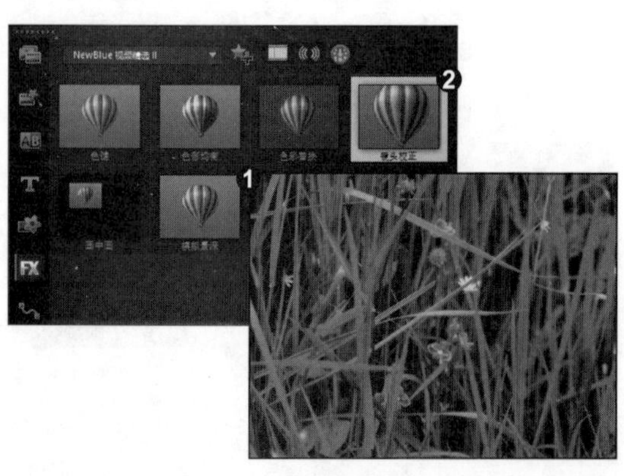

2. 添加关键帧

❶ 将其添加至覆叠轨的素材图像上，在“属性”选项面板中，单击“自定义滤镜”按钮，❷ 弹出“NewBlue 镜头校正”对话框，选择“酣”选项，添加一个关键帧。

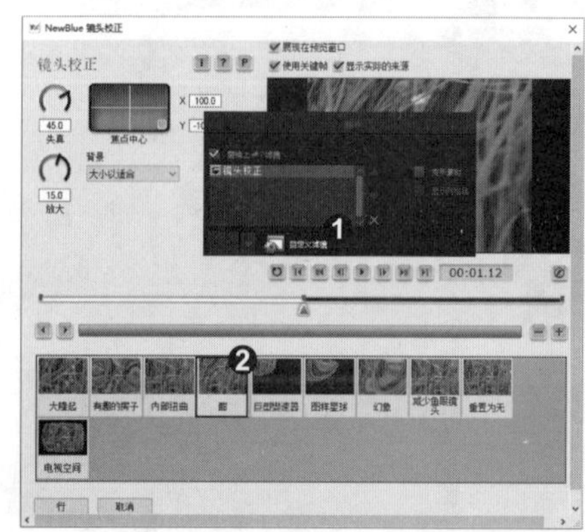

3. 预览图像效果

单击“行”按钮，即可完成“镜头校正”滤镜的应用，并在导览面板中预览图像效果。

知识拓展

在为图像添加“镜头校正”滤镜后，用户还可以利用“自定义滤镜”按钮，在“NewBlue 镜头校正”对话框中选择其他的镜头校正效果。❶ 在“NewBlue 镜头校正”对话框中，选择“有趣的房子”选项，并在预览区中预览图像效果；❷ 在“NewBlue 镜头校正”对话框中，选择“幻象”选项，并在预览区中预览图像效果。

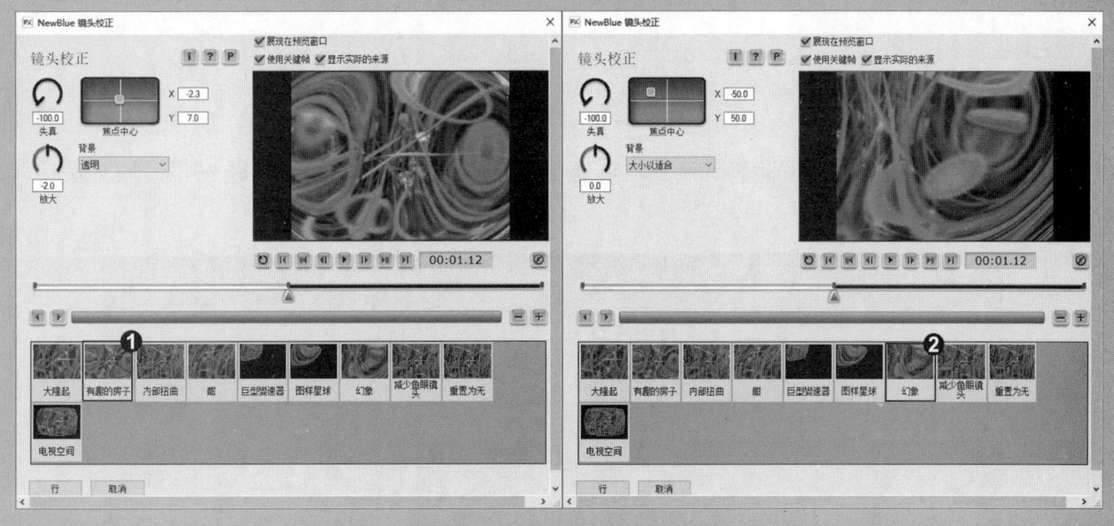

招式 144 为夕阳西下应用“阴影和高光”滤镜

Q 在会声会影中编辑素材时，想为素材添加阴影和高光效果，从而为素材的局部添加加亮或变暗处理，您能教教我如何实现吗？

A 没问题，您可以使用“阴影和高光”滤镜来实现。

1. 选择“阴影和高光”滤镜

❶打开本书配备的“素材\第6章\招式144 夕阳西下.vsp”项目文件，❷在“滤镜”素材库的“NewBlue 视频精选 2”滤镜库中，选择“阴影和高光”滤镜。

2. 添加关键帧

❶将其添加至覆叠轨的素材图像上，在“属性”选项面板中，单击“自定义滤镜”按钮，❷弹出“NewBlue 阴影和高光”对话框，修改“补”参数为53、“范围”参数为100、“颜色”参数为-17、“对比”参数为-47，添加一个关键帧。

3. 预览图像效果

单击“行”按钮，完成“阴影和高光”滤镜的应用操作，在导览面板中单击“播放”按钮，预览最终的图像效果。

知识拓展

在为图像添加“阴影和高光”滤镜后，用户不仅可以直接修改参数得到效果，还可以在“NewBlue 阴影和高光”对话框中直接选择其他的阴影和高光效果。❶ 在“NewBlue 阴影和高光”对话框中，选择“色彩对比”选项，并在预览区中预览图像效果；❷ 在“NewBlue 阴影和高光”对话框中，选择“激烈”选项，并在预览区中预览图像效果。

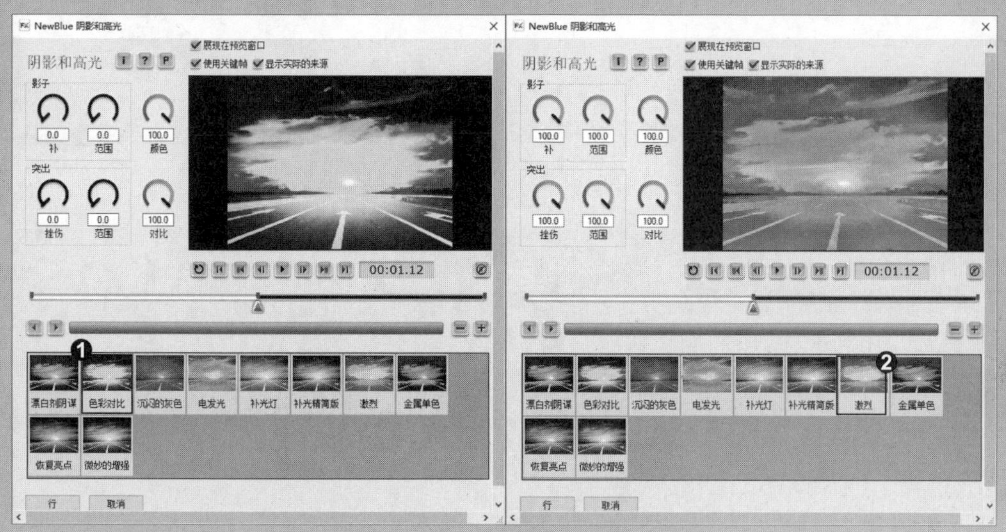

招式 145 为钢琴王子应用“亮度和对比度”滤镜

Q 在会声会影中添加图像素材后，发现有些素材的亮度和对比度都偏低，但是一个个调整比较浪费时间，您能教教我如何快速调整吗？

A 没问题，您可以使用“亮度和对比度”滤镜来实现。

1. 选择“亮度和对比度”滤镜

❶ 打开本书配备的“素材 \ 第 6 章 \ 招式 145　钢琴王子 .vsp”项目文件，❷ 在“滤镜”素材库的“NewBlue 视频精选 2”滤镜库中，选择“亮度和对比度”滤镜。

2. 添加滤镜效果

❶ 将其添加至视频轨的素材图像上，在“属性”选项面板的“滤镜预设”列表框中，选择第 8 个预设效果，❷ 并在导览面板中单击“播放”按钮，预览最终的图像效果。

知识拓展

在应用“亮度和对比度”滤镜效果时，用户不仅可以使用滤镜预设效果直接调整，还可以通过设置通道，并调整“亮度”和“对比度”参数来调整。❶ 单击“自定义滤镜”按钮，弹出“亮度和对比度”对话框，在“通道”列表框中，选择“蓝色”通道，修改“亮度”和“对比度”参数，❷ 单击“确定”按钮，并在导览面板中查看图像效果。

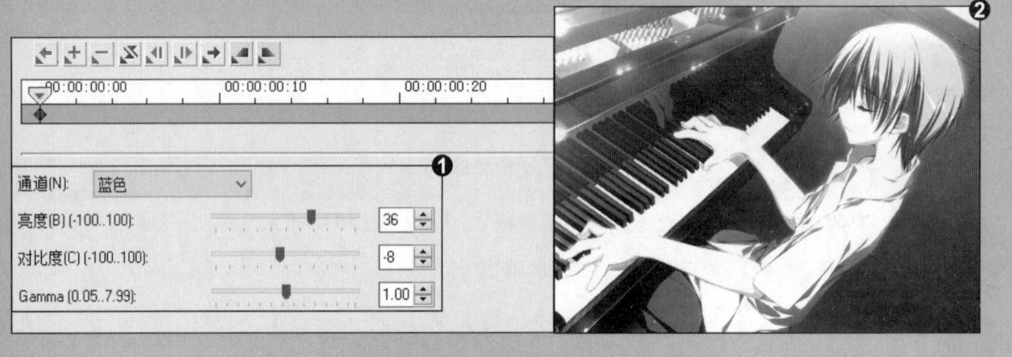

招式 146 为掌上小草应用“强化细部”滤镜

Q 在会声会影中制作影片时，想显示影片中的每个细节部分，但是不知道从何入手调整，您能教教我如何调整吗？

A 没问题，您可以使用“强化细部”滤镜来实现。

1. 选择“强化细部”滤镜

❶ 打开本书配备的“素材\第 6 章\招式146　掌上小草.vsp”项目文件，❷ 在“滤镜”素材库的“NewBlue 样品效果”滤镜库中，选择“强化细部”滤镜。

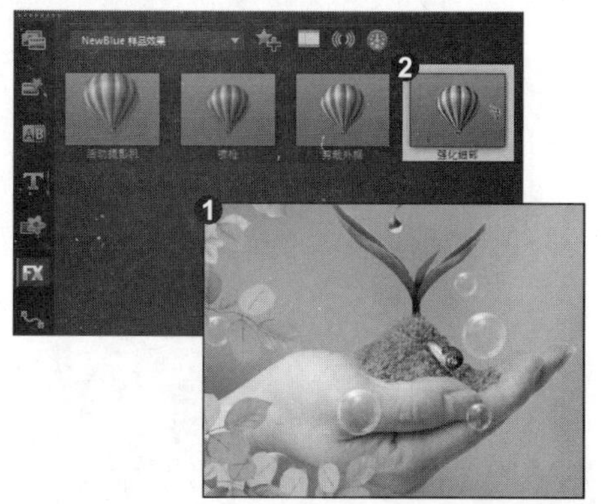

2. 添加滤镜效果

单击鼠标并拖曳，将选择的滤镜添加至视频轨的图像素材上，完成“强化细部”滤镜的添加，在导览面板中单击“播放”按钮，预览图像效果。

知识拓展

在为图像添加“强化细部”滤镜后，用户还可以利用“自定义滤镜”按钮，在“NewBlue 强化细部”对话框中选择其他的强化细部效果。❶ 在“NewBlue 强化细部”对话框中，选择“温和的”选项，并在预览区中预览图像效果；❷ 在“NewBlue 强化细部”对话框中，选择“细微的”选项，并在预览区中预览图像效果。

招式 147 为湖畔美景应用“喷枪”滤镜

Q 在会声会影中编辑图像时，想通过一种喷枪的手法制作出大量的不同效果，您能教教我如何实现吗？

A 没问题，您可以使用“喷枪”滤镜来实现。

1. 选择“喷枪”滤镜

❶ 打开本书配备的“素材\第 6 章\招式 147 湖畔美景 .vsp”项目文件，❷ 在“滤镜”素材库的“NewBlue 样品效果”滤镜库中，选择“喷枪”滤镜。

2. 添加关键帧

❶ 将其添加至覆叠轨的素材图像上，在“属性”选项面板中，单击“自定义滤镜”按钮，❷ 弹出“NewBlue 喷枪”对话框，修改“喷洒”参数为 20，添加一个关键帧。

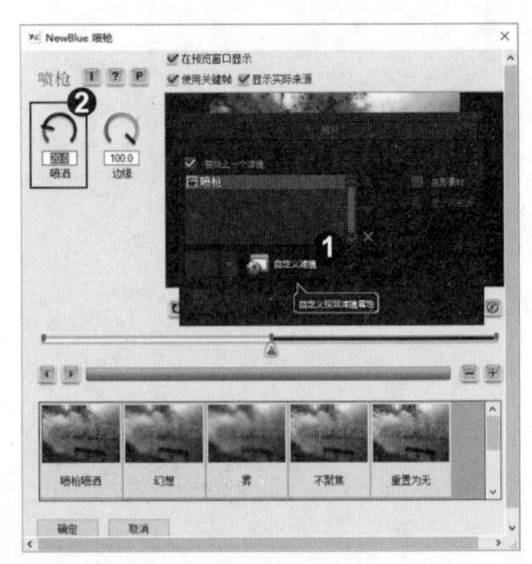

3. 预览图像效果

单击“确定”按钮，完成“喷枪”滤镜的应用操作，在导览面板中单击“播放”按钮，预览最终的图像效果。

知识拓展

在为图像添加“喷枪”滤镜后，用户还可以利用“自定义滤镜”按钮，在“NewBlue 喷枪”对话框中选择其他的喷枪效果。❶ 在“NewBlue 喷枪”对话框中，选择“雾”选项，并在预览区中预览图像效果；❷ 在“NewBlue 喷枪”对话框中，选择“润色”选项，并在预览区中预览图像效果。

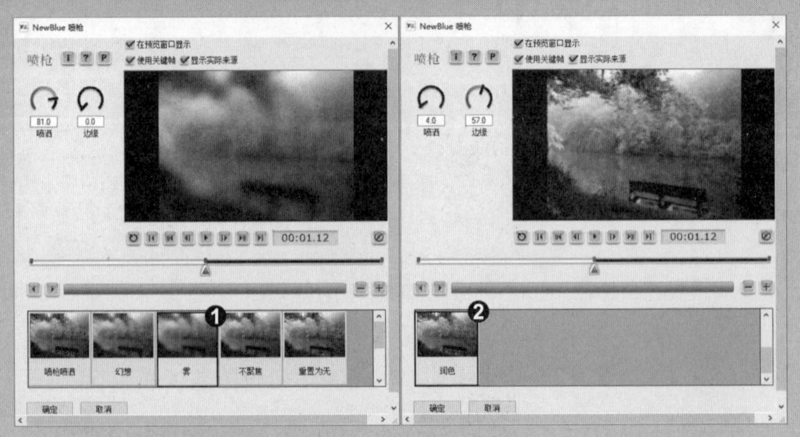

招式 148 为酸爽橘子应用“万花筒”滤镜

Q 在会声会影中制作影片时，想将其制作成一种万花筒的样式，为影片增加趣味，您能教教我如何实现吗？

A 没问题，您可以使用“万花筒”滤镜来实现。

1. 选择“万花筒”滤镜

❶ 打开本书配备的“素材\第 6 章\招式 148　酸爽橘子 .vsp”项目文件，❷ 在“滤镜”素材库的“相机镜头”滤镜库中，选择“万花筒”滤镜。

2. 添加滤镜效果

单击鼠标并拖曳，将选择的滤镜添加至视频轨的图像素材上，完成“万花筒”滤镜的添加，在导览面板中单击“播放”按钮，预览图像效果。

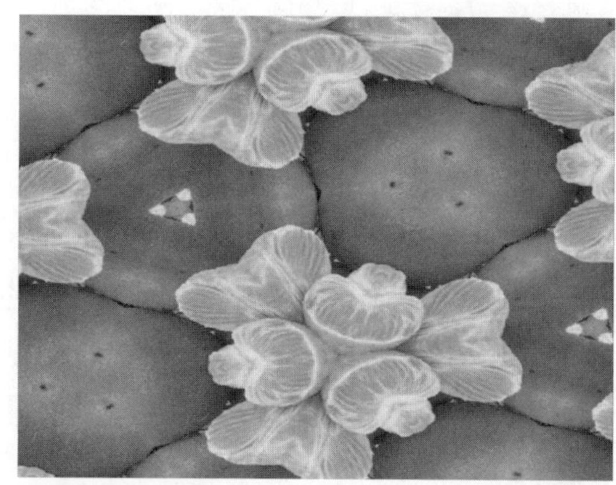

知识拓展

在应用“万花筒”滤镜时，“滤镜预设”列表框中包含了多种预设效果，选择不同的预设样式，则可以为图像呈现出不同的效果。❶ 在“滤镜预设”列表框中，选择第 2 个预设效果，并在导览面板中查看图像效果；❷ 在“滤镜预设”列表框中，选择第 5 个预设效果，并在导览面板中查看图像效果。

招式149 为汽车展示应用“单色”滤镜

Q 在会声会影中制作影片时，想将影片中的图像只设置为一个颜色显示，您能教教我如何实现吗？

A 没问题，您可以使用“单色”滤镜来实现。

1. 选择“单色”滤镜

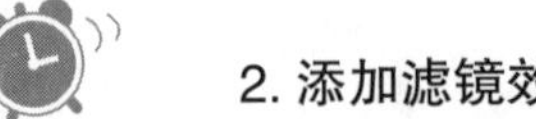

❶ 打开本书配备的“素材\第6章\招式149 汽车展示.vsp”项目文件，❷ 在“滤镜”素材库的“相机镜头”滤镜库中，选择“单色”滤镜。

2. 添加滤镜效果

单击鼠标并拖曳，将选择的滤镜添加至视频轨的图像素材上，完成“单色”滤镜的添加，在导览面板中单击“播放”按钮，预览图像效果。

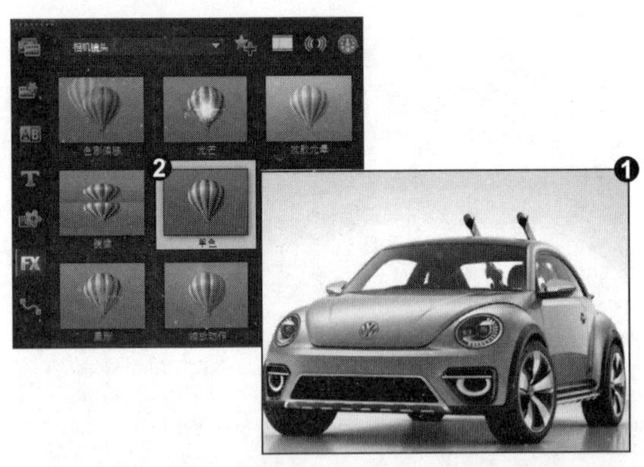

知识拓展

在调整应用“单色”滤镜后的单色效果时，可以在“Corel色彩选取器”对话框中任选颜色。❶ 在“单色”对话框中，单击“单色”右侧的颜色块，❷ 弹出“Corel色彩选取器”对话框，任选颜色即可。

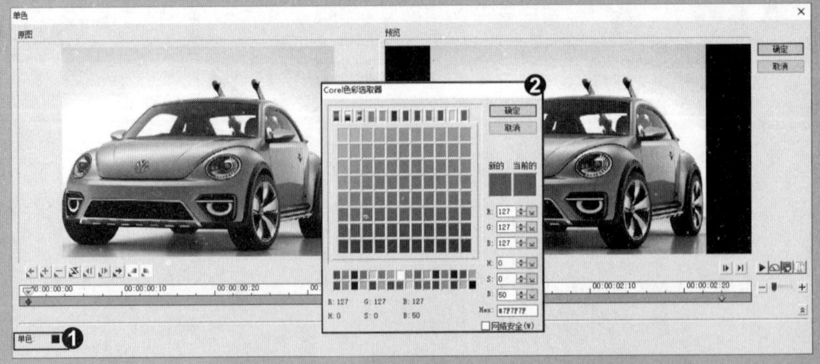

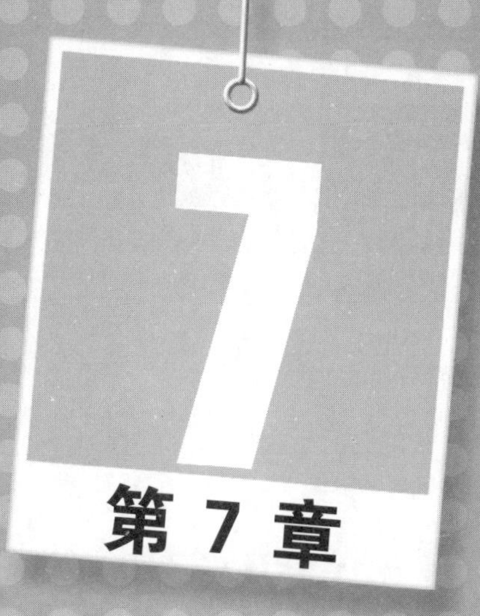

第7章 漂亮转场的应用技巧

从某种专业角度来说，转场是一种特殊的滤镜效果，它是在两个图像或视频素材之间创建的某种过渡效果。本章将详细讲解覆叠素材的叠加操作方法，其内容包括应用转场效果、应用随机效果、应用当前转场效果、移动转场效果、设置转场效果等。通过对本章的学习，可以帮助用户有效、合理地使用转场效果，从而使影片呈现出专业化的视频效果。

招式150 为艳丽草莓应用转场效果

Q 在会声会影中添加图像或视频素材后，当进行播放时，总觉得从一个素材切换到下一个素材时，中间的过渡太生硬了，您能教教我如何处理吗？

A 没问题，您可以在视频轨道中的素材之间添加转场效果，从而增强影片播放的流畅性。

1. 添加素材图像

❶ 在“时间轴”面板的视频轨道中添加两幅草莓素材图像，❷ 在“照片”选项面板中，修改“重新采样选项”为“保持宽高比(无字母框)”选项。

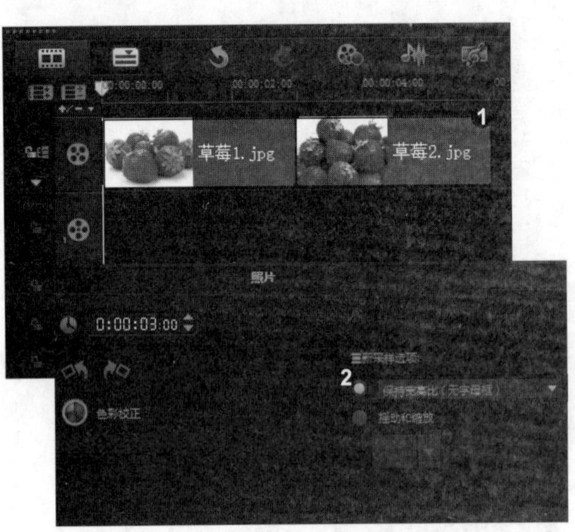

2. 选择“箭头”转场效果

❶ 单击“素材库”面板中的“转场”按钮AB，切换至“转场”素材库，❷ 在“转场”素材库中，单击画廊下三角按钮，展开下拉列表，选择“全部”命令，进入“全选”素材库，选择“箭头”转场效果。

3. 预览转场效果

❶ 单击鼠标左键并进行拖曳，将转场效果拖动到素材与素材之间的位置上，❷ 单击导览面板上的“播放”按钮，预览转场效果。

知识拓展

在“转场”素材库中包含 17 大类 100 多种转场效果，不同的转场效果能够体现出不同的过渡效果，用户可以根据需要添加不同的转场效果，让素材之间的过渡更加生动、美丽。

招式 151 为萌狗摄影应用随机效果

Q 在制作影片时，想让软件程序随机从“转场”素材库中批选几种转场效果在素材之间进行添加，以节省时间，您能教教我如何为素材应用随机转场效果吗?

A 没问题，您可以使用“对视频轨应用随机效果”功能添加随机转场即可。

1. 添加素材图像

❶ 在“时间轴”面板的视频轨道中添加两幅小狗素材图像，❷ 在“照片”选项面板中修改“重新采样选项”为“保持宽高比 (无字母框)”选项。

2. 添加随机转场

❶ 进入“转场”素材库，单击“对视频轨应用随机效果”按钮，❷ 转场效果被随机添加到素材之间。

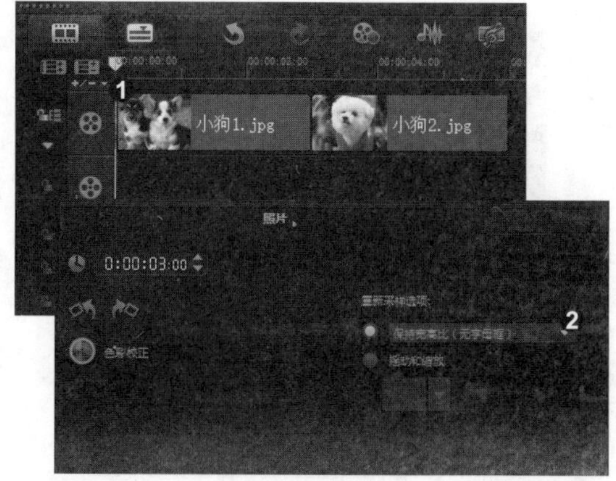

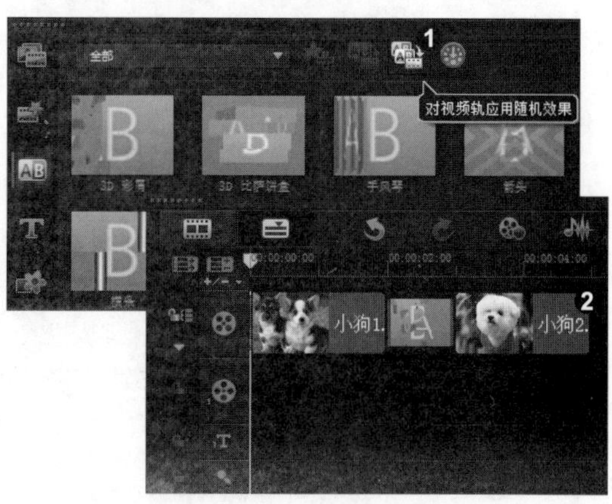

3. 预览转场效果

单击导览面板上的“播放”按钮，预览转场效果。

知识拓展

在会声会影中添加随机转场效果后，再次使用“对视频轨应用随机效果”功能添加随机转场效果时，会弹出提示对话框，提示用户是否重新设置转场效果。

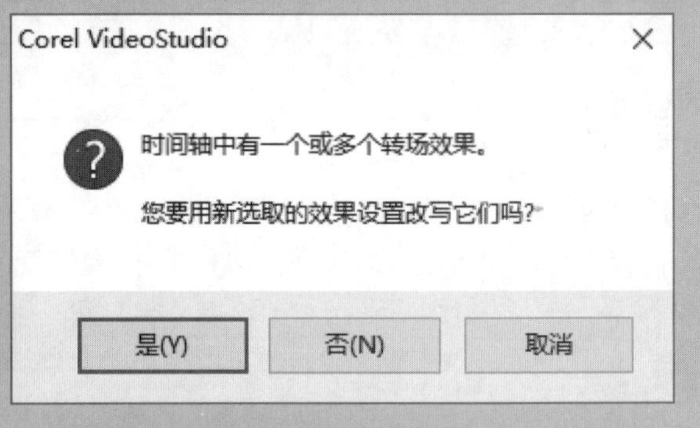

招式 152 为公园写真集应用当前转场效果

Q 在制作电子相册时，想在相册中的图片之间添加当前选择的转场效果，您能教教我如何为素材应用当前转场效果吗?

A 没问题，您可以通过“对视频轨应用当前效果”功能来实现。

1. 添加素材图像

❶ 在“时间轴”面板的视频轨道中添加两幅写真素材图像，❷ 在“照片”选项面板中修改“重新采样选项”为“保持宽高比”选项。

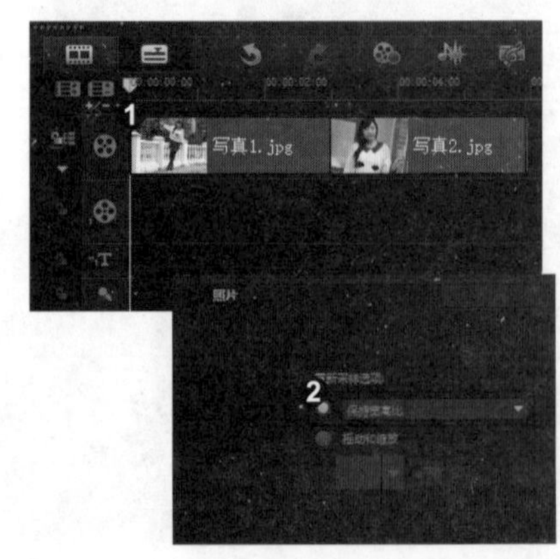

2. 单击相应的按钮

❶ 在“转场”素材库中选择“色彩融化”转场效果，❷ 在“素材库”面板的上方单击“对视频轨应用当前效果”按钮。

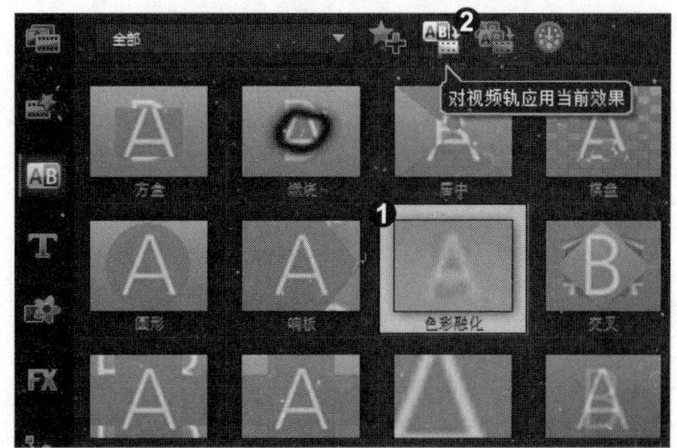

专家提示

除了可以通过单击“对视频轨应用当前效果”按钮添加当前转场效果外，还可以在“转场”素材库中选择转场效果，然后右击，弹出快捷菜单，选择“对视频轨应用当前效果”命令。

3. 预览转场效果

此时，即可将选择的转场效果直接添加到素材与素材之间的位置上，单击导览面板上的“播放”按钮，预览转场效果。

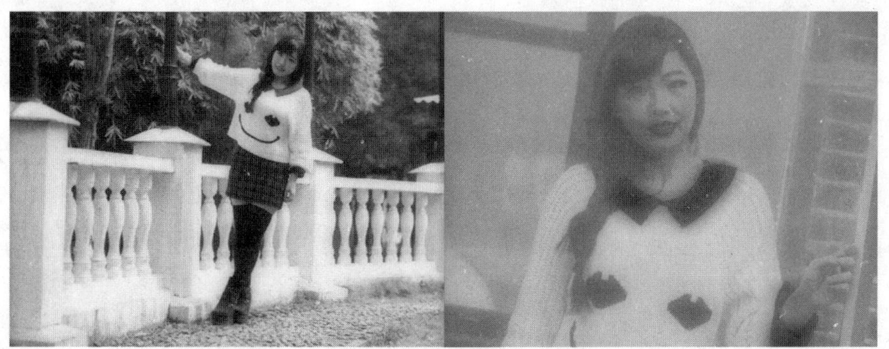

知识拓展

在会声会影中添加随机转场效果后，可以对随机转场效果进行自定义操作。❶ 在“参数选择”对话框的“编辑”选项卡中，单击“转场效果”选项组中的“自定义”按钮，❷ 弹出“自定义随机特效”对话框，在该对话框中可以添加或删除随机转场效果。

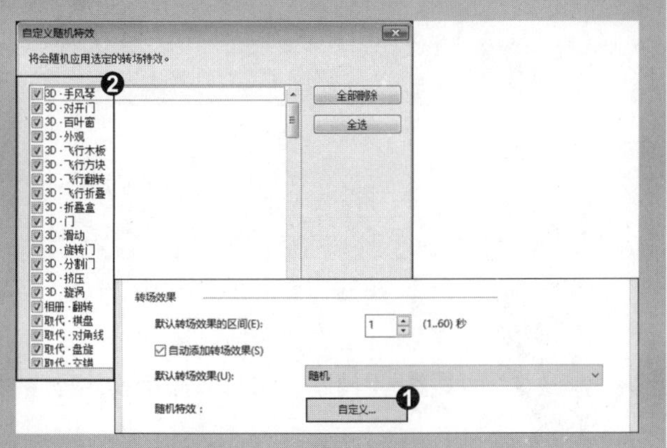

招式153 删除浪漫樱花的转场效果

Q 在编辑影片时，发现有些素材之间不需要转场效果进行过渡，您能教教我如何删除素材的转场效果吗?

A 没问题，您可以使用“删除”命令将多余的转场效果进行删除。

1. 选择“删除”命令

❶打开本书配备的“素材\第7章\招式153 浪漫樱花.vsp”项目文件，在视频轨道中选择转场效果，❷右击，弹出快捷菜单，选择“删除”命令。

2. 删除转场效果

将多余的转场效果进行删除后，在视频轨道中将不显示转场效果。

知识拓展

会声会影中的“删除”功能十分强大，不仅可以删除“时间轴”面板中的转场效果，还可以删除素材图像。❶在“时间轴”面板中选择需要删除的素材，❷右击，弹出快捷菜单，选择“删除”命令即可。

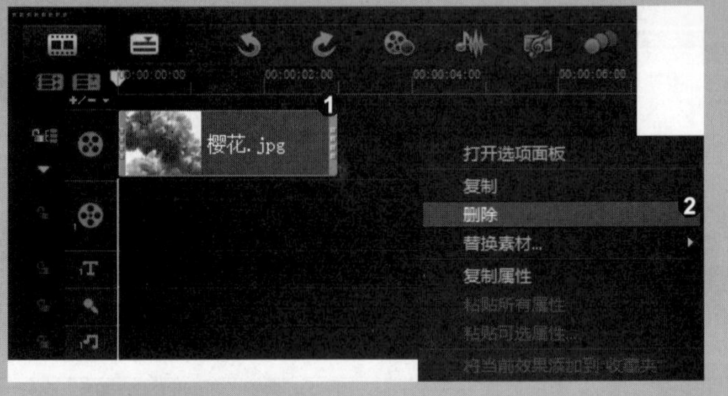

招式154 为香蕉自动添加转场效果

Q 在制作影片的过程中，一个个添加转场效果，很浪费时间，您能教教我如何为素材自动添加转场效果吗?

A 没问题，您可以应用软件程序自动为素材添加转场效果。

1. 勾选“自动添加转场效果”复选框

❶ 选择菜单栏中的“设置”|“参数选择”命令，❷ 弹出“参数选择”对话框，切换至“编辑”选项卡，勾选“自动添加转场效果”复选框。

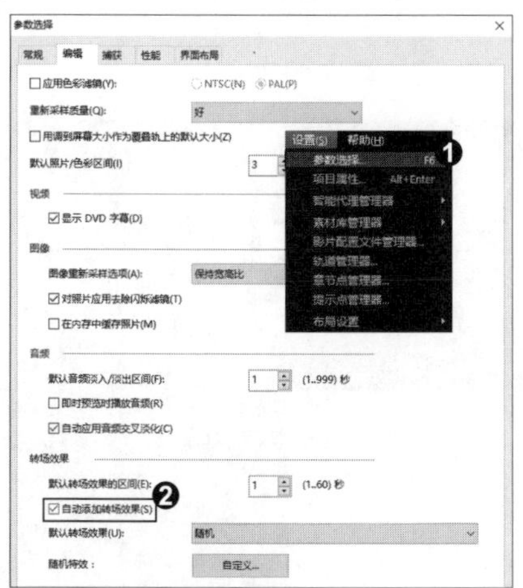

2. 自动添加转场

单击“确定”按钮，完成设置，在“时间轴”面板中添加两幅香蕉素材图像，则两幅图像之间将自动添加转场效果。

知识拓展

在会声会影中添加自动转场效果时，不仅可以设置“默认转场效果”为“随机”，也可以在“默认转场效果”列表框中选择其他的转场效果作为默认的转场效果。

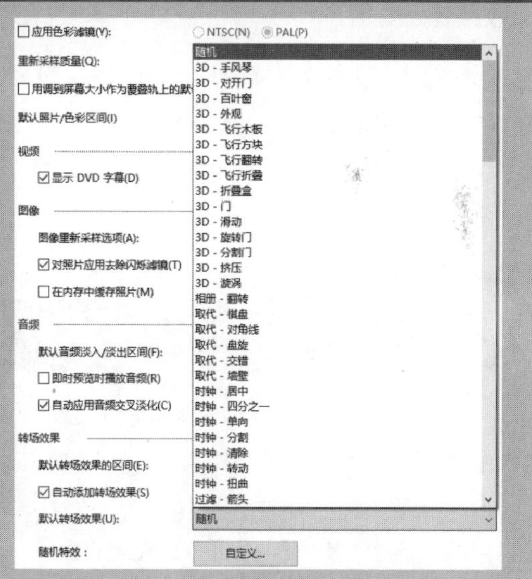

招式 155 收藏喜欢的转场效果

Q 在会声会影中包含了上百种转场效果，在运用这些转场效果时，需要到不同的素材库中去查找，费时又费力，您能教教我如何收藏喜欢的转场效果吗？

A 没问题，您可以使用收藏夹将常用的转场效果进行收藏。

1. 选择转场效果

❶ 在会声会影 X9 编辑器中，单击“转场”按钮AB，❷ 进入“转场”素材库，选择“手风琴”转场效果。

2. 选择“收藏夹”选项

❶ 然后右击，弹出快捷菜单，选择“添加到收藏夹”命令，❷ 添加完成后，单击画廊下三角按钮，在弹出的下拉列表中选择“收藏夹”选项。

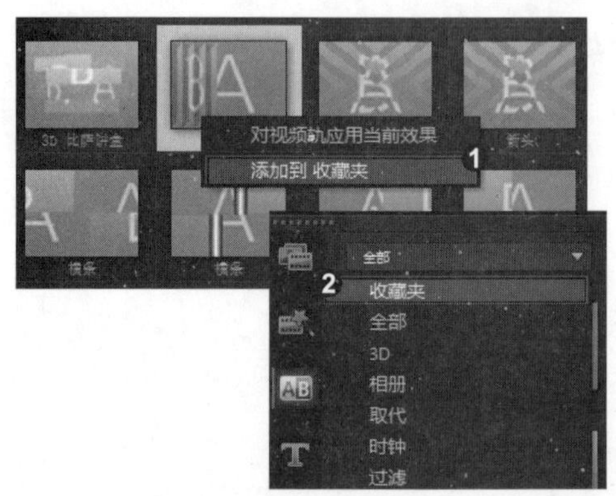

3. 收藏转场效果

切换到“收藏夹”素材库，此时“手风琴”转场效果已经被添加到收藏夹中。

知识拓展

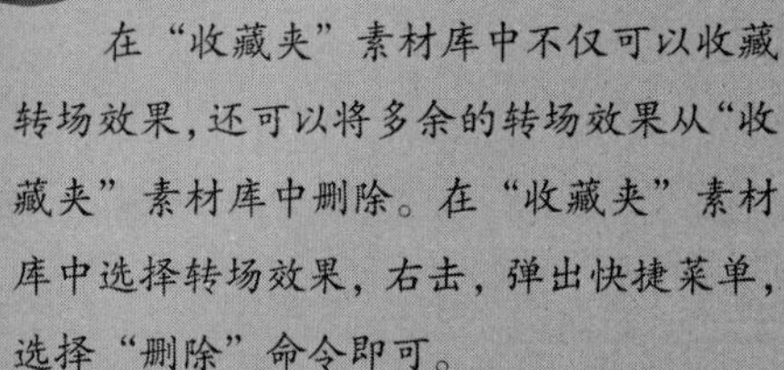

在“收藏夹”素材库中不仅可以收藏转场效果，还可以将多余的转场效果从“收藏夹”素材库中删除。在“收藏夹”素材库中选择转场效果，右击，弹出快捷菜单，选择“删除”命令即可。

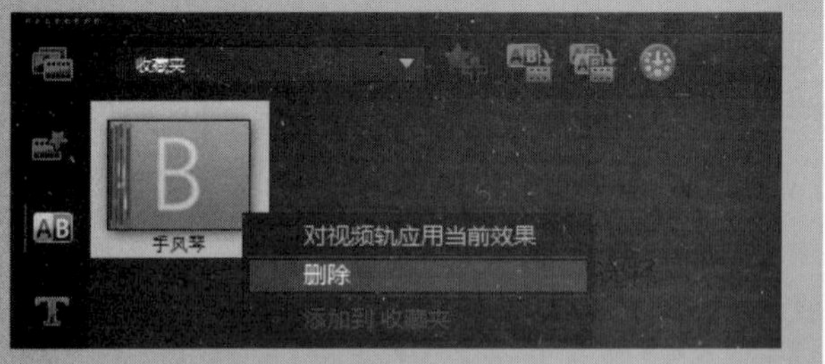

专家提示

除了可以通过使用快捷菜单命令收藏转场效果外，还可以在选择好转场效果后，直接在“转场”素材库中单击“添加到收藏夹”按钮。

招式 156 替换田园生活的转场效果

Q 在会声会影中，添加的转场效果没有达到预期的效果，想将该转场效果替换为其他的转场效果，您能教教我如何替换素材的转场效果吗？

A 没问题，您只要将重新选择的转场效果直接拖动到原有的转场效果上即可实现。

1. 选择 3D 选项

❶ 打开本书配备的“素材\第 7 章\招式 156　田园生活 .vsp”项目文件，❷ 单击“转场”按钮，进入“转场”素材库，在“全部”下拉列表中选择 3D 选项。

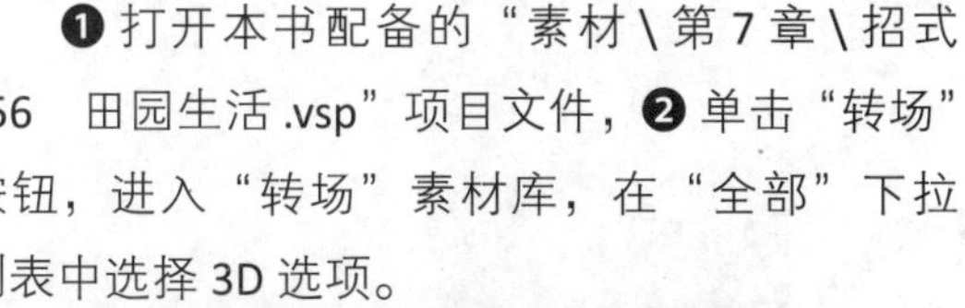

2. 替换转场效果

❶ 进入 3D 素材库，选择“滑动”转场效果，❷ 单击鼠标左键并进行拖曳，将其添加至视频轨道的转场效果上，释放鼠标左键，即可完成转场效果的替换操作。

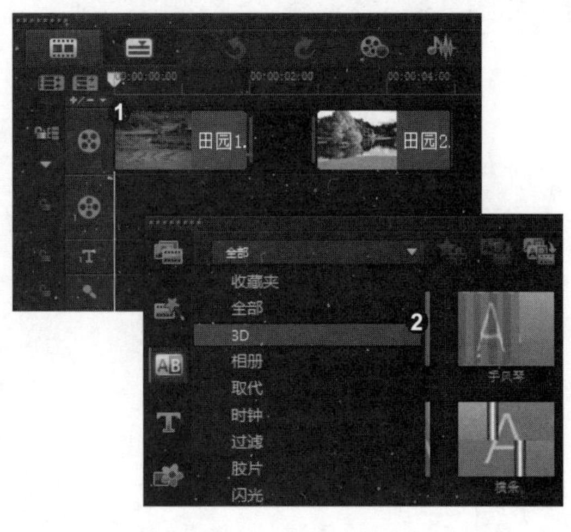

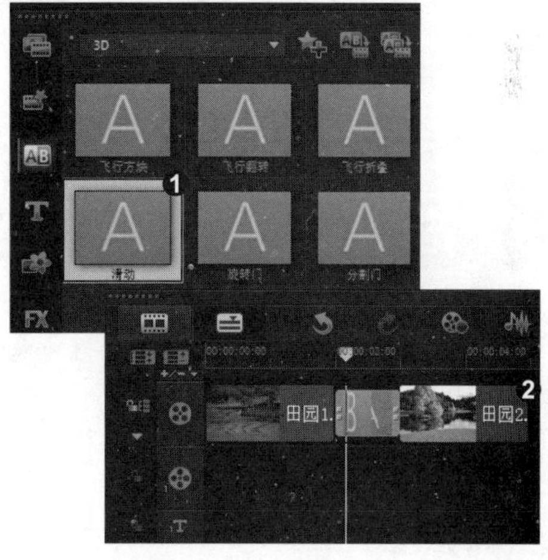

3. 预览转场效果

在导览面板中单击“播放”按钮，预览图像之间的转场效果。

知识拓展

在会声会影中替换转场效果时，用户不仅可以在“时间轴”面板中替换转场效果，还可以在“故事板”面板中替换转场效果。切换至“故事板”面板中，在“转场”素材库中选择需要替换的转场效果，单击鼠标并拖曳至“故事板”面板的转场效果上，释放鼠标左键即可。

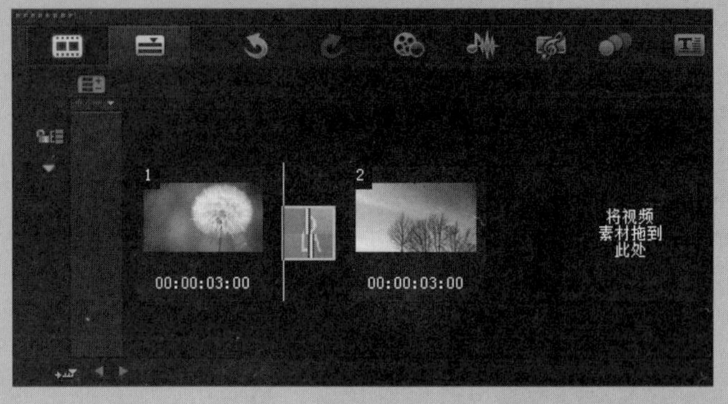

招式 157 移动油菜花的转场效果

Q 在会声会影中添加转场效果后，发现转场效果添加的位置不对，重新添加又很浪费时间，您能教教我如何处理吗？

A 没问题，您可以通过直接移动转场效果的位置来实现。

1. 拖曳转场效果

❶ 打开本书配备的“素材\第7章\招式157 油菜花.vsp”项目文件，❷ 选择转场效果，单击鼠标右键并拖曳转场效果。

2. 移动转场效果

将转场效果拖至“油菜花2”和“油菜花3”素材图像之间，释放鼠标左键，完成转场效果的移动操作。

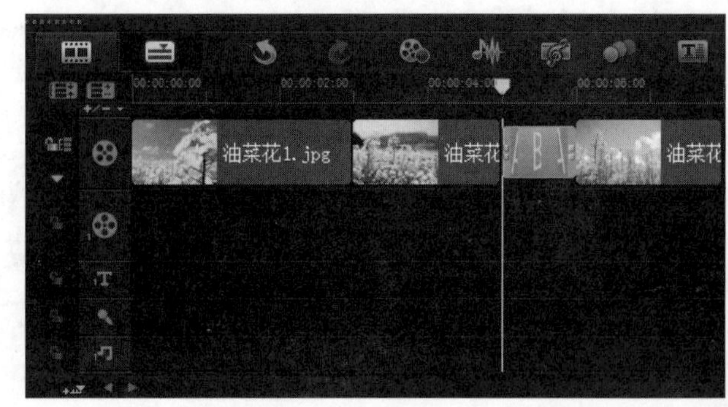

知识拓展

在会声会影中，用户不仅可以将转场效果移动至两个素材之间，还可以直接将转场效果添加至素材的开始位置。

招式 158 设置餐厅一角的转场方向

Q 在会声会影中添加转场效果后，总觉得转场效果的过渡方向不对，想重新调整一下，您能教教我如何设置素材的转场方向吗？

A 没问题，您可以在“转场”选项面板的“方向”选项组中进行设置。

1. 选择转场效果

❶ 打开本书配备的“素材 \ 第 7 章 \ 招式 158　餐厅一角 .vsp”项目文件，❷ 在“时间轴”面板的视频轨道上选择转场效果。

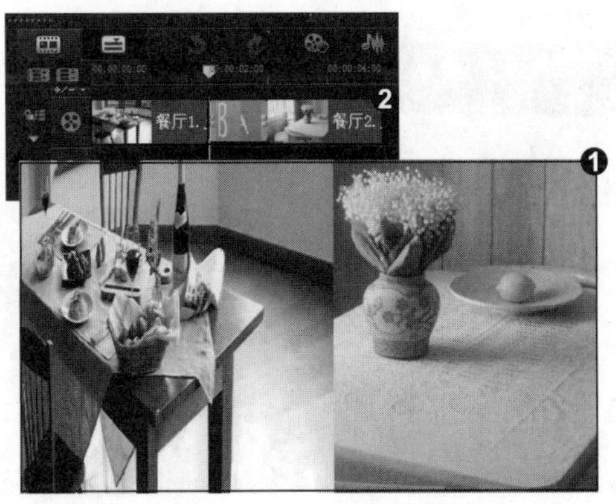

2. 设置转场方向

❶ 双击鼠标左键，进入“转场”选项面板，单击“转向下方”按钮，即可设置转场方向，❷ 在导览面板中单击“播放”按钮，预览转场效果。

知识拓展

"转场"选项面板的"方向"选项组中包含多种方向，不仅可以将"方向"设置为"转向下方"，还可以将其设置为转向其他方向。❶ 在"转场"选项面板中的"方向"选项组中单击"转向右边"按钮，❷ 即可将转场方向设置为开始向右边运动转场效果。

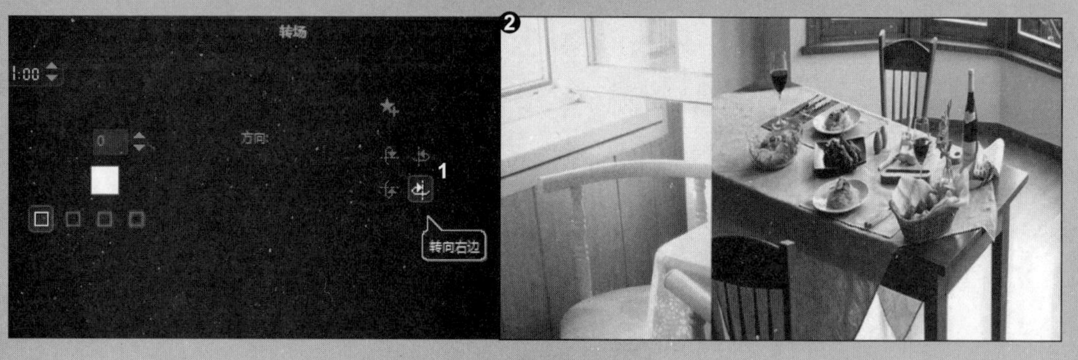

招式 159 设置春暖花开的转场边框

Q 在会声会影中添加转场效果后，想为转场效果设置相应的边框大小，以突出显示转场效果，您能教教我如何设置素材的转场边框效果吗？

A 没问题，您可以在"转场"选项面板中设置"边框"参数。

1. 选择转场效果

❶ 打开本书配备的"素材\第7章\招式159 春暖花开.vsp"项目文件，❷ 在"时间轴"面板中选择视频轨道中的转场效果。

2. 设置转场边框效果

❶ 双击鼠标左键，打开"转场"选项面板，修改"边框"参数为2，即可为转场效果添加边框，❷ 在导览面板中单击"播放"按钮，预览转场边框效果。

知识拓展

在会声会影中不仅可以为转场效果添加边框，还可以为边框添加柔化边缘效果。❶ 在“转场”选项面板中的“柔化边缘”选项组中，单击“强柔化边缘”按钮，❷ 即可为转场的边框添加柔化边缘效果。

招式 160　设置春暖花开的转场色彩

Q 在设置转场效果时，不仅需要设置转场的边框效果，还需要设置转场边框的素材，以制作出更具有美感的影片效果，您能教教我如何设置吗？

A 没问题，您可以通过在“转场”选项面板中修改边框的色彩来实现。

1. 选择绿色

❶ 打开上一招式保存的效果项目文件，选择“时间轴”面板上的转场效果，❷ 双击鼠标左键，打开“转场”选项面板，单击“色彩”颜色块，打开颜色面板，选择绿色。

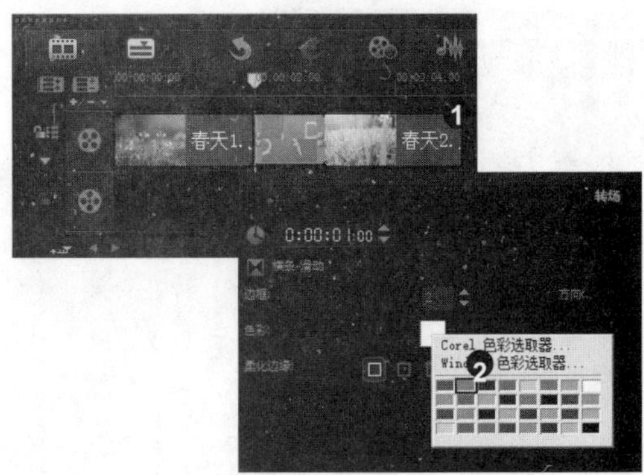

2. 设置转场色彩

此时，即可完成转场边框色彩的设置，在导览面板中单击“播放”按钮，预览设置转场色彩后的图像效果。

知识拓展

在设置转场的色彩时，不仅可以使用颜色面板中已有的颜色进行设置，还可以通过色彩选取器重新选择其他的颜色。❶ 在“转场”选项面板的颜色面板中选择“Corel 色彩选取器”选项，弹出“Corel 色彩选取器”对话框，在其中进行颜色的选取即可；❷ 在“转场”选项面板的颜色面板中选择“Windows 色彩选取器”选项，弹出“颜色”对话框，在其中进行颜色的选取即可。

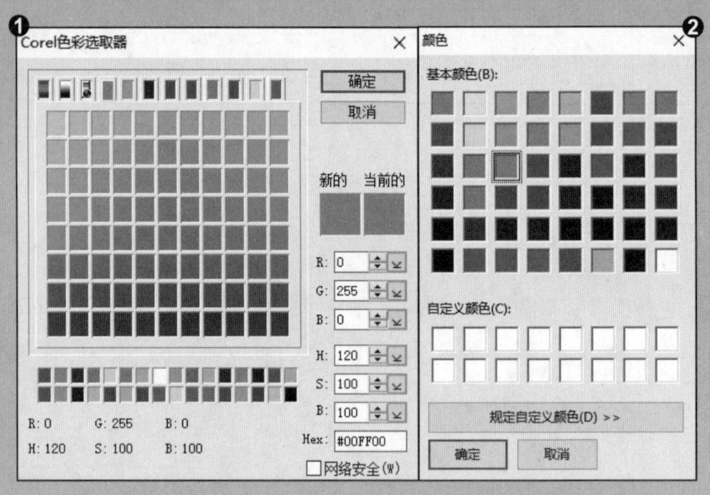

招式 161 设置蝶恋花的转场区间

Q 在添加转场效果后，默认的转场区间为1秒，但是总觉得时间太短，转场效果就没有了，您能教教我如何设置素材的转场时间吗？

A 没问题，您可以在“转场”选项面板中修改“区间”参数。

1. 修改“区间”参数

❶ 打开本书配备的“素材\第7章\招式161 蝶恋花.vsp”项目文件，在“时间轴”面板上，选择转场效果，❷ 双击鼠标左键，进入“转场”选项面板，修改“区间”参数为2秒。

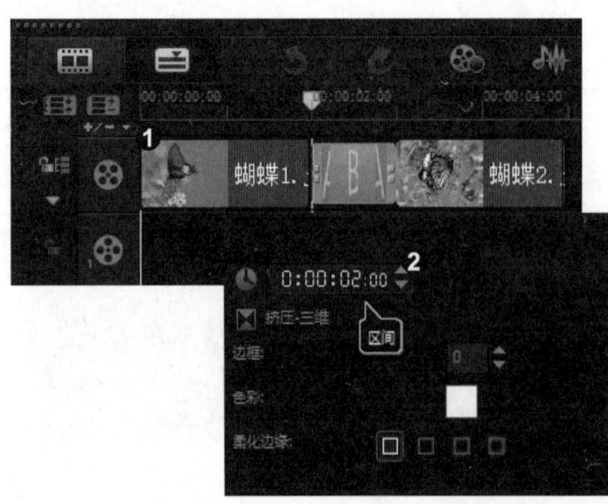

2. 设置转场时间

❶ 此时，即可完成转场时间的设置，在“时间轴”面板中显示出重新调整区间后的转场效果长度，❷ 在导览面板中单击“播放”按钮，即可预览转场效果。

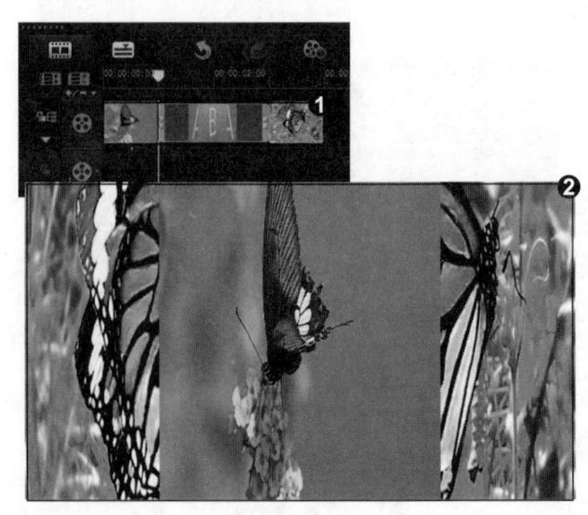

知识拓展

在设置转场的区间时，还可以设置默认的转场区间。❶ 在菜单栏中选择“设置”|“参数选择”命令，❷ 弹出“参数选择”对话框，在“转场效果”选项组中修改“默认转场效果的区间”参数为 3 秒，单击“确定”按钮即可。

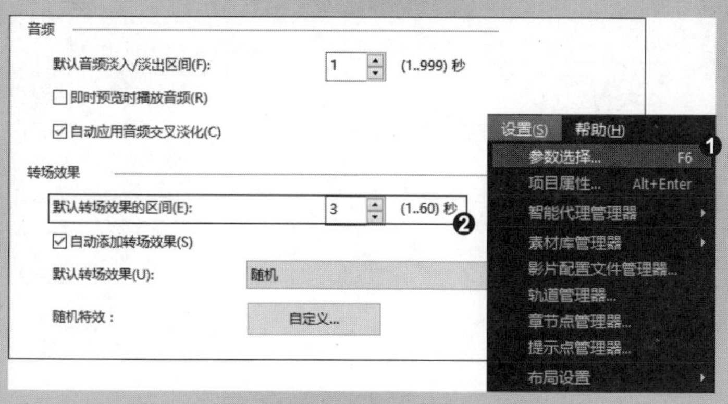

招式 162 为可爱兔子应用“漩涡”转场

Q 在会声会影中添加图像素材或视频素材后，想在素材之间添加类似模拟容器装入液体过程的过渡效果，您能教教我如何实现吗？

A 没问题，您可以通过为素材添加“漩涡”转场来实现。

1. 添加素材图像

❶ 在“时间轴”面板的视频轨道上添加两幅兔子素材图像，❷ 在“照片”选项面板中修改“重新采样选项”为“保持宽高比 (无字母框)”选项。

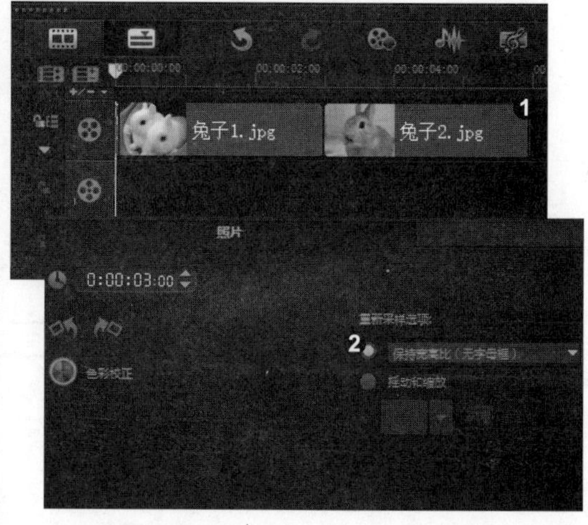

2. 选择“漩涡”转场效果

❶ 切换至“转场”素材库，单击画廊下三角按钮，展开下拉列表，选择 3D 选项，❷ 在 3D 素材库中选择“漩涡”转场效果。

3. 预览转场效果

单击鼠标左键并进行拖曳，将转场效果拖到素材与素材之间的位置上，单击导览面板上的“播放”按钮，预览转场效果。

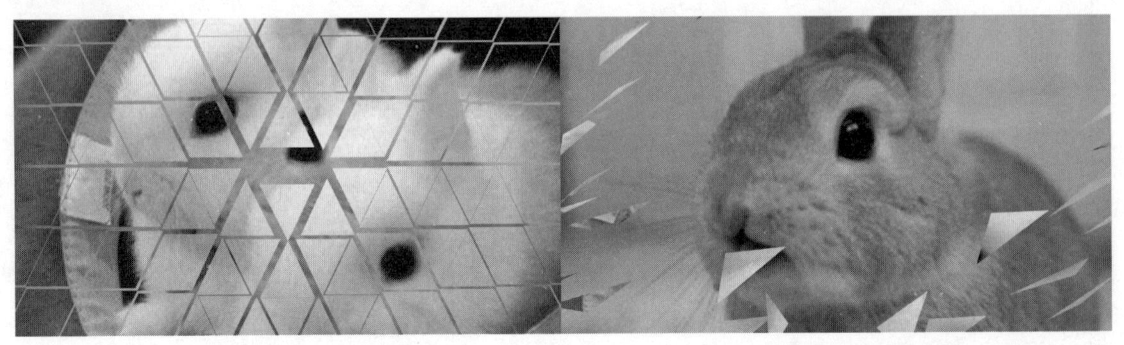

知识拓展

在添加了转场效果后，可以使用“自定义”功能对“漩涡”转场的形状进行重新调整。❶ 在“转场”选项面板中单击“自定义”按钮，❷ 弹出“漩涡－三维”对话框，在“形状”下拉列表中选择“矩形”选项，❸ 单击“确定”按钮，即可完成转场形状的更改操作。

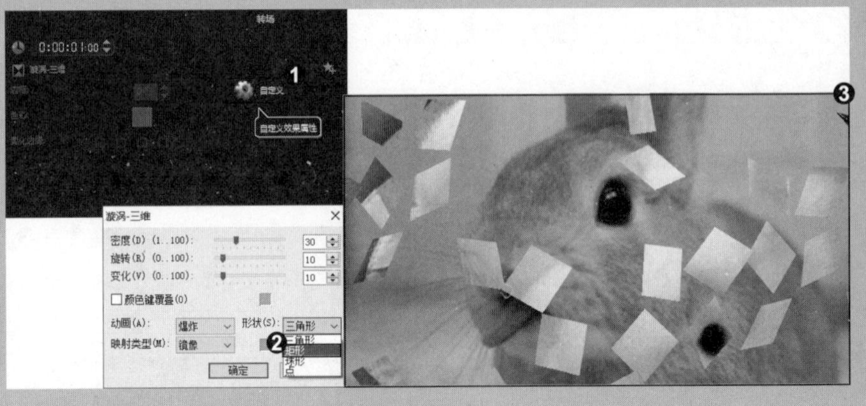

招式 163 为香浓咖啡应用“百叶窗”转场

Q 在会声会影中添加两个素材后，想使素材 A 以百叶窗翻转的方式进行过渡，以显示素材 B，您能教教我如何实现吗?

A 没问题，您可以通过为素材添加“百叶窗”转场来实现。

1. 添加素材图像

❶ 在“时间轴”面板的视频轨道中添加两幅咖啡素材图像，❷ 在“照片”选项面板中修改“重新采样选项”为“保持宽高比”选项。

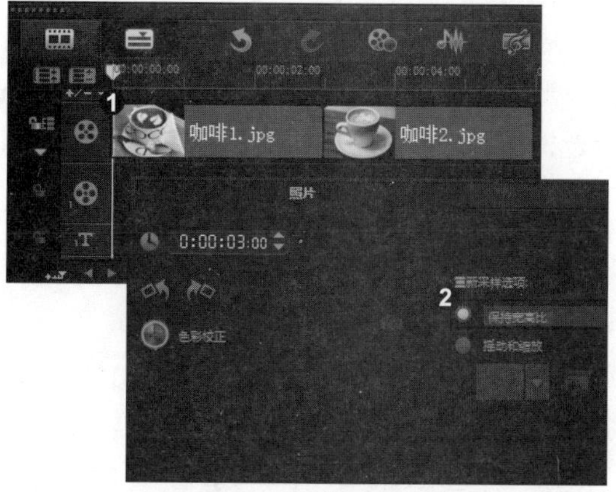

2. 选择“百叶窗”转场效果

❶ 切换至“转场”素材库，单击画廊下三角按钮，展开下拉列表，选择“擦拭”选项，❷ 在“擦拭”素材库中选择“百叶窗”转场效果。

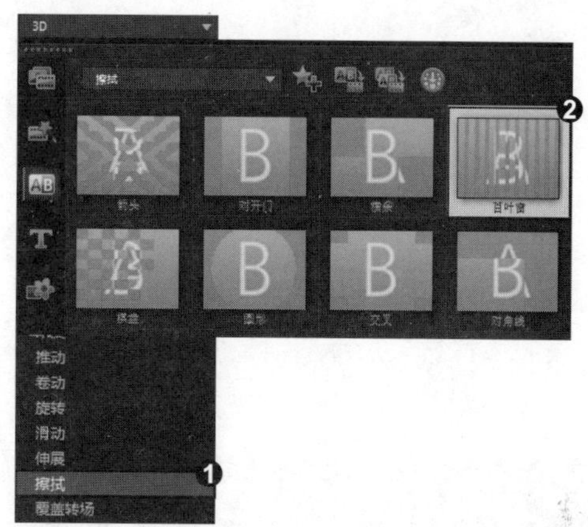

3. 预览转场效果

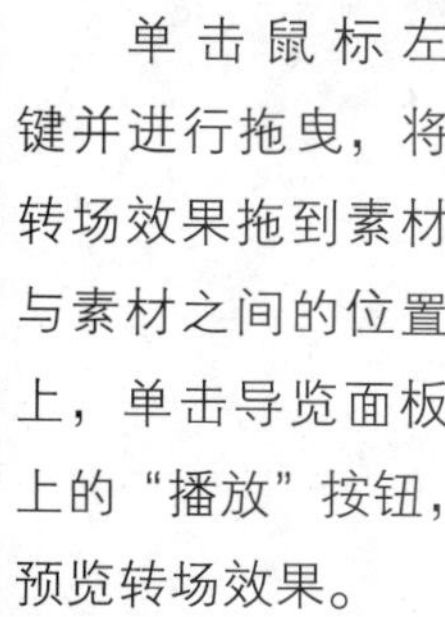

单击鼠标左键并进行拖曳，将转场效果拖到素材与素材之间的位置上，单击导览面板上的“播放”按钮，预览转场效果。

知识拓展

会声会影中的“百叶窗”功能十分强大，不仅可以添加“擦拭”素材库中的“百叶窗”转场效果，还可以添加3D素材库中的“百叶窗”转场效果，以得到不一样的转场效果。❶ 在3D素材库中选择“百叶窗”转场效果，❷ 单击鼠标左键并进行拖曳，将其添加至视频轨道中的素材图像之间即可。

招式 164 为猫咪运用“折叠盒”转场

Q 在会声会影中添加两个素材后，想将素材A折成长方体盒子，以显示素材B，您能教教我如何实现吗？

A 没问题，您可以通过为素材添加“折叠盒”转场来实现。

1. 添加素材图像

❶ 在“时间轴”面板的视频轨道中添加两幅猫咪素材图像，❷ 在“照片”选项面板中修改“重新采样选项”为“保持宽高比(无字母框)”选项。

2. 选择“折叠盒”转场效果

❶ 切换至“转场”素材库，单击画廊下三角按钮，展开下拉列表，选择3D选项，❷ 在3D素材库中选择“折叠盒”转场效果。

3. 预览转场效果

单击鼠标左键并进行拖曳，将转场效果拖到素材与素材之间的位置上，单击导览面板上的“播放”按钮，预览转场效果。

知识拓展

在应用“折叠盒”转场时，用户可以在“转场”选项面板的“方向”选项组中单击相应的按钮，重新调整转场的方向。

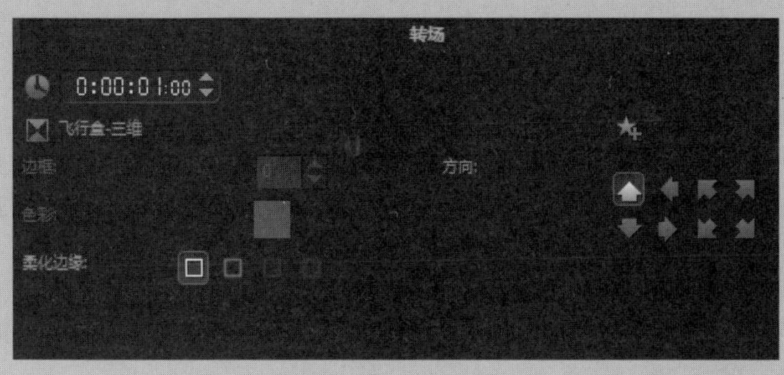

招式 165 为动漫少女应用“手风琴”转场

Q 在会声会影中添加两个素材后，想使素材 A 以单向拉上窗帘的方式进行过渡，以显示素材 B，您能教教我如何实现吗?

A 没问题，您可以通过为素材添加“手风琴”转场来实现。

1. 添加素材图像

❶ 在“时间轴”面板的视频轨道中添加两幅动漫素材图像，❷ 在“照片”选项面板中修改“重新采样选项”为“保持宽高比(无字母框)”选项。

2. 选择“手风琴”转场效果

❶ 切换至“转场”素材库，单击画廊下三角按钮，展开下拉列表，选择 3D 选项，❷ 在 3D 素材库中选择“手风琴”转场效果。

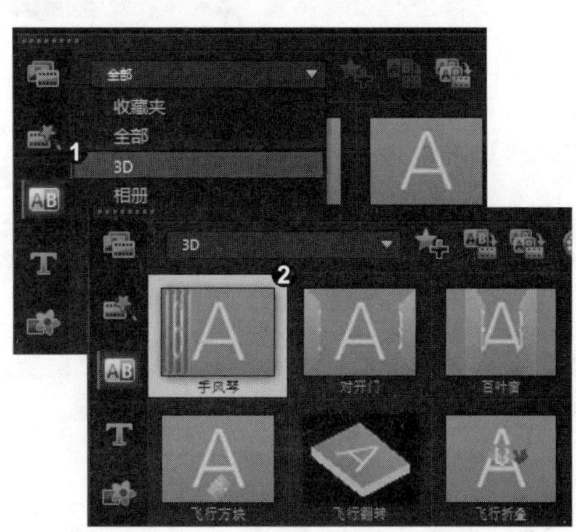

3. 预览转场效果

单击鼠标左键并进行拖曳，将转场效果拖到素材与素材之间的位置上，单击导览面板上的“播放”按钮，预览转场效果。

知识拓展

在添加了“手风琴”转场效果后，不仅可以设置转场效果从右到左进行过渡，还可以设置转场效果从左到右进行过渡。❶在“转场”选项面板的“方向”选项组中单击“由左到右”按钮，❷即可将转场效果从左向右进行过渡。

招式 166 为花纹应用“交叉淡化”转场

Q 在会声会影中添加两个素材后，想使素材A随着透明度降低而逐渐消失，最终显示素材B，您能教教我如何实现吗？

A 没问题，您可以通过为素材添加“交叉淡化”转场来实现。

1. 添加素材图像

❶ 在“时间轴”面板的视频轨道上添加两幅花纹素材图像，❷ 在“照片”选项面板中修改“重新采样选项”为“保持宽高比”选项。

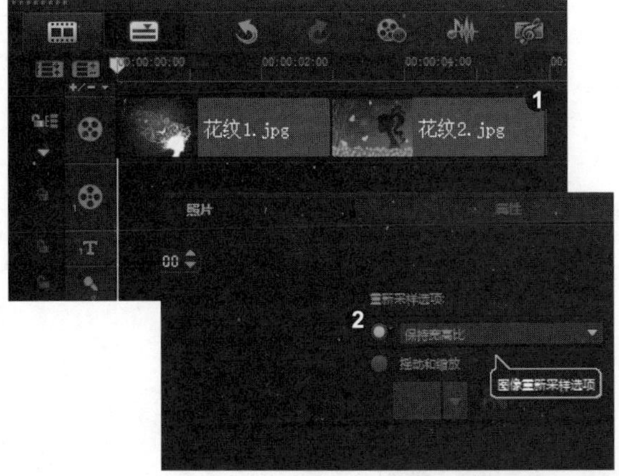

2. 选择“交叉淡化”转场效果

❶ 切换至“转场”素材库，单击画廊下三角按钮，展开下拉列表，选择“过滤”选项，❷ 在“过滤”素材库中选择“交叉淡化”转场效果。

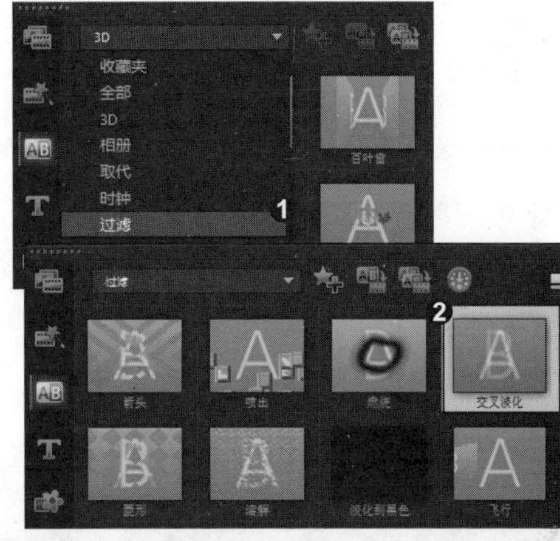

3. 预览转场效果

单击鼠标左键并进行拖曳，将转场效果拖到素材与素材之间的位置上，单击导览面板上的“播放”按钮，预览转场效果。

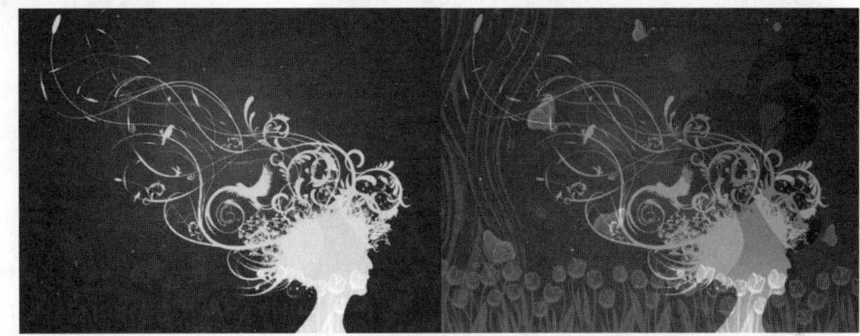

知识拓展

在为素材添加“淡化”类的转场效果时，用户不仅可以添加“交叉淡化”转场效果进行透明度过渡，还可以添加“淡化到黑色”转场效果进行黑色过渡。❶ 在“过滤”素材库中选择“淡化到黑色”转场效果，❷ 单击鼠标左键并进行拖曳，将其添加至素材之间，然后预览转场效果即可。

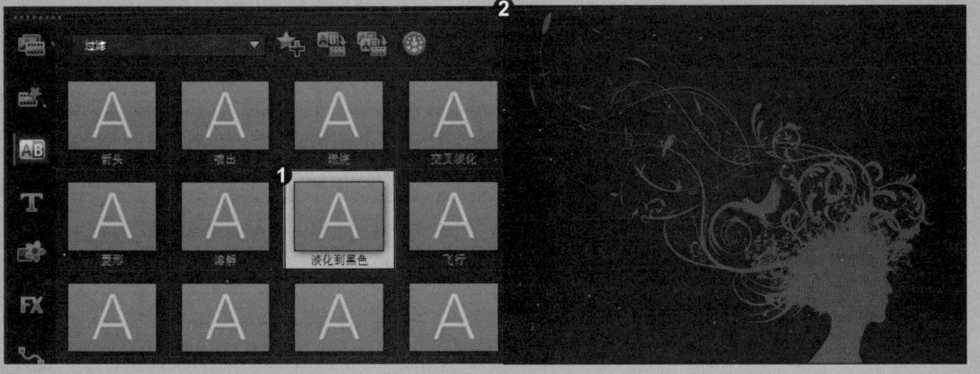

招式 167 为星际天空应用“喷出”转场

Q 在会声会影中添加两个素材后，想使素材A以一种方形喷出的方式逐渐向外扩散消失，最终显示出素材B，您能教教我如何实现吗?

A 没问题，您可以通过为素材添加“喷出”转场来实现。

1. 添加素材图像

❶ 在“时间轴”面板的视频轨道上添加两幅星际素材图像，❷ 在“照片”选项面板中修改“重新采样选项”为“保持宽高比(无字母框)”选项。

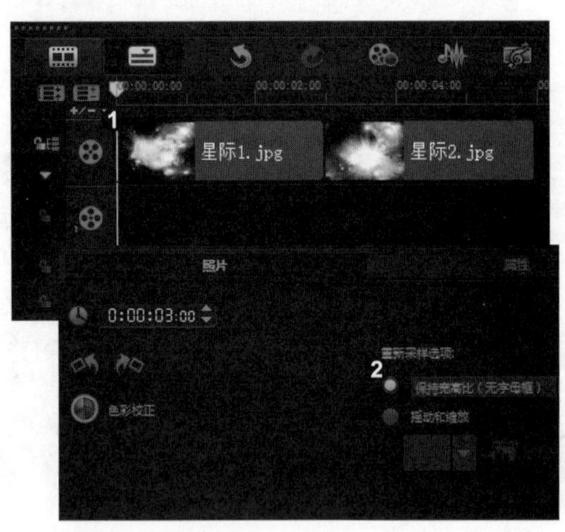

2. 选择“喷出”转场效果

❶ 切换至“转场”素材库，单击画廊下三角按钮，展开下拉列表，选择“过滤”选项，❷ 在“过滤”素材库中选择“喷出”转场效果。

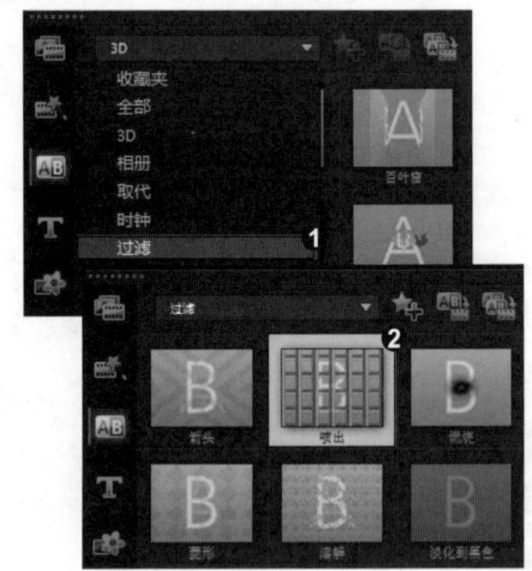

3. 预览转场效果

单击鼠标左键并进行拖曳，将转场效果拖到素材与素材之间的位置上，单击导览面板上的“播放”按钮，预览转场效果。

知识拓展

在会声会影中，用户不仅可以添加“喷出”转场效果制作出素材向外扩散逐渐消失的过渡效果，还可以添加“打碎”转场效果制作打碎素材并向外扩散逐渐消失的过渡效果。❶在“过滤”素材库中选择“打碎”转场效果，❷单击鼠标左键并进行拖曳，将其添加至素材之间，然后预览转场效果即可。

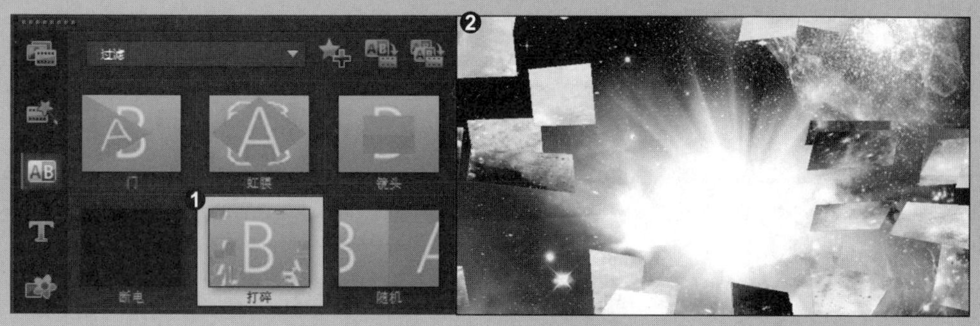

招式 168 为紫色爱情应用“飞行木板”转场

Q 在会声会影中添加两个素材后，想使素材 A 以一种飞行木板的方式逐渐消失，最终显示出素材 B，您能教教我如何实现吗？

A 没问题，您可以通过为素材添加“飞行木板”转场来实现。

1. 添加素材图像

❶在“时间轴”面板的视频轨道中添加两幅紫色爱情素材图像，❷在“照片”选项面板中修改“重新采样选项”为“保持宽高比 (无字母框)”选项。

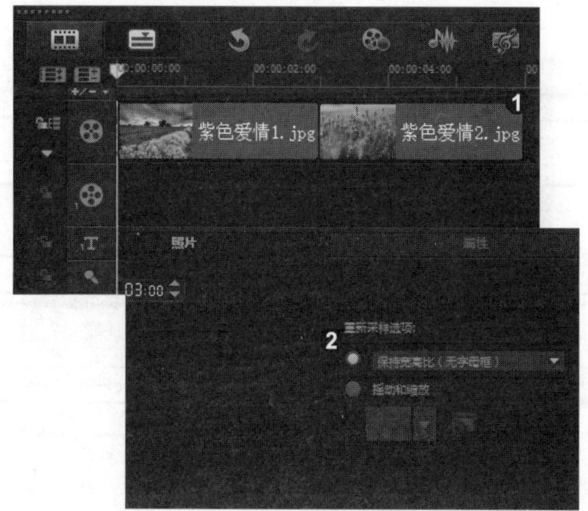

2. 选择“飞行木板”转场效果

❶切换至“转场”素材库，单击画廊下三角按钮，展开下拉列表，选择 3D 选项，❷在 3D 素材库中选择“飞行木板”转场效果。

3. 预览转场效果

单击鼠标左键并进行拖曳，将转场效果拖到素材与素材之间的位置上，单击导览面板上的“播放”按钮，预览转场效果。

知识拓展

会声会影中的“飞行”类转场效果有很多种，用户不仅可以添加“飞行木板”转场效果，还可以添加“飞行方块”转场效果。❶ 在3D素材库中选择“飞行方块”转场效果，❷ 单击鼠标左键并进行拖曳，将其添加至素材之间，然后预览转场效果即可。

招式 169 为美丽帆船应用“遮罩”转场

Q 在会声会影中添加两个素材后，想使素材A以被素材遮罩的方式逐渐消失，最终显示出素材B，您能教教我如何实现吗？

A 没问题，您可以通过为素材添加“遮罩”转场来实现。

1. 添加素材图像

❶ 在“时间轴”面板的视频轨道上添加两幅帆船素材图像，❷ 在“照片”选项面板中修改“重新采样选项”为“保持宽高比(无字母框)”选项。

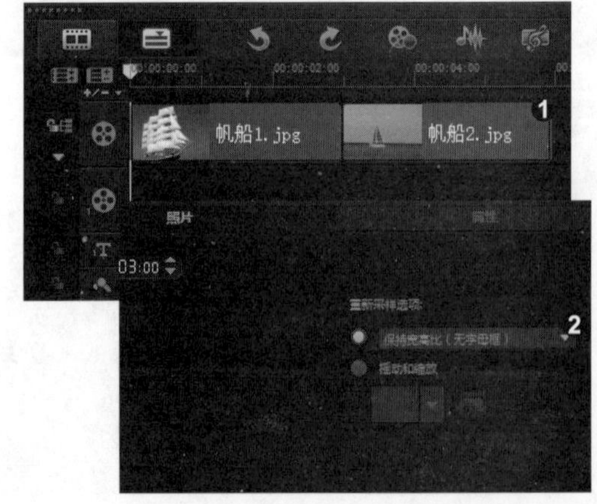

2. 选择“遮罩 A”转场效果

❶ 切换至“转场”素材库，单击画廊下三角按钮，展开下拉列表，选择“遮罩”选项，❷ 在“遮罩”素材库中选择“遮罩 A”转场效果。

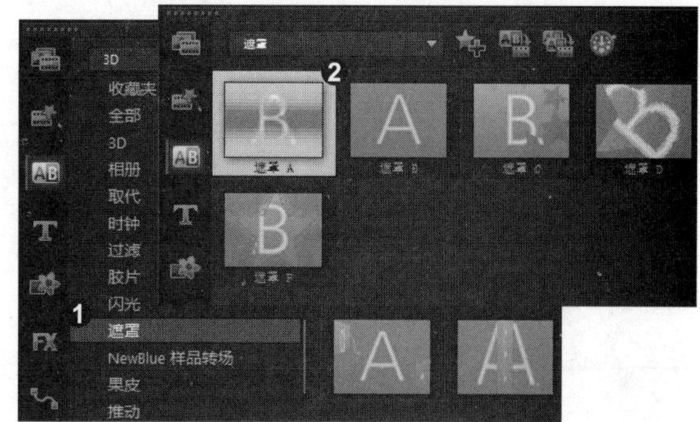

3. 预览转场效果

单击鼠标左键并进行拖曳，将转场效果拖到素材与素材之间的位置上，单击导览面板上的“播放”按钮，预览转场效果。

知识拓展

在会声会影的“遮罩”素材库中包含多种遮罩效果，用户可以根据不同的选择获得不同的遮罩效果。

招式 170 为桃花朵朵开应用“居中”转场

Q 在会声会影中添加两个素材后，想使素材 A 以居中的方式逐渐消失，最终显示出素材 B，您能教教我如何实现吗？

A 没问题，您可以通过为素材添加“居中”转场来实现。

1. 添加素材图像

❶ 在“时间轴”面板的视频轨道上添加两幅桃花素材图像，❷ 在“照片”选项面板中修改“重新采样选项”为“保持宽高比(无字母框)”选项。

2. 选择“居中”转场效果

❶ 切换至“转场”素材库，单击画廊下三角按钮，展开下拉列表，选择“覆盖转场”选项，❷ 在“覆盖转场”素材库中选择“居中”转场效果。

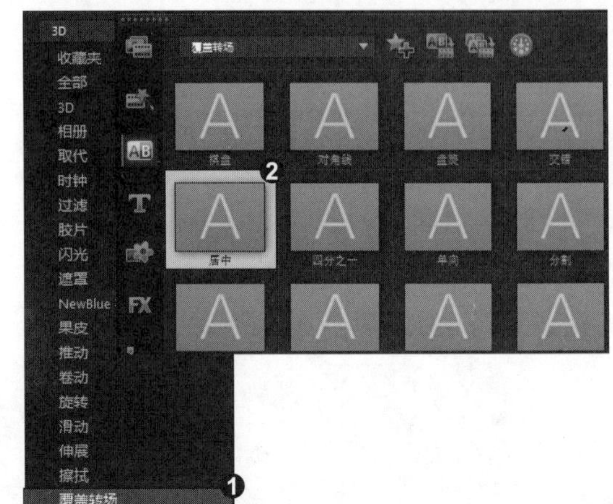

3. 预览转场效果

单击鼠标左键并进行拖曳，将转场效果拖到素材与素材之间的位置上，单击导览面板上的“播放”按钮，预览转场效果。

知识拓展

在会声会影中，用户不仅可以添加“居中”转场效果制作以中心点为基点将图像分成二分之一并逐渐消失的过渡效果，还可以添加“四分之一”转场效果制作以左上角点为基点将图像分为四分之一并逐渐消失的过渡效果。❶ 在“覆盖转场”素材库中，选择“四分之一”转场效果，❷ 单击鼠标左键并进行拖曳，将其添加至素材之间，然后预览转场效果即可。

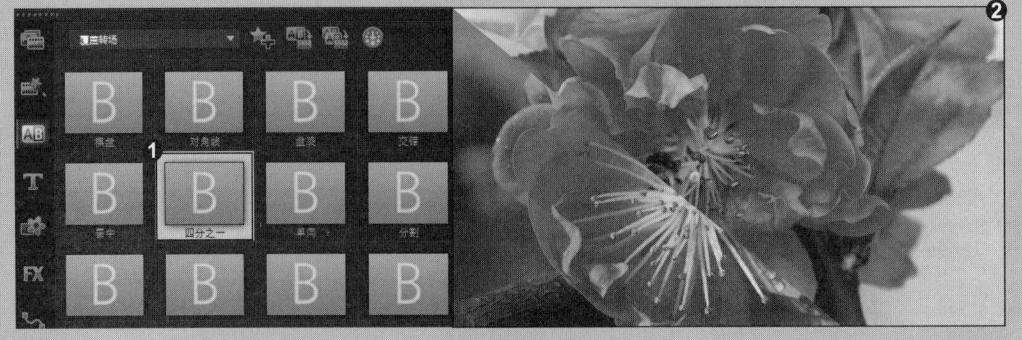

招式 171 为百合应用“扭曲”转场

Q 在会声会影中添加两个素材后，想使素材 A 以向四周卷动的方式将素材 B 逐渐显现出来，您能教教我如何实现吗?

A 没问题，您可以通过为素材添加“扭曲”转场来实现。

1. 添加素材图像

❶ 在“时间轴”面板的视频轨道上添加两幅百合素材图像，❷ 在“照片”选项面板中修改“重新采样选项”为“保持宽高比(无字母框)”选项。

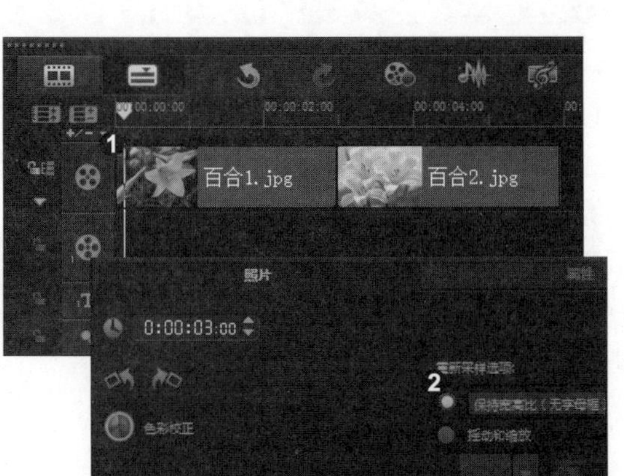

2. 选择“扭曲”转场效果

❶ 切换至“转场”素材库，单击画廊下三角按钮，展开下拉列表，选择“卷动”选项，❷ 在“卷动”素材库中选择“扭曲”转场效果。

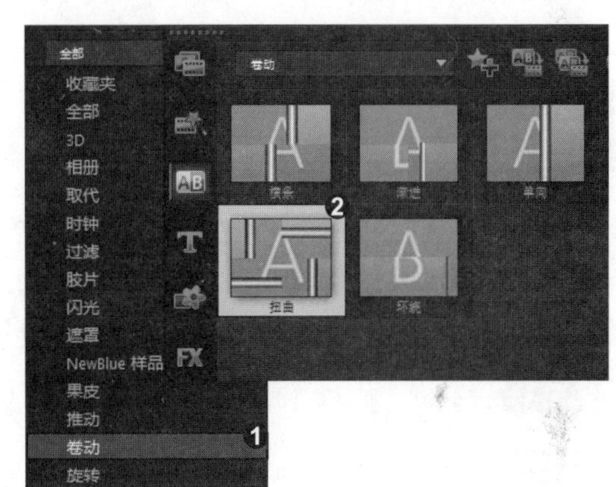

3. 预览转场效果

单击鼠标左键并进行拖曳，将转场效果拖到素材与素材之间的位置上，单击导览面板上的“播放”按钮，预览转场效果。

知识拓展

在会声会影中添加“扭曲”转场效果时，用户不仅可以添加“卷动”素材库中的“扭曲”转场效果，还可以添加“时钟”素材库中的“扭曲”转场效果。❶在“时钟”素材库中选择“扭曲”转场效果，❷单击鼠标左键并进行拖曳，将其添加至素材之间，然后预览转场效果即可。

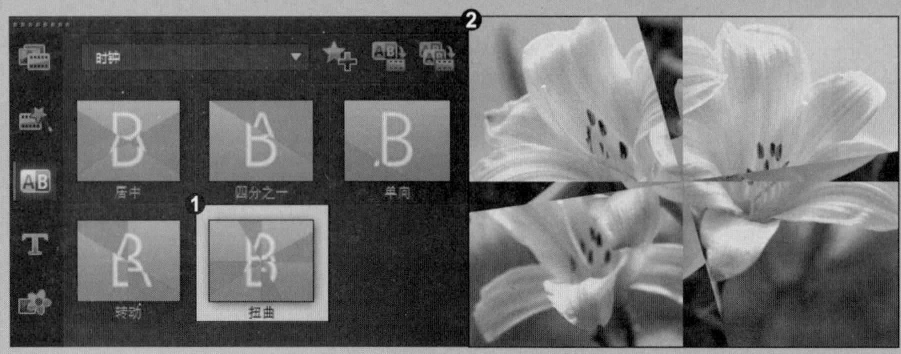

招式 172 为黄色花朵应用“转动”转场

Q 在会声会影中添加两个素材后，想使素材A以素材中心点向四周转动的方式将素材B逐渐显现出来，您能教教我如何实现吗？

A 没问题，您可以通过为素材添加“转动”转场来实现。

1. 添加素材图像

❶在“时间轴”面板的视频轨道上添加两幅黄色花朵素材图像，❷在“照片”选项面板中修改“重新采样选项”为“保持宽高比”选项。

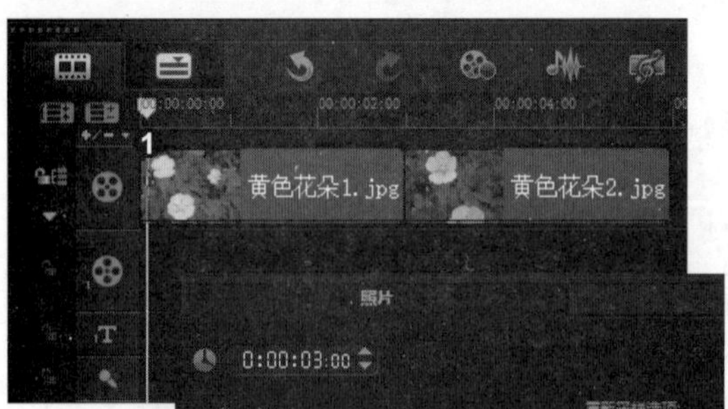

2. 选择“转动”转场效果

❶切换至“转场”素材库，单击画廊下三角按钮，展开下拉列表，选择“时钟”选项，❷在“时钟”素材库中选择“转动”转场效果。

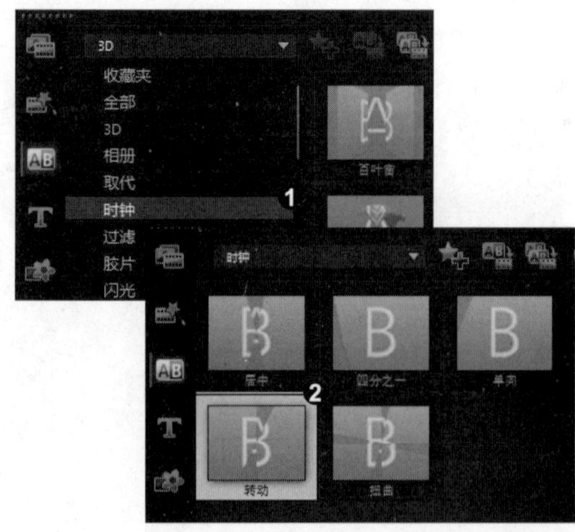

3. 预览转场效果

单击鼠标左键并进行拖曳，将转场效果拖到素材与素材之间的位置上，单击导览面板上的“播放”按钮，预览转场效果。

知识拓展

在会声会影中添加“转动”转场效果后，用户不仅可以按顺时针方向过渡素材，还可以单击“逆时针”按钮，以逆时针方向过渡素材。

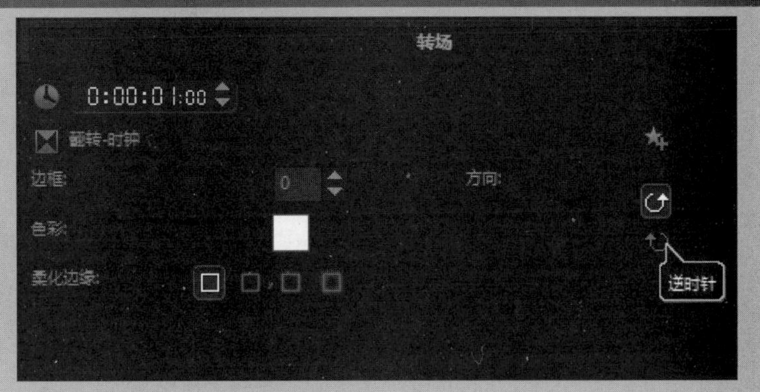

招式 173　为美丽荷花应用“单向”转场

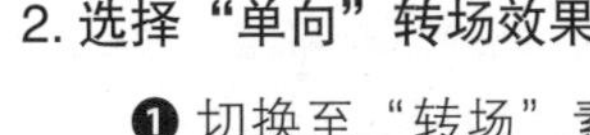

Q 在会声会影中添加两个素材后，想使素材 A 以徐徐展开的方式将素材 B 逐渐显现出来，您能教教我如何实现吗?

A 没问题，您可以通过为素材添加“单向”转场来实现。

1. 添加素材图像

❶ 在“时间轴”面板的视频轨道上添加两幅荷花素材图像，❷ 在“照片”选项面板中修改“重新采样选项”为“保持宽高比(无字母框)”选项。

2. 选择“单向”转场效果

❶ 切换至“转场”素材库，单击画廊下三角按钮，展开下拉列表，选择“推动”选项，❷ 在“推动”素材库中选择“单向”转场效果。

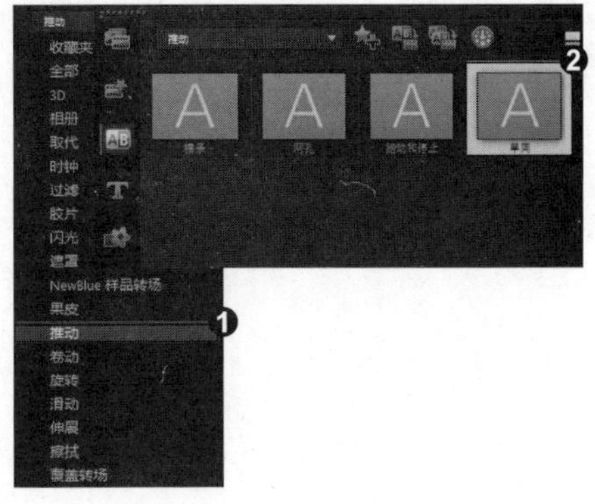

3. 预览转场效果

单击鼠标左键并进行拖曳，将转场效果拖到素材与素材之间的位置上，单击导览面板上的“播放”按钮，预览转场效果。

知识拓展

在会声会影中添加“单向”转场效果时，用户不仅可以添加“推动”素材库中的“单向”转场效果，还可以添加“卷动”素材库中的“单向”转场效果。❶ 在“卷动”素材库中选择“单向”转场效果，❷ 单击鼠标左键并进行拖曳，将其添加至素材之间，然后预览转场效果即可。

招式 174 为最美风景应用“流动”转场

Q 在会声会影中添加两个素材后，想使素材 A 以液体流动的方式将素材 B 逐渐显现出来，您能教教我如何实现吗？

A 没问题，您可以通过为素材添加“流动”转场来实现。

1. 添加素材图像

❶ 在“时间轴”面板的视频轨道上添加两幅美景素材图像，❷ 在“照片”选项面板中修改“重新采样选项”为“保持宽高比”选项。

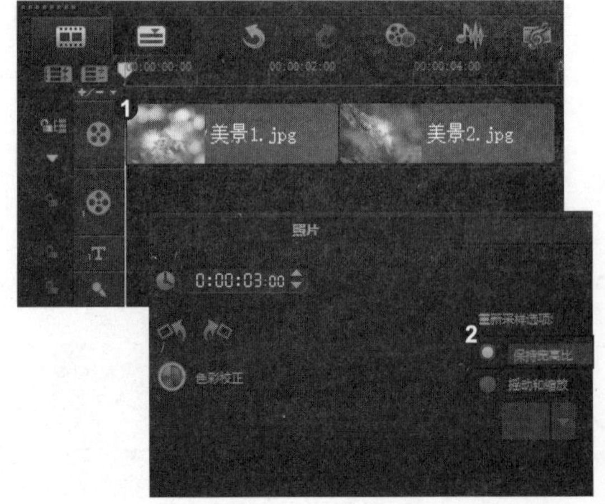

2. 选择“流动”转场效果

❶ 切换至“转场”素材库，单击画廊下三角按钮，展开下拉列表，选择“擦拭”选项，❷ 在“擦拭”素材库中选择“流动”转场效果。

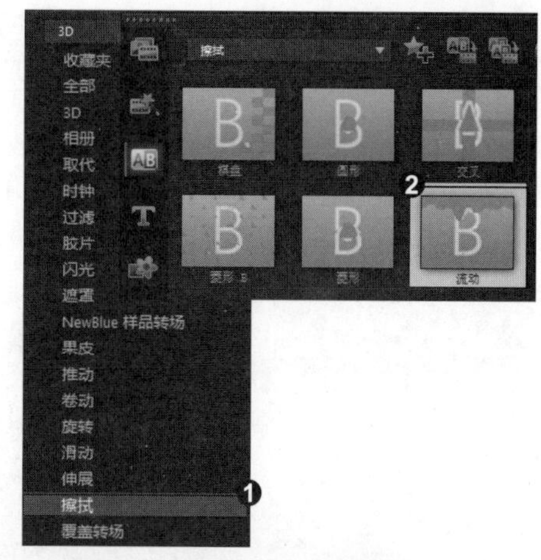

3. 预览转场效果

单击鼠标左键并进行拖曳，将转场效果拖到素材与素材之间的位置上，单击导览面板上的“播放”按钮，预览转场效果。

知识拓展

在为素材添加“擦拭”转场效果时，用户不仅可以添加“流动”转场效果，还可以添加“箭头”转场效果。❶ 在“擦拭”素材库中选择“箭头”转场效果，❷ 单击鼠标左键并进行拖曳，将其添加至素材之间，然后预览转场效果即可。

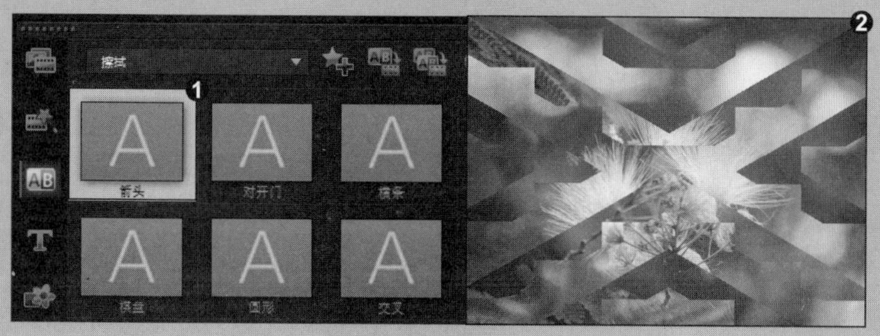

招式 175　为漂亮鹦鹉应用“条带”转场

Q 在会声会影中添加两个素材后，想使素材 A 以垂直条带分割的方式将素材 B 逐渐显现出来，您能教教我如何实现吗？

A 没问题，您可以通过为素材添加“条带”转场来实现。

1. 添加素材图像

❶ 在"时间轴"面板的视频轨道上添加两幅鹦鹉素材图像，❷ 在"照片"选项面板中修改"重新采样选项"为"保持宽高比"选项。

2. 选择"条带"转场效果

❶ 切换至"转场"素材库，单击画廊下三角按钮，展开下拉列表，选择"擦拭"选项，❷ 在"擦拭"素材库中选择"条带"转场效果。

3. 预览转场效果

单击鼠标左键并进行拖曳，将转场效果拖到素材与素材之间的位置上，单击导览面板上的"播放"按钮，预览转场效果。

知识拓展

在添加"条带"转场效果后，用户不仅可以设置垂直分割的方式，还可以设置水平分割的方式。❶ 在"转场"选项面板中单击"关闭 – 水平分割"按钮，❷ 即可以水平分割的方式过渡素材。

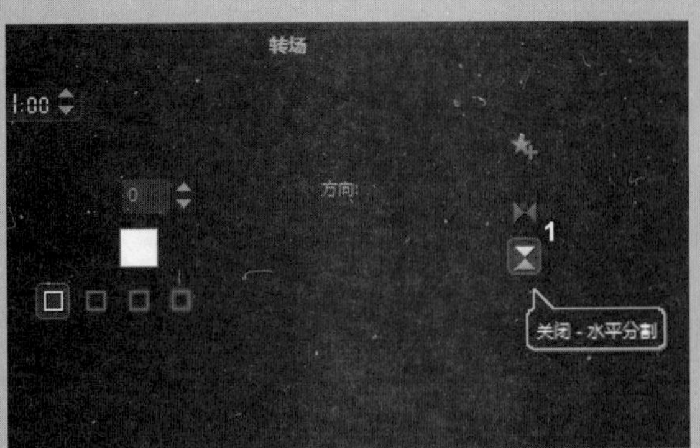

招式 176 为甜蜜牵手应用“泥泞”转场

Q 在会声会影中添加两个素材后，想使素材 A 以模拟泥泞流动的方式将素材 B 逐渐显现出来，您能教教我如何实现吗？

A 没问题，您可以通过为素材添加“泥泞”转场来实现。

1. 添加素材图像

❶ 在“时间轴”面板的视频轨道上添加两幅牵手素材图像，❷ 在“照片”选项面板中修改“重新采样选项”为“保持宽高比”选项。

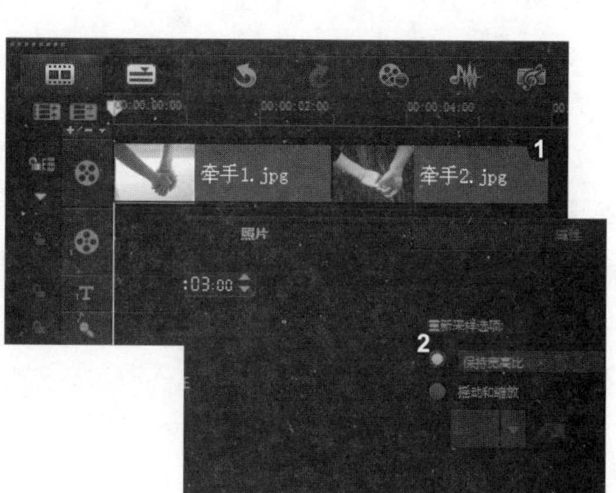

2. 选择“泥泞”转场效果

❶ 切换至“转场”素材库，单击画廊下三角按钮，展开下拉列表，选择“擦拭”选项，❷ 在“擦拭”素材库中选择“泥泞”转场效果。

3. 预览转场效果

单击鼠标左键并进行拖曳，将转场效果拖到素材与素材之间的位置上，单击导览面板上的“播放”按钮，预览转场效果。

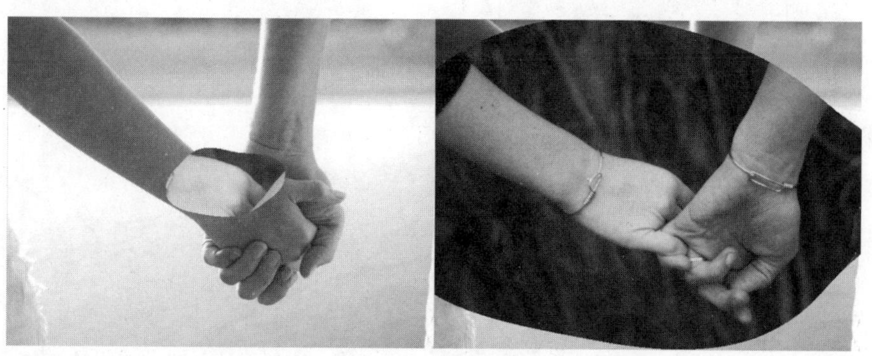

知识拓展

在添加了“泥泞”转场效果后，用户可以在“转场”选项面板中为转场效果添加边框和色彩效果，并可以对转场的边缘进行柔化操作。

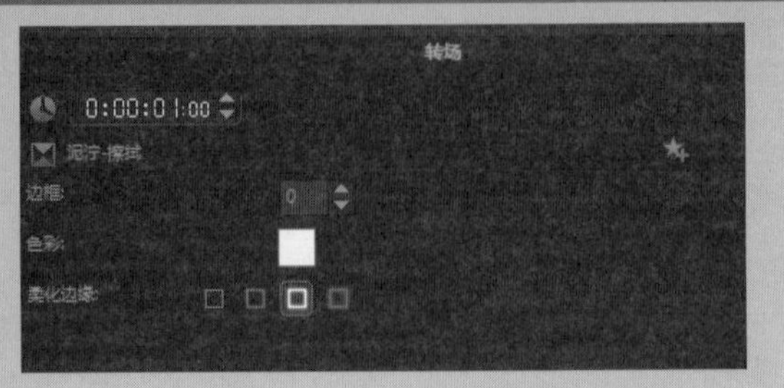

招式 177 为生日快乐应用“菱形”转场

Q 在会声会影中添加两个素材后，想使素材A以菱形的形式从内向外进行擦除，将素材B逐渐显现出来，您能教教我如何实现吗？

A 没问题，您可以通过为素材添加“菱形”转场来实现。

1. 添加素材图像

❶ 在“时间轴”面板的视频轨道上添加两幅生日素材图像，❷ 在“照片”选项面板中修改“重新采样选项”为“保持宽高比”选项。

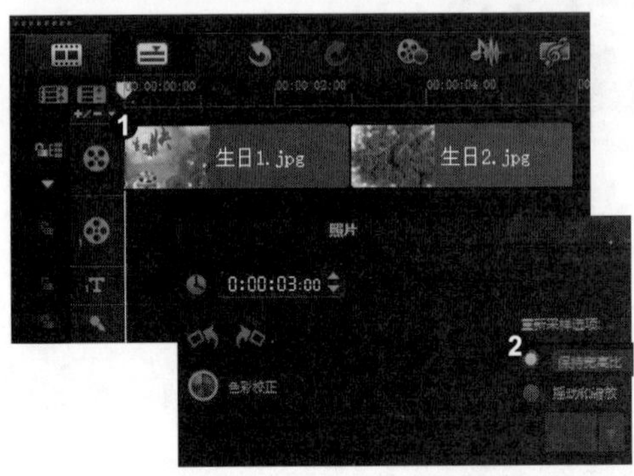

2. 选择“菱形A”转场效果

❶ 切换至“转场”素材库，单击画廊下三角按钮，展开下拉列表，选择“擦拭”选项，❷ 在“擦拭”素材库中选择“菱形A”转场效果。

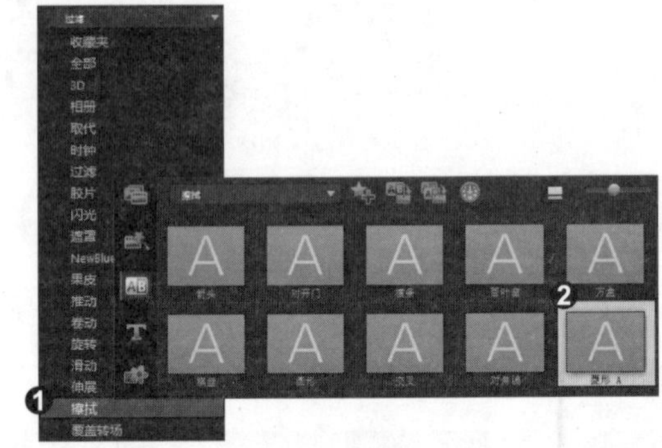

3. 预览转场效果

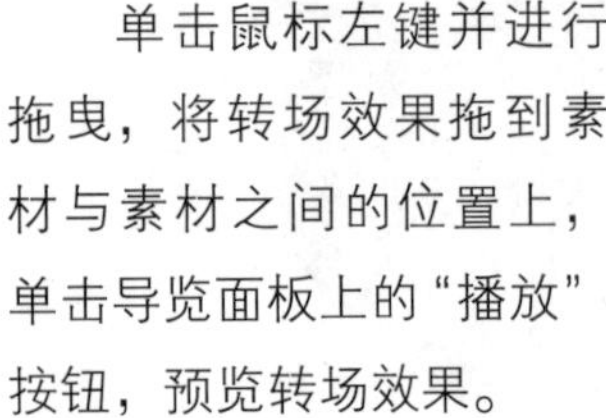

单击鼠标左键并进行拖曳，将转场效果拖到素材与素材之间的位置上，单击导览面板上的“播放”按钮，预览转场效果。

知识拓展

“擦拭”转场效果中包括“菱形A”和“菱形B”转场效果，用户不仅可以添加“菱形A”转场效果，还可以添加“菱形B”转场效果。❶在“擦拭”素材库中选择“菱形B”转场效果，❷单击鼠标左键并进行拖曳，将其添加至素材之间，然后预览转场效果即可。

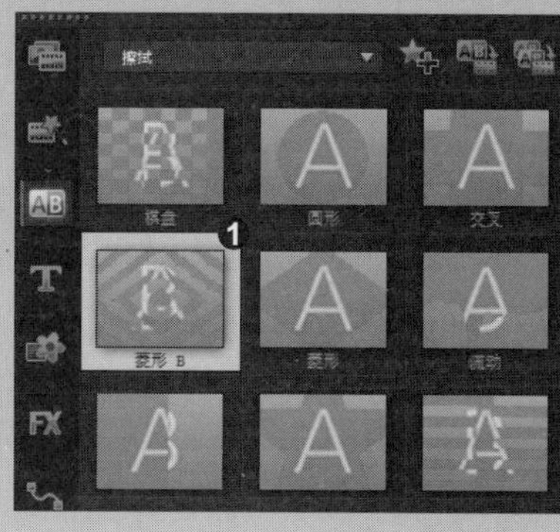

招式 178　为路边美景应用“3D 彩屑”转场

Q 在会声会影中添加两个素材后，想使素材 A 以三维彩色纸屑飞舞的方式将素材 B 逐渐显现出来，您能教教我如何实现吗?

A 没问题，您可以通过为素材添加“3D 彩屑”转场来实现。

1. 添加素材图像

❶在“时间轴”面板的视频轨道上添加两幅路边美景素材图像，❷在“照片”选项面板中修改“重新采样选项”为“保持宽高比(无字母框)”选项。

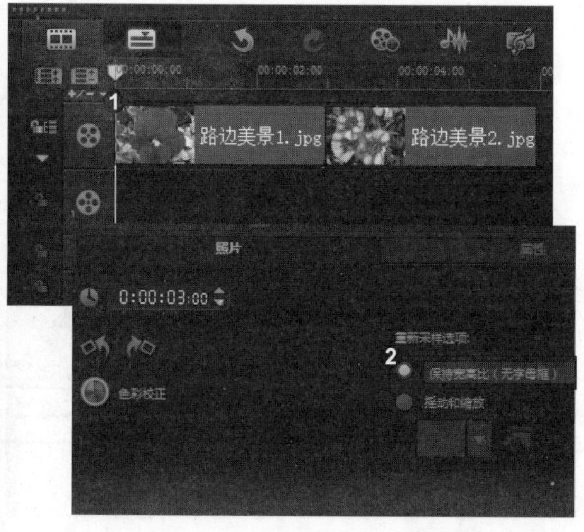

2. 选择“3D 彩屑”转场效果

❶切换至“转场”素材库，单击画廊下三角按钮，展开下拉列表，选择“NewBlue 样品转场”选项，❷在“NewBlue 样品转场”素材库中选择“3D 彩屑”转场效果。

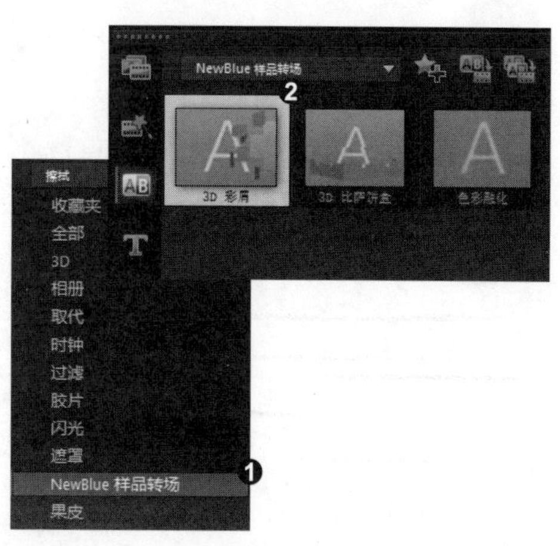

3. 预览转场效果

单击鼠标左键并进行拖曳，将转场效果拖到素材与素材之间的位置上，单击导览面板上的“播放”按钮，预览转场效果。

知识拓展

在添加了“3D彩屑”转场效果后，用户不仅可以使用默认的转场效果，还可以使用“自定义”功能设置其他的转场效果。❶通过“自定义”按钮，在“NewBlue 3D彩屑”对话框中选择“向东北吹”选项；❷或者在“NewBlue 3D彩屑”对话框中选择“树叶繁茂”选项。

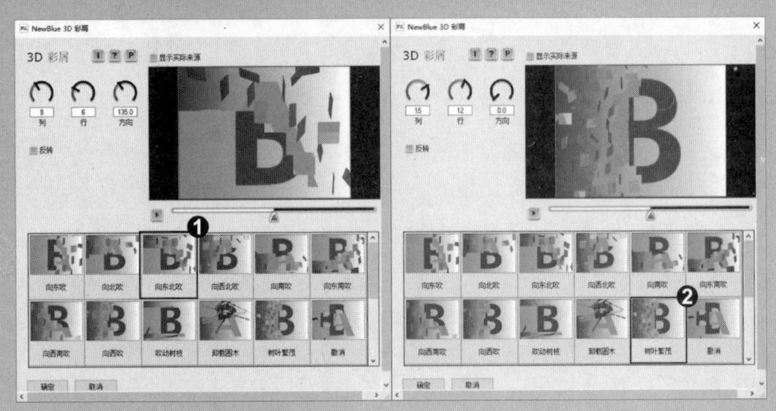

招式179 为美味点心应用“交叉”转场

Q 在会声会影中添加两个素材后，想使素材A以从外向内缓慢填充的方式将素材B逐渐显现出来，您能教教我如何实现吗？

A 没问题，您可以通过为素材添加“交叉”转场来实现。

1. 添加素材图像

❶在“时间轴”面板的视频轨道上添加两幅点心素材图像，❷在“照片”选项面板中修改“重新采样选项”为“保持宽高比(无字母框)”选项。

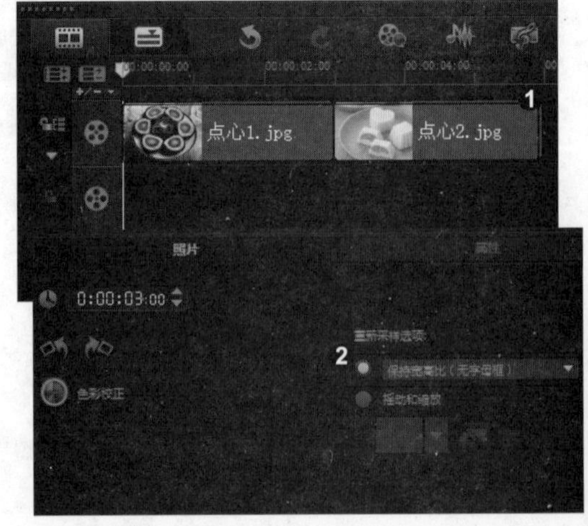

2. 选择“交叉”转场效果

❶ 切换至“转场”素材库，单击画廊下三角按钮，展开下拉列表，选择“胶片”选项，❷ 在“胶片”素材库中选择“交叉”转场效果。

3. 预览转场效果

单击鼠标左键并进行拖曳，将转场效果拖到素材与素材之间的位置上，单击导览面板上的“播放”按钮，预览转场效果。

知识拓展

在添加“交叉”转场效果时，用户不仅可以添加“胶片”素材库中的“交叉”转场效果，还可以添加“果皮”素材库中的“交叉”转场效果，这两个转场效果虽然名称一样，但其转场方式有一定的差异。❶ 在“果皮”素材库中选择“交叉”转场效果，❷ 单击鼠标左键并进行拖曳，将其添加至素材之间，然后预览转场效果即可。

招式 180 为浪漫樱花应用“拉链”转场

Q 在会声会影中添加两个素材后，想使素材 A 以拉链从右向左缓慢拉开的方式，将素材 B 逐渐显现出来，您能教教我如何实现吗？

A 没问题，您可以通过为素材添加“拉链”转场来实现。

1. 添加素材图像

❶ 在“时间轴”面板的视频轨道上添加两幅樱花素材图像，❷ 在“照片”选项面板中修改“重新采样选项”为“保持宽高比(无字母框)”选项。

2. 选择“拉链”转场效果

❶ 切换至“转场”素材库，单击画廊下三角按钮，展开下拉列表，选择“胶片”选项，❷ 在“胶片”素材库中选择“拉链”转场效果。

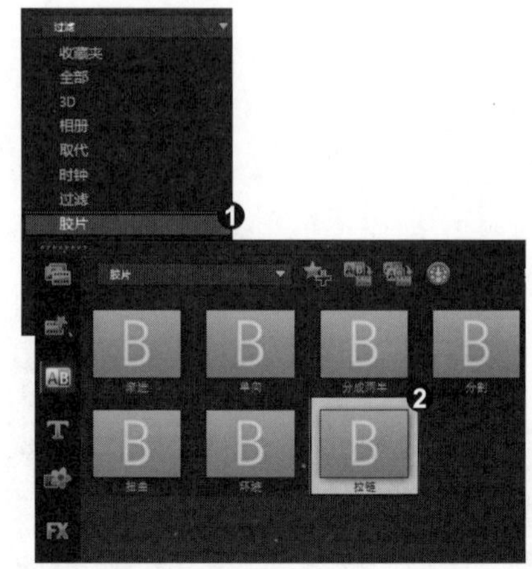

3. 预览转场效果

单击鼠标左键并进行拖曳，将转场效果拖到素材与素材之间的位置上，单击导览面板上的“播放”按钮，预览转场效果。

知识拓展

在添加了“拉链”转场效果后，默认情况下是以从右到左的方式进行过渡，用户还可以将过渡方式设置为从上到下进行过渡。❶ 选择“拉链”转场效果，双击鼠标左键，打开“转场”选项面板，单击“由上到下”按钮，❷ 即可更改转场的过渡方式，然后预览转场效果。

招式 181 为彩色糖果应用“飞去”转场

Q 在会声会影中添加两个素材后，想使素材 A 以向外飞走的方式将素材 B 逐渐显现出来，您能教教我如何实现吗?

A 没问题，您可以通过为素材添加“飞去”转场来实现。

1. 添加素材图像

❶ 在“时间轴”面板的视频轨道上添加两幅糖果素材图像，❷ 在“照片”选项面板中修改“重新采样选项”为“保持宽高比(无字母框)”选项。

2. 选择“飞去 A”转场效果

❶ 切换至“转场”素材库，单击画廊下三角按钮，展开下拉列表，选择“果皮”选项，❷ 在“果皮”素材库中选择“飞去 A”转场效果。

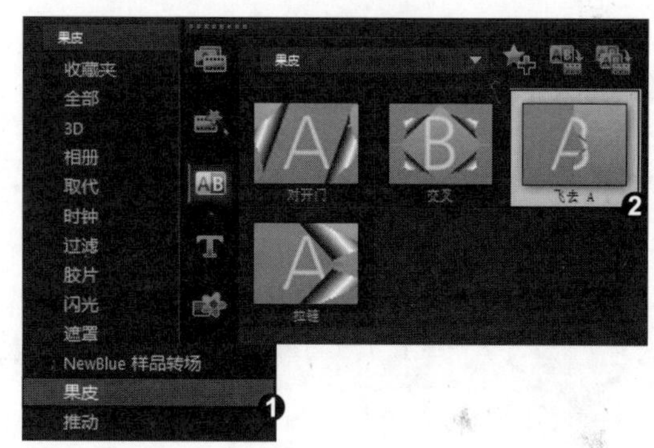

3. 预览转场效果

单击鼠标左键并进行拖曳，将转场效果拖到素材与素材之间的位置上，单击导览面板上的“播放”按钮，预览转场效果。

知识拓展

“飞去”转场效果包括“飞去 A”和“飞去 B”两种转场效果，用户不仅可以添加“飞去 A”转场效果，还可以添加“飞去 B”转场效果。❶ 在“果皮”素材库中选择“飞去 B”转场效果，❷ 单击鼠标左键并进行拖曳，将其添加至素材之间，然后预览转场效果即可。

招式 182 为真爱一生应用“横条”转场

Q 在会声会影中添加两个素材后，想使素材 A 以横条形状进行推动的方式将素材 B 逐渐显现出来，您能教教我如何实现吗？

A 没问题，您可以通过为素材添加“横条”转场来实现。

1. 添加素材图像

❶ 在“时间轴”面板的视频轨道上添加两幅真爱一生素材图像，❷ 在“照片”选项面板中修改“重新采样选项”为“保持宽高比 (无字母框)”选项。

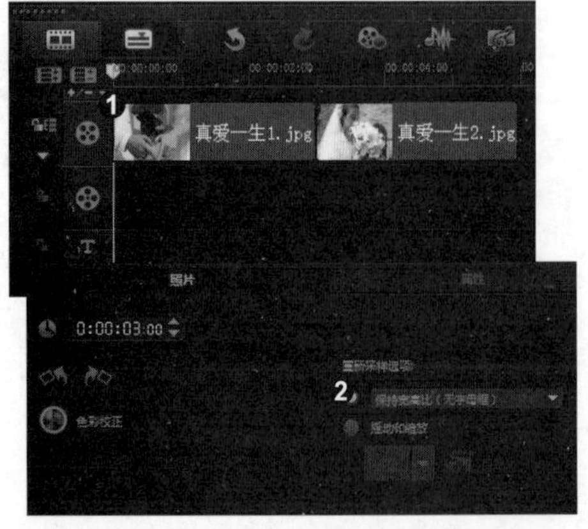

2. 选择“横条”转场效果

❶ 切换至“转场”素材库，单击画廊下三角按钮，展开下拉列表，选择“推动”选项，❷ 在“推动”素材库中选择“横条”转场效果。

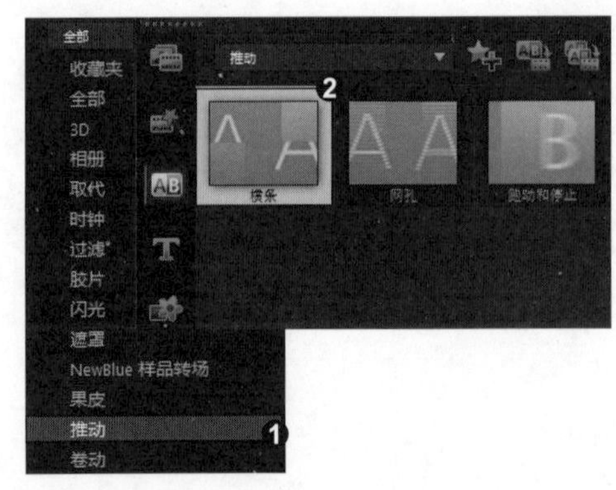

3. 预览转场效果

单击鼠标左键并进行拖曳，将转场效果拖到素材与素材之间的位置上，单击导览面板上的“播放”按钮，预览转场效果。

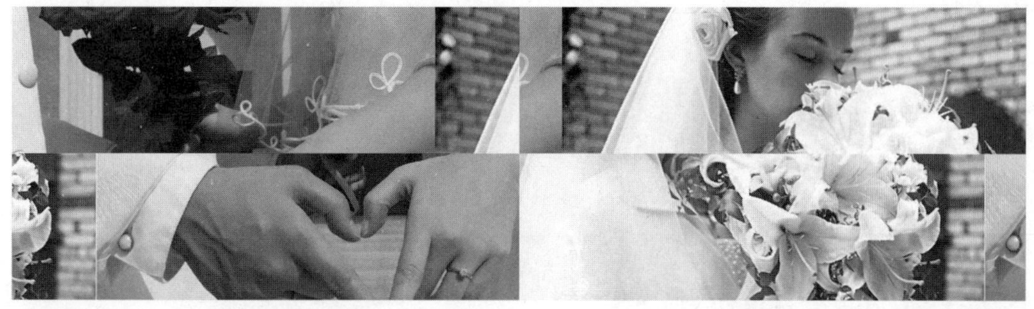

知识拓展

在添加“横条”转场效果时，用户不仅可以添加“推动”素材库中的“横条”转场效果，还可以添加“卷动”素材库中的“横条”转场效果，这两个转场效果虽然名称一样，但其转场方式有一定的差异。❶ 在“卷动”素材库中选择“横条”转场效果，❷ 单击鼠标左键并进行拖曳，将其添加至素材之间，然后预览转场效果即可。

★★★★★ 招式 183 为风车房子应用“对开门”转场

Q 在添加了背景素材和覆叠素材后，想使素材之间以对开门的形式来过渡，您能教教我如何实现吗？

A 没问题，您可以通过为素材添加“对开门”转场来实现。

1. 添加素材图像

❶ 在“时间轴”面板的视频轨道上添加两幅风车素材图像，❷ 在“照片”选项面板中修改“重新采样选项”为“保持宽高比(无字母框)”选项。

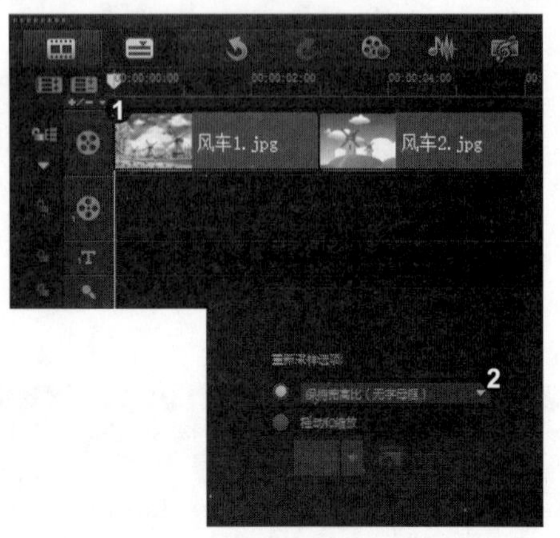

2. 选择“对开门”转场效果

❶ 切换至“转场”素材库，单击画廊下三角按钮，展开下拉列表，选择3D选项，❷ 在3D素材库中选择“对开门”转场效果。

3. 预览转场效果

单击鼠标左键并进行拖曳，将转场效果拖到素材与素材之间的位置上，单击导览面板上的“播放”按钮，预览转场效果。

知识拓展

在会声会影的“转场”素材库中包括6种“对开门”转场效果，虽然名称一样，但是其过渡方式有一定的差异，用户可以根据需要，选择自己喜欢的“对开门”转场效果。

招式 184 为携手一生应用“曲线淡化”转场

Q 在会声会影中添加两个素材后，想使素材 A 以曲线的形式随着透明度的降低而逐渐消失，最终显示出素材 B，您能教教我如何实现吗?

A 没问题，您可以通过为素材添加“曲线淡化”转场来实现。

1. 添加素材图像

❶ 在“时间轴”面板的视频轨道上添加两幅携手一生素材图像，❷ 在“照片”选项面板中修改“重新采样选项”为“保持宽高比”选项。

2. 选择“曲线淡化”转场效果

❶ 切换至“转场”素材库，单击画廊下三角按钮，展开下拉列表，选择“过滤”选项，❷ 在“过滤”素材库中选择“曲线淡化”转场效果。

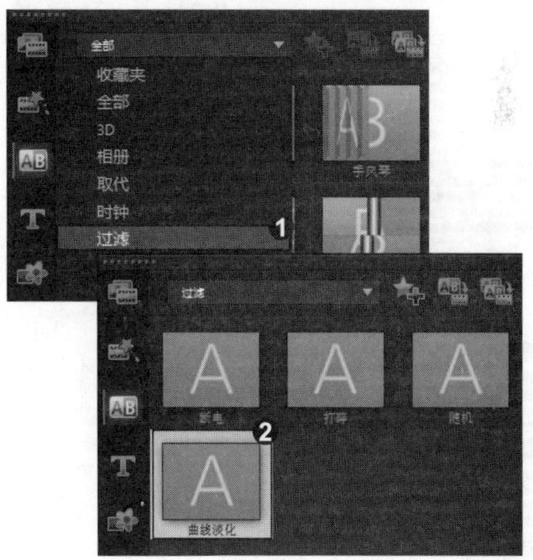

3. 预览转场效果

单击鼠标左键并进行拖曳，将转场效果拖到素材与素材之间的位置上，单击导览面板上的“播放”按钮，预览转场效果。

知识拓展

在会声会影中，“曲线淡化”转场效果和“之字形”转场效果非常相似，唯一的差别就是形状。因此，用户不仅可以添加“曲线淡化”转场效果，还可以添加“之字形”转场效果。❶在“擦拭”素材库中选择“之字形”转场效果，❷单击鼠标左键并进行拖曳，将其添加至素材之间，然后预览转场效果即可。

招式 185 为温馨的家应用“溶解”转场

Q 在会声会影中添加两个素材后，想使素材A以溶解的形式逐渐消失，最终显示出素材B，您能教教我如何实现吗？

A 没问题，您可以通过为素材添加“溶解”转场来实现。

1. 添加素材图像

❶在“时间轴”面板的视频轨道上添加两幅有关家的素材图像，❷在“照片”选项面板中修改“重新采样选项”为“保持宽高比”选项。

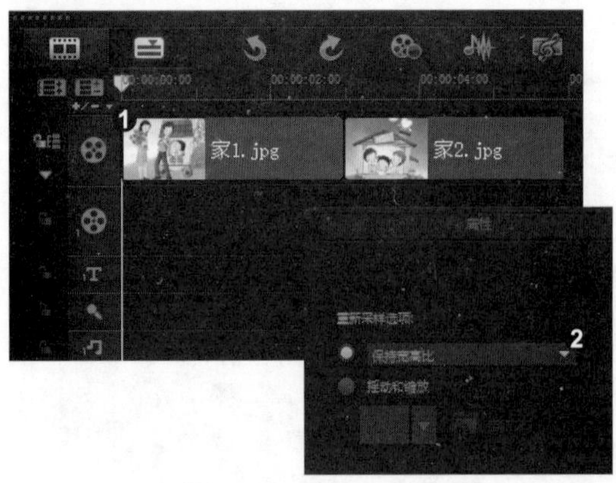

2. 选择“溶解”转场效果

❶切换至“转场”素材库，单击画廊下三角按钮，展开下拉列表，选择“过滤”选项，❷在“过滤”素材库中选择“溶解”转场效果。

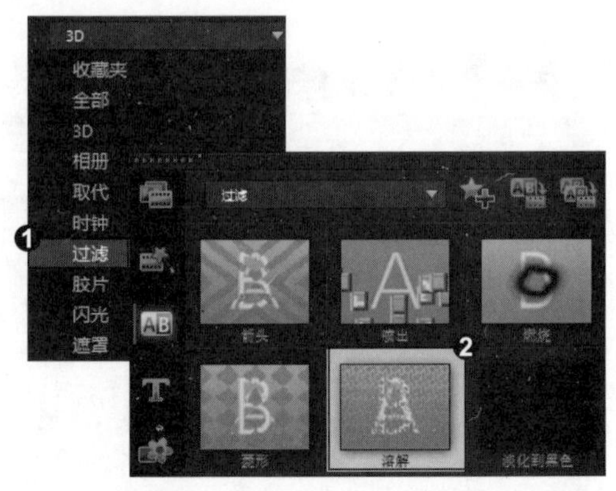

3. 预览转场效果

单击鼠标左键并进行拖曳，将转场效果拖到素材与素材之间的位置上，单击导览面板上的“播放”按钮，预览转场效果。

知识拓展

在添加了“溶解”转场效果后，只能以默认的方式进行过渡，不能进行边框添加、方向设置等操作。在“转场”选项面板中，所有选项都呈灰色显示。

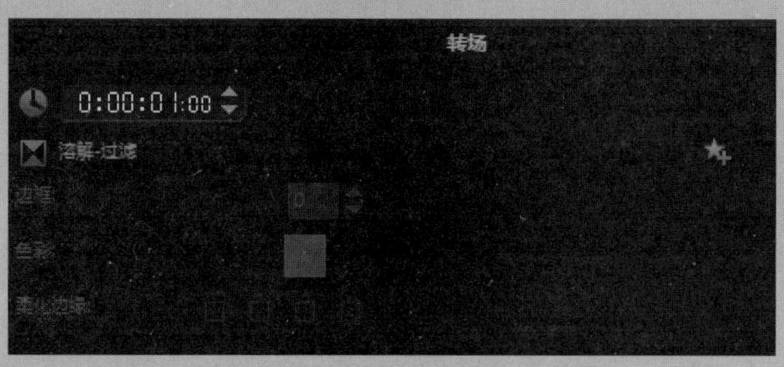

招式 186　为蓝天白云应用“环绕”转场

Q 在会声会影中添加两个素材后，想使素材A以环绕的形式显示出素材B，您能教教我如何实现吗？

A 没问题，您可以通过为素材添加“环绕”转场来实现。

1. 添加素材图像

❶ 在“时间轴”面板的视频轨道上添加两幅蓝天白云的素材图像，❷ 在“照片”选项面板中修改“重新采样选项”为“保持宽高比 (无字母框)”选项。

2. 选择“环绕”转场效果

❶ 切换至“转场”素材库，单击画廊下三角按钮，展开下拉列表，选择“胶片”选项，❷ 在“胶片”素材库中选择“环绕”转场效果。

3. 预览转场效果

单击鼠标左键并进行拖曳，将转场效果拖到素材与素材之间的位置上，单击导览面板上的“播放”按钮，预览转场效果。

知识拓展

在添加“环绕”转场效果时，用户不仅可以添加“胶片”素材库中的“环绕”转场效果，还可以添加“卷动”素材库中的“环绕”转场效果，这两个转场效果虽然名称一样，但其转场方式有一定的差异。❶ 在“卷动”素材库中选择“环绕”转场效果，❷ 单击鼠标左键并进行拖曳，将其添加至素材之间，然后预览转场效果即可。

招式 187 为浪漫夕阳应用"棋盘"转场

Q 在会声会影中添加两个素材后，想使素材 A 以棋盘的形式逐渐消失，从而显示出素材 B，您能教教我如何实现吗？

A 没问题，您可以通过为素材添加"棋盘"转场来实现。

1. 添加素材图像

❶ 在"时间轴"面板的视频轨道上添加两幅夕阳素材图像，❷ 在"照片"选项面板中修改"重新采样选项"为"保持宽高比(无字母框)"选项。

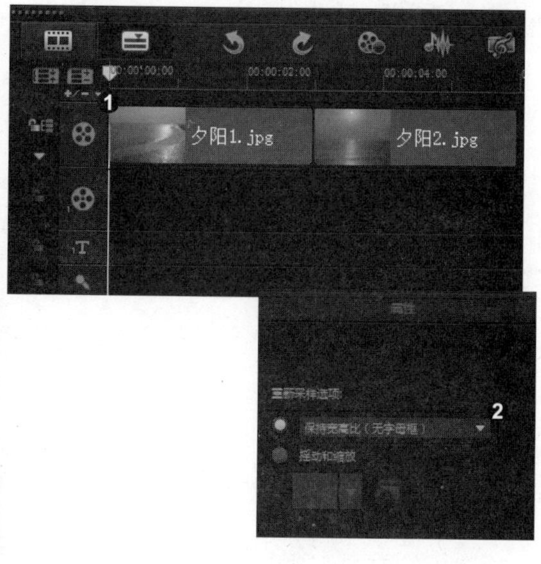

2. 选择"棋盘"转场效果

❶ 切换至"转场"素材库，单击画廊下三角按钮，展开下拉列表，选择"取代"选项，❷ 在"取代"素材库中选择"棋盘"转场效果。

3. 预览转场效果

单击鼠标左键并进行拖曳，将转场效果拖到素材与素材之间的位置上，单击导览面板上的"播放"按钮，预览转场效果。

知识拓展

在添加“棋盘”转场效果时，用户不仅可以添加“取代”素材库中的“棋盘”转场效果，还可以添加“擦拭”素材库中的“棋盘”转场效果，这两个转场效果虽然名称一样，但其转场方式有一定的差异。❶在“擦拭”素材库中选择“棋盘”转场效果，❷单击鼠标左键并进行拖曳，将其添加至素材之间，然后预览转场效果即可。

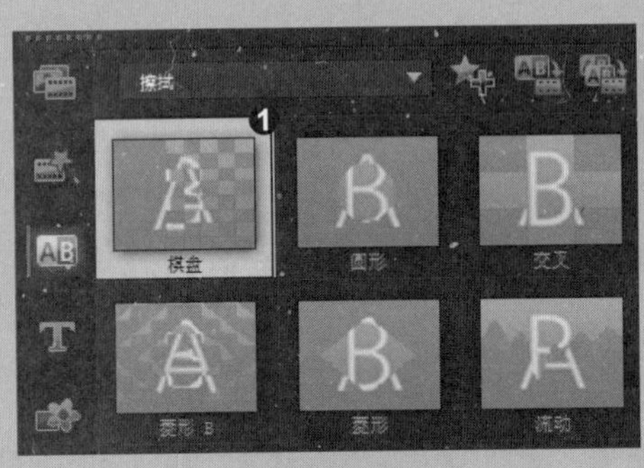

招式 188 为凤凰古城应用“对角线”转场

Q 在会声会影中添加两个素材后，想使素材A以对角线的形式逐渐折叠消失，从而显示出素材B，您能教教我如何实现吗？

A 没问题，您可以通过为素材添加“对角线”转场来实现。

1. 添加素材图像

❶在“时间轴”面板的视频轨道上添加两幅凤凰古城素材图像，❷在“照片”选项面板中修改“重新采样选项”为“保持宽高比”选项。

2. 选择“对角线”转场效果

❶切换至“转场”素材库，单击画廊下三角按钮，展开下拉列表，选择“取代”选项，❷在“取代”素材库中选择“对角线”转场效果。

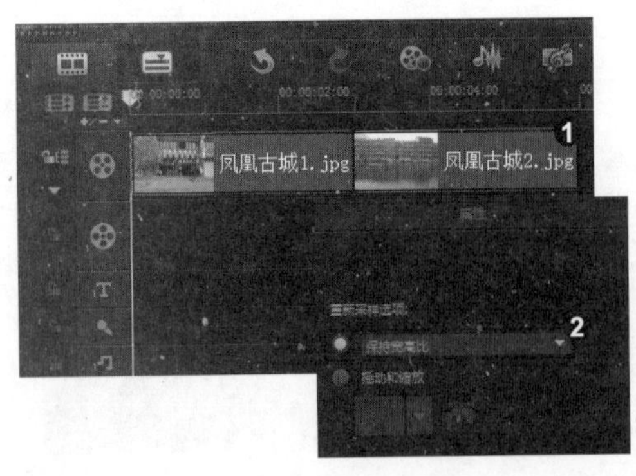

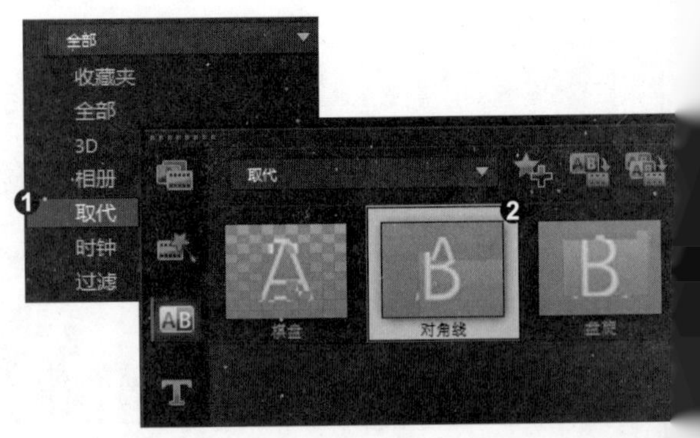

3. 预览转场效果

单击鼠标左键并进行拖曳，将转场效果拖到素材与素材之间的位置上，单击导览面板上的“播放”按钮，预览转场效果。

知识拓展

在添加“对角线”转场效果时，“取代”“滑动”“擦拭”及“伸展”素材库中都包含“对角线”转场效果，这些转场效果虽然名称一样，但其转场方式有一定的差异。❶ 在“擦拭”素材库中选择“对角线”转场效果，❷ 单击鼠标左键并进行拖曳，将其添加至素材之间，然后预览转场效果。

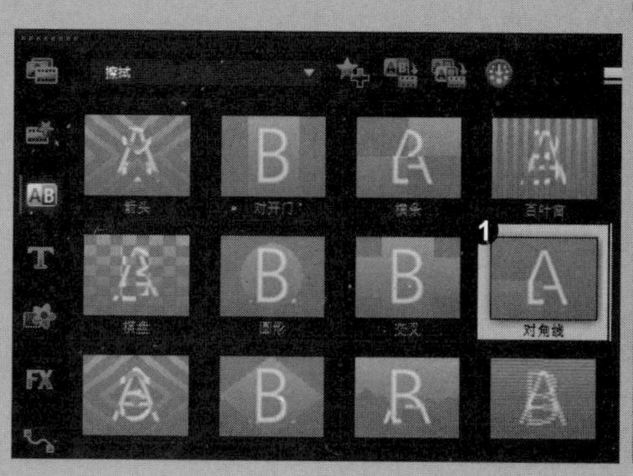

招式 189 为草地女神应用“盘旋”转场

Q 在会声会影中添加两个素材后，想使素材 A 以盘旋的形式逐渐折叠消失，从而显示出素材 B，您能教教我如何实现吗？

A 没问题，您可以通过为素材添加“盘旋”转场来实现。

1. 添加素材图像

❶ 在“时间轴”面板的视频轨道上添加两幅美女素材图像，❷ 在“照片”选项面板中修改“重新采样选项”为“保持宽高比”选项。

2. 选择“盘旋”转场效果

❶ 切换至“转场”素材库，单击画廊下三角按钮，展开下拉列表，选择“取代”选项，❷ 在“取代”素材库中选择“盘旋”转场效果。

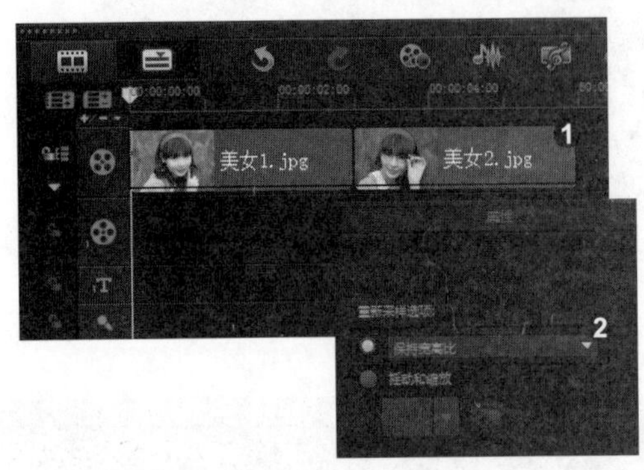

3. 预览图像效果

单击鼠标左键并进行拖曳，将转场效果拖到素材与素材之间的位置上，单击导览面板上的“播放”按钮，预览转场效果。

知识拓展

在应用“盘旋”转场效果时，用户可以在“转场”选项面板的“方向”选项组中单击相应的按钮，以更改转场的方向。

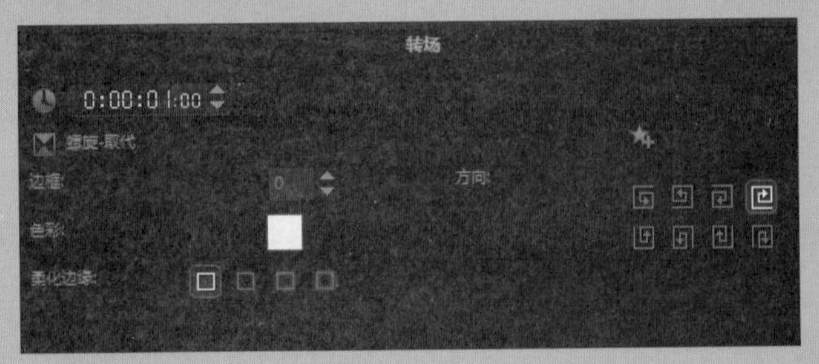

招式 190 为美味蛋糕应用“墙壁”转场

Q 在会声会影中添加两个素材后，想使素材 A 以墙壁运动的形式逐渐消失，从而显示出素材 B，您能教教我如何实现吗?

A 没问题，您可以通过为素材添加“墙壁”转场来实现。

1. 添加素材图像

❶ 在“时间轴”面板的视频轨道上添加两幅美味蛋糕素材图像，❷ 在“照片”选项面板中修改“重新采样选项”为“保持宽高比”选项。

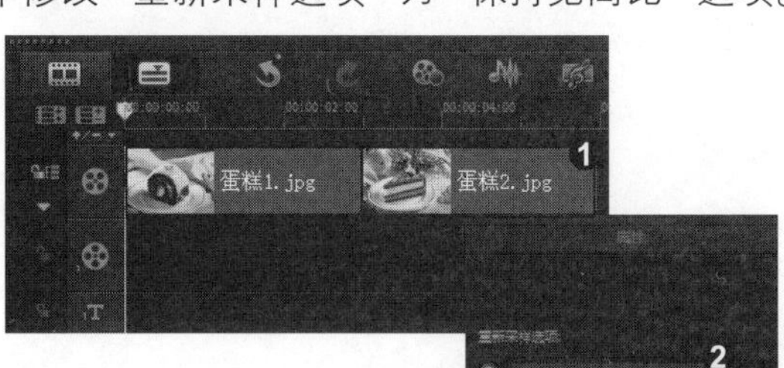

2. 选择“墙壁”转场效果

❶ 切换至“转场”素材库，单击画廊下三角按钮，展开下拉列表，选择“取代”选项，❷ 在“取代”素材库中选择“墙壁”转场效果。

3. 预览图像效果

单击鼠标左键并进行拖曳，将转场效果拖到素材与素材之间的位置上，单击导览面板上的“播放”按钮，预览转场效果。

知识拓展

在应用“墙壁”转场效果时，用户可以在“转场”选项面板的“方向”选项组中单击相应的按钮，以更改转场的方向。

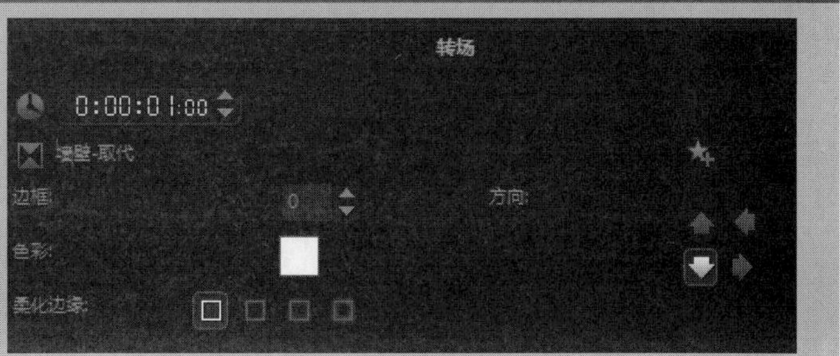

第 8 章 字幕效果的制作技巧

影片编辑完成后，还需要为影片制作标题、字幕等，这些文字可以有效地帮助大家理解影片。本章将详细讲解字幕效果的制作操作方法，其内容包括添加字幕预设、创建字幕、转换标题、设置字幕对齐方式、设置字体样式、使用预设标题格式、为字幕设置动画等。通过本章的学习，可以帮助用户合理有效地使用字幕，让剪辑的影片更具有视觉元素。

招式 191 为玫瑰花开添加字幕预设

Q 字幕是视频中不可或缺的重要元素，在会声会影中常常需要为影片添加字幕，您能教教我如何为素材添加字幕预设吗？

A 没问题，会声会影 X9 的素材库中提供了丰富的预设字幕，您可以将预设的字幕直接添加到标题轨道上即可。

1. 选择字幕预设

❶ 在视频轨上添加“玫瑰花开 .jpg”视频文件，❷ 在素材库面板上，单击“标题”按钮，进入“标题”素材库，选择合适的字幕预设。

2. 添加字幕预设

❶ 然后右击，弹出快捷菜单，选择“插入到”|“标题轨”命令，❷ 即可将选择的字幕预设添加至标题轨上，并调整字幕的长度。

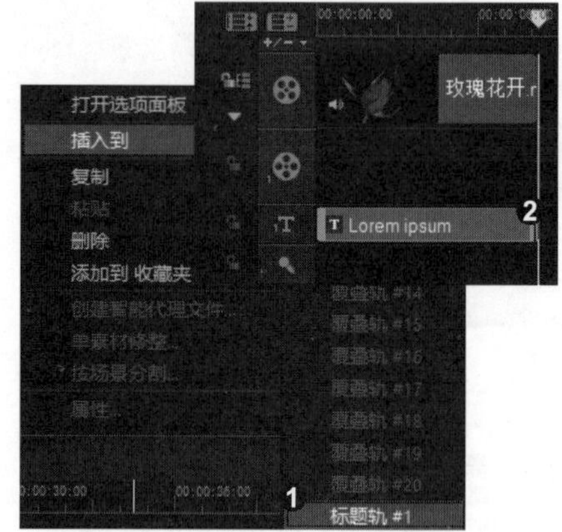

3. 预览字幕效果

❶ 在预览窗口中双击标题字幕，删除原有文字，输入文本“玫瑰花开”，❷ 单击导览面板中的“播放”按钮，即可预览最终效果。

专家提示

在添加字幕预设时，不仅可以通过快捷菜单在标题轨上添加字幕效果，还可以直接将“标题”素材库中的字幕预设拖曳至标题轨上即可。

知识拓展

在“标题”素材库中包含 30 多种字幕预设效果，不同的字幕预设效果体现出不同的字幕效果，用户可以根据需要添加不同的字幕效果让影片更加生动、突出。

招式 192 为缤纷果饮创建字幕

Q 在会声会影中，除了通过字幕预设创建字幕外，想直接创建字幕，再重新调整自己想要的字幕效果，您能教教我如何为素材创建字幕吗？

A 没问题，您只要将时间滑块拖至合适位置后，使用标题按钮，在预览窗口中双击鼠标即可进入字幕的输入框，输入自己想要的字幕即可。

1. 输入文字

❶ 在视频轨上添加“果饮 .jpg”素材图像，❷ 单击“标题”按钮，在预览窗口中双击鼠标左键，输入文字“缤纷果饮”。

2. 调整字幕

❶ 在“编辑”选项面板中设置字体大小为 57，字体为“华文新魏”，颜色为浅蓝色，❷ 在预览窗口中，调整字幕的位置，得到最终效果。

知识拓展

在会声会影中添加字幕时，用户可以直接按Enter键，切换至下一行，输入多行字幕效果。

招式 193 转换单个标题与多个标题

Q 在默认情况下，标题为多个标题字幕，但是想将单个标题转换为多个标题，您能教教我如何转换吗?

A 没问题，您可以在“编辑”选项面板中，选中“单个标题”或“多个标题”单选按钮即可实现。

1. 选择字幕文件

❶ 打开本书配备的“素材\第8章\招式193　咖啡物语.vsp”项目文件，❷ 在“时间轴”面板中，选择标题轨上的字幕文件。

2. 将多个标题转换为单个标题

❶ 双击鼠标左键，打开“编辑”选项面板，选中“单个标题”单选按钮，弹出提示对话框，单击“是”按钮，❷ 即可将多个标题转换为单个标题，并在预览窗口中预览最终效果。

知识拓展

在会声会影中，用户不仅可以将多个标题转换为单个标题，还可以将单个标题转换为多个标题。❶ 选择字幕，在“编辑”选项面板中选中“多个标题”单选按钮，❷ 弹出提示对话框，单击“是”按钮即可。

招式 194 转换文字为动画

Q 在添加好字幕后，想将字幕转换为动画效果，以备日后直接调用，您能教教我如何转换文字为动画吗?

A 没问题，您可以使用“转换为动画”功能来实现。

1. 选择“转换为动画”命令

❶ 打开上一招式命令的素材项目文件，在标题轨上选择字幕文件，❷ 右击，弹出快捷菜单，选择“转换为动画”命令。

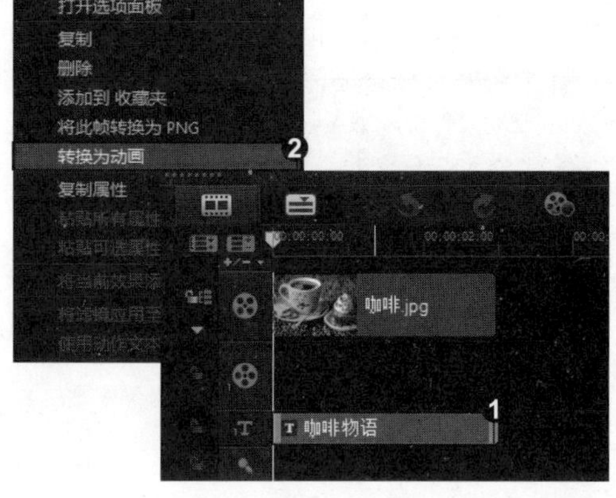

2. 将字幕转换为动画

此时，即可将选择的字幕转换为动画文件，并在素材库中显示转换为动画后的文件效果。

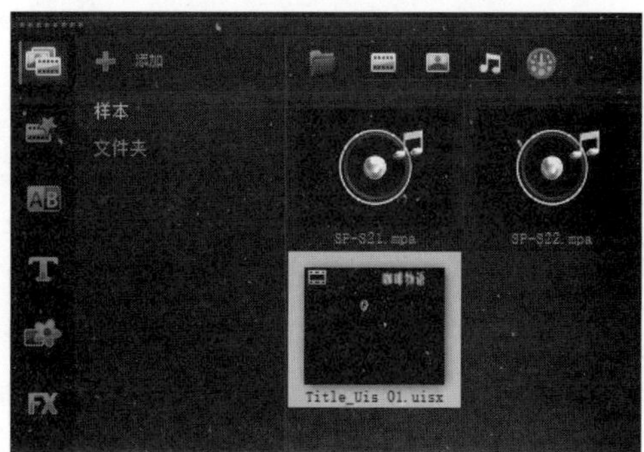

知识拓展

在会声会影中，用户不仅可以将字幕转换为动画，还可以将字幕转换为PNG文件。❶ 在标题轨上选择字幕文件，右击，弹出快捷菜单，选择“将此帧转换为PNG”命令，❷ 即可将字幕转换为PNG文件，并在素材库中显示。

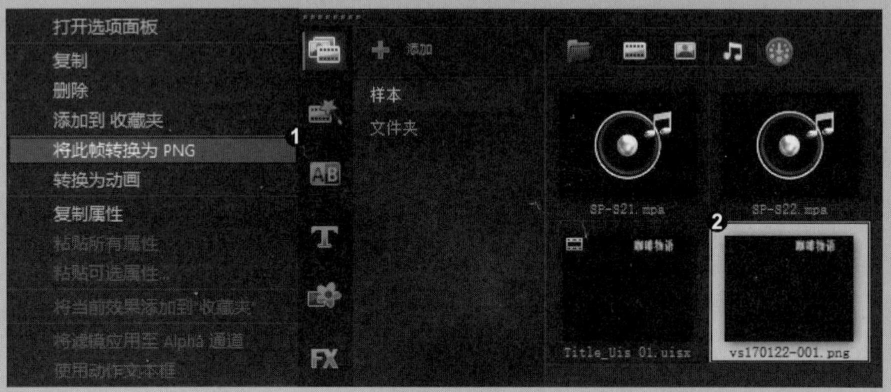

招式 195 设置春晓字幕的对齐方式

Q 在输入完标题后，标题都是以默认的对齐方式放置字幕，显示比较凌乱，您能教教我如何设置字幕的对齐方式?

A 没问题，您可以使用“编辑”选项面板中相应的对齐按钮进行调整即可。

1. 选择字幕文件

❶ 打开本书配备的“素材\第8章\招式195 春晓.vsp”项目文件，❷ 在“时间轴”面板中，选择标题轨上的字幕文件。

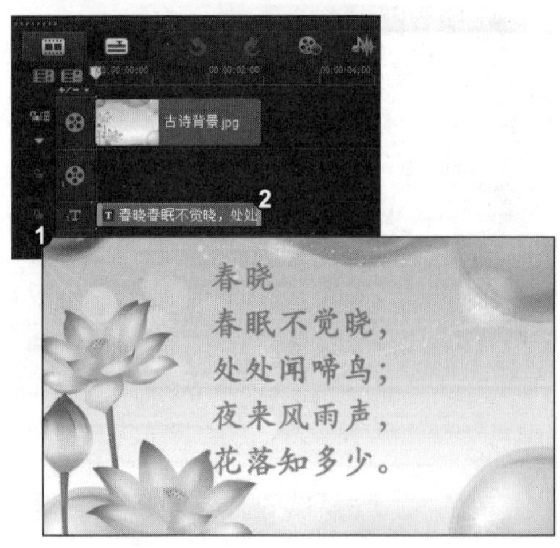

2. 设置字幕对齐

❶ 双击鼠标左键，打开“编辑”选项面板，单击“居中”按钮，❷ 即可完成字幕对齐方式的设置，并在预览窗口中预览最终效果。

知识拓展

在会声会影中设置字幕的对齐方式时，用户不仅可以居中对齐，还可以设置左对齐或者右对齐。❶ 在“编辑”选项面板中单击“左对齐”按钮，即可设置左对齐；❷ 在“编辑”选项面板中单击“右对齐”按钮，即可设置右对齐。

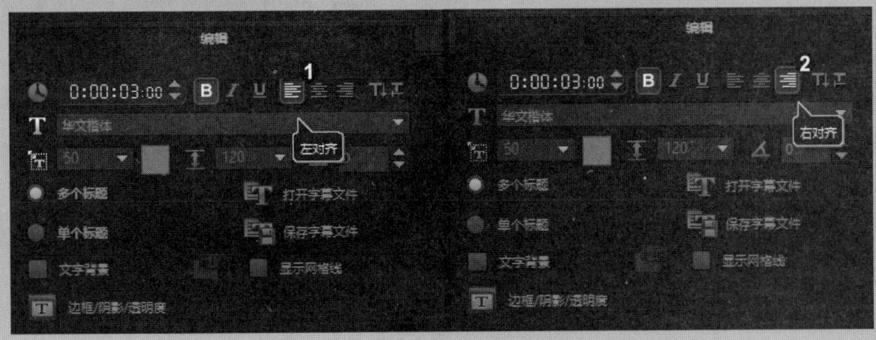

招式 196 设置甜美笑容的字体样式

Q 在影片中添加字幕后，总觉得字幕中的字体样式不好看，想重新更改一下，您能教教我如何设置字幕的字体样式吗？

A 没问题，您可以在“编辑”选项面板的“字体样式”列表框中选择合适的字体即可。

1. 选择字幕文件

❶ 打开本书配备的“素材 \ 第 8 章 \ 招式 196　甜美笑容 .vsp”项目文件，❷ 在“时间轴”面板中，选择标题轨上的字幕文件。

2. 设置字体样式

❶ 双击鼠标左键，打开“编辑”选项面板，在“字体样式”列表框中，选择“方正启体简体”选项，❷ 即可完成字幕字体样式的设置，并在预览窗口中预览最终效果。

知识拓展

在“编辑”选项面板的“字体样式”列表框中，包含了多种字体效果，用户可以根据需要选择不同的字体样式即可。选择的字体样式不同，所呈现的字幕效果也不同。

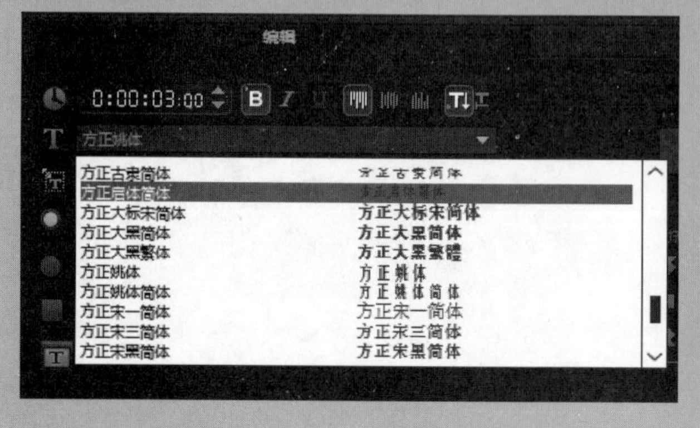

招式 197 设置蜗牛爱情字幕的字体颜色

Q 在会声会影中添加字幕后，有时字幕的颜色与影片的颜色融合在一起了，导致很难区分字幕内容，您能教教我如何设置字体的颜色吗?

A 没问题，您可以在“编辑”属性面板中单击“色彩”颜色块进行颜色选取即可。

1. 选择字幕文件

❶ 打开本书配备的“素材\第 8 章\招式 197　蜗牛爱情 .vsp”项目文件，❷ 在“时间轴”面板中，选择标题轨上的字幕文件。

2. 设置字体颜色

❶ 双击鼠标左键，打开“编辑”选项面板，单击“色彩”颜色块，打开颜色面板，选择“白色”颜色，❷ 即可完成字幕字体颜色的设置，并在预览窗口中预览最终效果。

知识拓展

在会声会影的“字体颜色”面板中包含多种字体颜色，用户可以根据需要选择不同的字体颜色即可。选择的字体颜色不同，所呈现的字幕效果也不同。❶ 在“字体颜色”面板中，选择“浅蓝色”颜色，❷ 即可将字幕颜色修改为浅蓝色。

招式 198 设置可爱松鼠字幕的字号大小

Q 在会声会影中添加字幕后，发现字幕过大或者过小，与影片非常不协调，您能教教我如何设置字幕的字号大小吗?

A 没问题，您可以在“编辑”属性面板中的“字体大小”列表框中选择合适的字号大小。

1. 选择字幕文件

❶ 打开本书配备的“素材 \ 第 8 章 \ 招式 198　可爱松鼠 .vsp”项目文件，❷ 在“时间轴”面板中，选择标题轨上的字幕文件。

2. 设置字体大小

❶ 双击鼠标左键，打开“编辑”选项面板，在“字体大小”列表框中，选择 73 选项，❷ 即可完成字号大小的设置，在预览窗口中预览最终效果。

知识拓展

在会声会影中，用户不仅可以将字幕调大，也可以将字幕调小。用户只需在“字体大小”列表框中选择合适的字号大小即可。

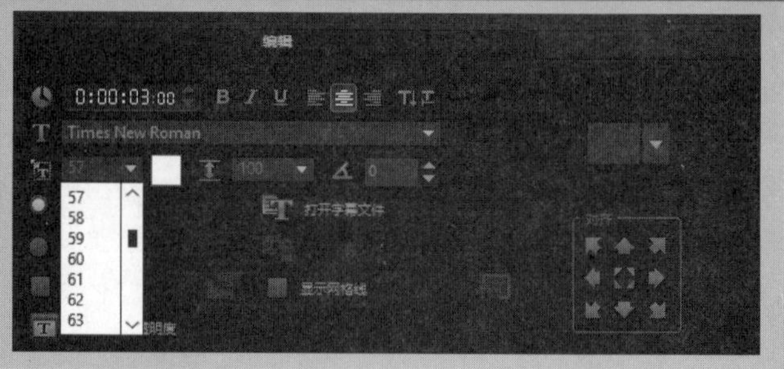

招式199 加粗可爱松鼠字幕

Q 在会声会影中添加字幕后，由于字体的缘故，造成一些字幕从视觉上太细，没有突出点，您能教教我如何加粗字幕吗？

A 没问题，您可以在“编辑”属性面板中单击“粗体”按钮来实现。

1. 单击“加粗”按钮

❶打开上一招式保存的效果项目文件，在“时间轴”面板中，选择字幕文件，❷在“编辑”选项面板中，单击“粗体”按钮。

2. 加粗字幕

此时，即可加粗字幕效果，并在导览面板的预览窗口中预览最终的字幕和图像效果。

知识拓展

在会声会影中，用户不仅可以加粗字幕效果，也可以将加粗后的字幕取消加粗。在“编辑”选项面板中，单击“粗体”按钮，即可取消加粗效果。

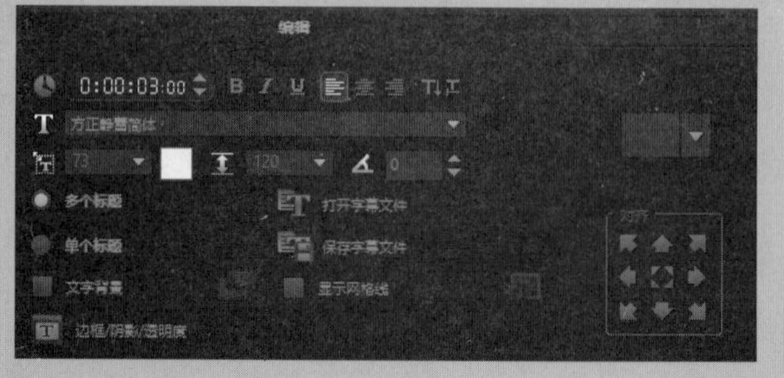

招式 200 设置汽车广告字幕的行间距

Q 在会声会影中添加字幕后，发现字幕的行与行之间贴得太紧了，导致添加的字幕效果既不美观又不协调，您能教教我如何设置字幕的行间距吗？

A 没问题，您可以在“编辑”属性面板中修改“行间距”参数来实现。

1. 选择字幕文件

❶ 打开本书配备的“素材 \ 第 8 章 \ 招式 200　汽车广告 .vsp”项目文件，❷ 在“时间轴”面板中，选择标题轨上的字幕文件。

2. 设置字幕行间距

❶ 双击鼠标左键，打开“编辑”选项面板，修改“行间距”参数为 120，❷ 即可完成行间距的设置，在预览窗口中预览最终效果。

知识拓展

在会声会影中设置字幕的行间距时，用户不仅可以调宽行间距，还可以将行间距调窄。用户只需在“行间距”列表框中选择合适的行间距大小即可。

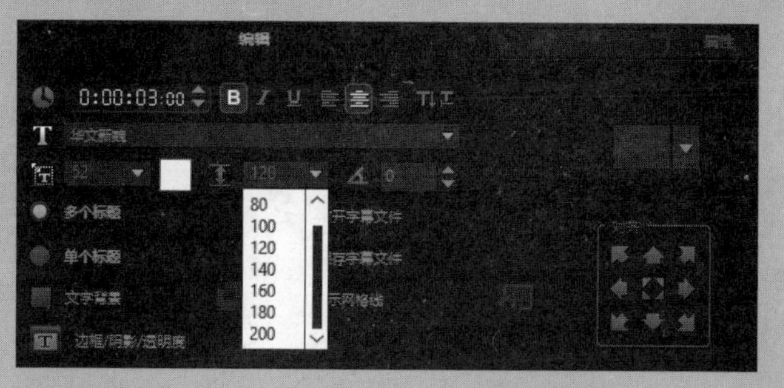

招式 201 设置爱神丘比特字幕的倾斜角度

Q 在添加了字幕文件后，有时还需要对字幕进行旋转操作，您能教教我如何设置字幕的倾斜角度吗?

A 没问题，您可以在“编辑”属性面板中修改“倾斜角度”参数来实现。

1. 选择字幕文件

❶打开本书配备的“素材\第8章\招式201 爱神丘比特.vsp”项目文件，❷在“时间轴”面板中，选择标题轨上的字幕文件。

2. 设置倾斜角度

❶双击鼠标左键，打开“编辑”选项面板，修改“倾斜角度”参数为30，❷即可完成倾斜角度的设置，在预览窗口中调整字幕的位置，并预览最终效果。

知识拓展

在设置字幕的倾斜角度时，用户不仅可以将字幕倾斜到一定的角度，还可以设置为垂直角度放置。❶在“编辑”选项面板中，修改“倾斜角度”参数为90，❷即可完成字幕垂直角度的设置。

招式 202 设置百年好合字幕的下划线

Q 在添加字幕文件后，常常需要在字幕文件下添加一条水平的直线，您能教教我如何设置字幕的下划线吗？

A 没问题，您可以在“编辑”属性面板中单击“下划线”按钮来实现。

1. 选择字幕文件

❶ 打开本书配备的“素材 \ 第 8 章 \ 招式 202　百年好合 .vsp”项目文件，❷ 在“时间轴”面板中，选择标题轨上的字幕文件。

2. 添加下划线

❶ 双击鼠标左键，打开“编辑”选项面板，单击“下划线”按钮，❷ 即可为字幕添加下划线效果，并在预览窗口中预览最终的图像效果。

知识拓展

在会声会影的“编辑”选项面板中，用户不仅可以为字幕添加下划线，还可以将字幕进行倾斜操作。❶ 选择字幕，在“编辑”选项面板中，单击“斜体”按钮，❷ 即可将字幕进行倾斜操作，并在预览窗口中预览图像效果。

招式 203 更改大海字幕的文本显示方向

Q 在添加字幕后，想根据需要随意更改文本的显示方向，您能教教我如何更改吗？

A 没问题，您可以在“编辑”属性面板中单击“将方向更改为垂直”按钮来实现。

1. 选择字幕文件

❶ 打开本书配备的“素材\第8章\招式203 大海.vsp”项目文件，❷ 在“时间轴”面板中，选择标题轨上的字幕文件。

2. 更改文本显示方向

❶ 双击鼠标左键，打开“编辑”选项面板，单击“将方向更改为垂直”按钮，❷ 即可更改字幕的文本显示方向，在预览窗口中调整字幕的位置，并预览最终的图像效果。

知识拓展

在会声会影中，用户不仅可以将水平文本更改为垂直显示方向，还可以将文本设置为从右到左的方向显示。❶ 选择字幕文件，在“编辑”选项面板中，单击“将文本设置为从右到左”按钮，❷ 即可将文本从右到左显示，并在预览窗口中预览图像效果。

招式 204 为冰淇淋使用预设标题格式

Q 在添加字幕后，一步步修改字幕的大小、字体等参数很浪费时间，您能教教我如何快速进行修改吗?

A 没问题，您可以在“编辑”选项面板中的“字幕预设”列表框中选择预设的标题格式。

1. 选择字幕文件

❶ 打开本书配备的“素材 \ 第 8 章 \ 招式 204　冰淇淋 .vsp”项目文件，❷ 在“时间轴”面板中，选择标题轨上的字幕文件。

2. 使用预设标题格式

❶ 双击鼠标左键，打开“编辑”选项面板，单击相应的按钮，展开下拉列表框，选择第 3 个预设格式，❷ 即可为字幕应用预设的标题格式，并在导览面板中预览最终的图像效果。

知识拓展

会声会影的“字幕预设”列表框中包含有多种字幕预设效果，选择不同的预设效果，可以得到不同的字幕效果。❶ 在“字幕预设”列表框中，选择第 6 个字幕预设效果即可；❷ 在“字幕预设”列表框中，选择第 8 个字幕预设效果即可。

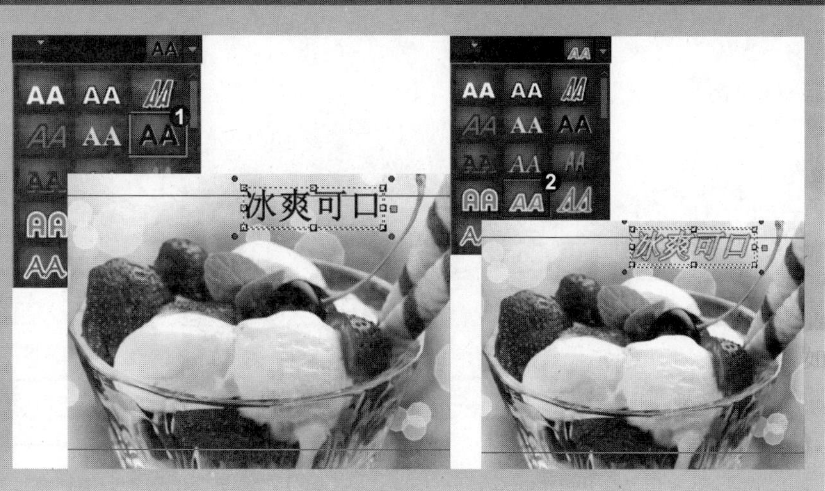

招式 205 控制冰淇淋字幕的播放时间

Q 在添加字幕文件后，有时会出现字幕的播放时间过长或过短的情况，导致影片和字幕播放不同步，您能教教我如何控制字幕的播放时间吗?

A 没问题，您可以在“编辑”选项面板中修改字幕的“区间”参数来实现。

1. 修改“区间”参数

❶ 打开上一招式保存的效果项目文件，在“时间轴”面板中，选择标题轨上的字幕文件，❷ 在“编辑”选项面板中，修改“区间”参数为 3 秒。

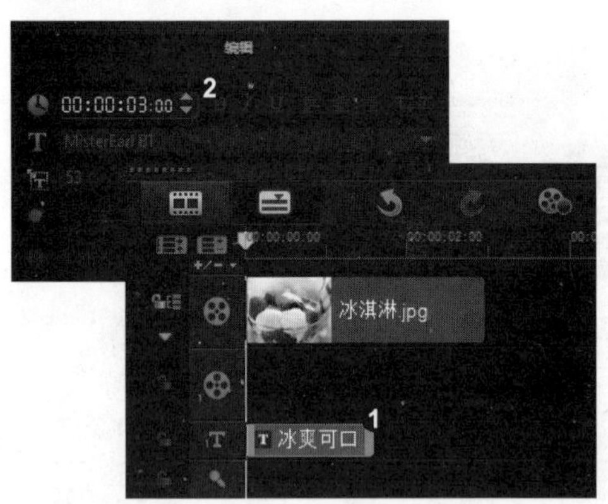

2. 设置字幕播放时间

此时，即可完成字幕播放时间的修改，并在“时间轴”面板的标题轨上显示调整播放时间后的字幕文件。

知识拓展

在会声会影中，用户不仅可以设置字幕的播放时间，还可以将调整好的字幕文件单独保存到计算机中，以备日后使用。❶ 在“编辑”选项面板中，单击“保存字幕文件”按钮，❷ 弹出“另存为”对话框，设置好文件名和保存路径，单击“保存”按钮即可。

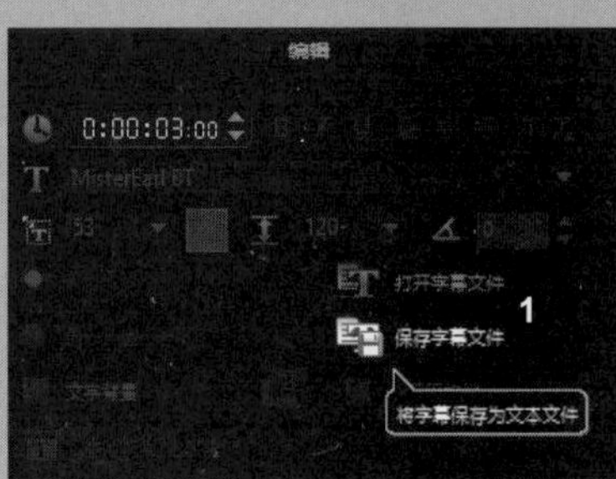

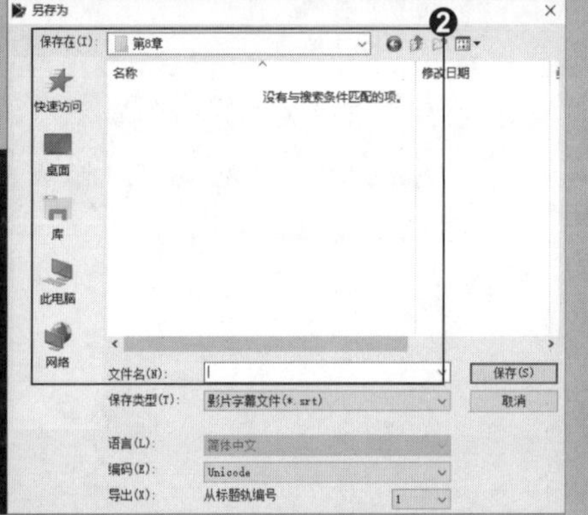

招式 206 设置可爱宝贝字幕的边框

Q 在影片中添加标题字幕后，总觉得标题字幕不够醒目，想为标题添加边框来修饰一下，您能教教我如何设置字幕的边框吗?

A 没问题，您可以在“编辑”选项面板中单击“边框 / 阴影 / 透明度”按钮来实现。

1. 选择字幕文件

❶ 打开本书配备的“素材 \ 第 8 章 \ 招式 206　可爱宝贝 .vsp”项目文件，❷ 在“时间轴”面板中，选择标题轨上的字幕文件。

2. 修改边框参数

❶ 双击鼠标左键，进入“编辑”选项面板，单击“边框 / 阴影 / 透明度”按钮，❷ 弹出“边框 / 阴影 / 透明度”对话框，在“边框”选项卡中勾选“外部边界”复选框，修改大小为 2.0、“线条色彩”为红色。

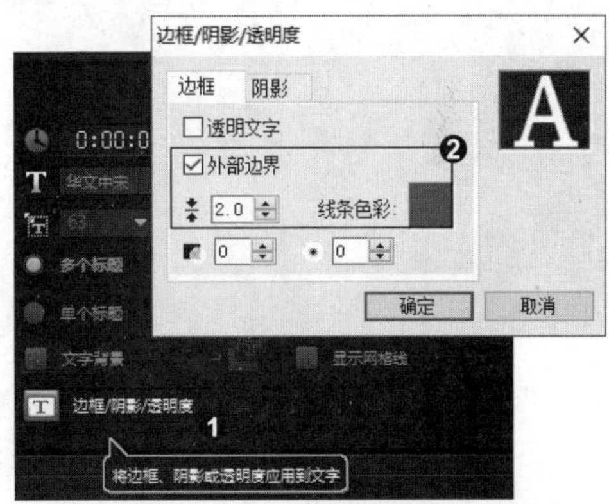

3. 预览字幕效果

单击“确定”按钮，即可为字幕文件添加边框效果，并在导览面板中预览最终的效果。

知识拓展

在设置字幕的边框效果时，还可以为字幕的边框设置柔化边缘效果。❶ 在“边框 / 阴影 / 透明度”对话框中，修改“柔化边缘”参数为 5，❷ 单击“确定”按钮，即可为字幕边框添加柔化边缘效果。

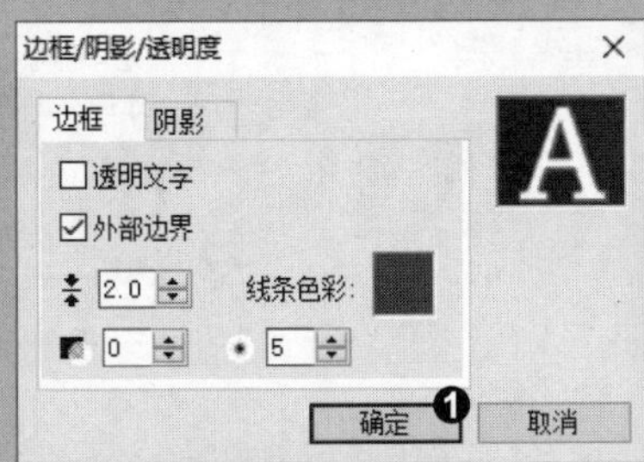

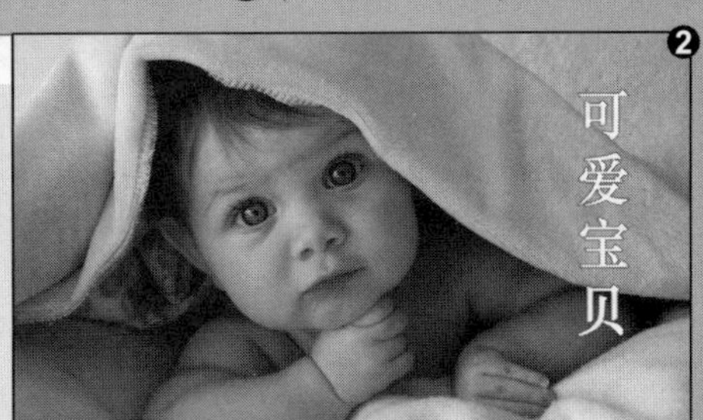

招式207 为彼岸花字幕添加阴影效果

Q 在影片中添加标题字幕后，想为标题字幕添加阴影，使文字更加独具个性，您能教教我如何为字幕添加阴影效果吗?

A 没问题，您可以在“编辑”选项面板中单击“边框/阴影/透明度”按钮来实现。

1. 选择字幕文件

❶ 打开本书配备的“素材\第8章\招式207 彼岸花.vsp”项目文件，❷ 在“时间轴”面板中，选择标题轨上的字幕文件。

2. 修改阴影参数

❶ 双击鼠标左键，进入“编辑”选项面板，单击“边框/阴影/透明度”按钮，❷ 弹出“边框/阴影/透明度”对话框，在“阴影”选项卡中单击“下垂阴影”按钮，修改“透明度”参数为60。

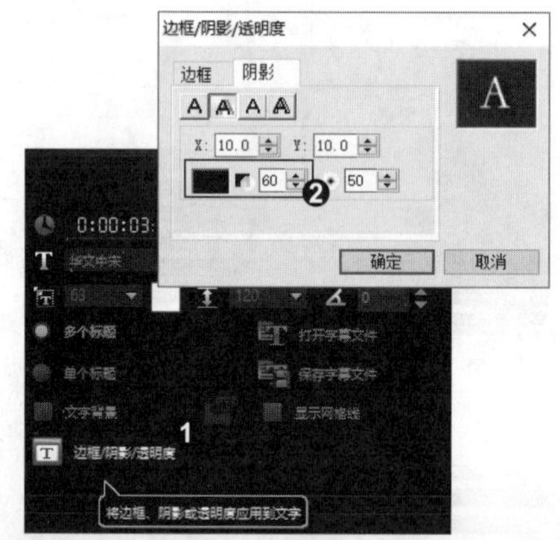

3. 预览字幕效果

单击“确定”按钮，即可为字幕文件添加阴影效果，并在导览面板中预览最终的效果。

知识拓展

在为字幕添加阴影效果时，用户不仅可以添加下垂阴影效果，还可以添加光晕阴影效果。❶ 在“边框/阴影/透明度”对话框中，切换至“阴影”选项卡，单击“光晕阴影”按钮，修改“强度”参数为3.0，❷ 单击“确定”按钮，即可为字幕添加光晕阴影效果。

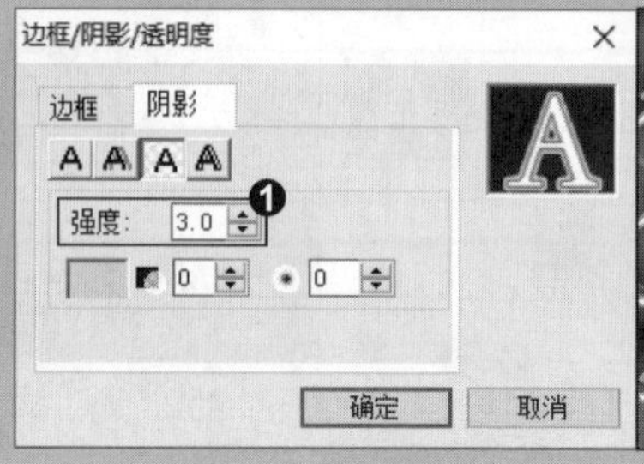

招式 208 为桃花添加文字背景效果

Q 在会声会影中添加字幕后，想为字幕添加椭圆、矩形、曲边矩形以及圆角矩形等背景形状，您能教教我如何添加吗？

A 没问题，您可以在“编辑”选项面板中使用“文字背景”功能来实现。

1. 选择字幕文件

❶ 打开本书配备的“素材 \ 第 8 章 \ 招式 208　桃花 .vsp”项目文件，❷ 在“时间轴”面板中，选择标题轨上的字幕文件。

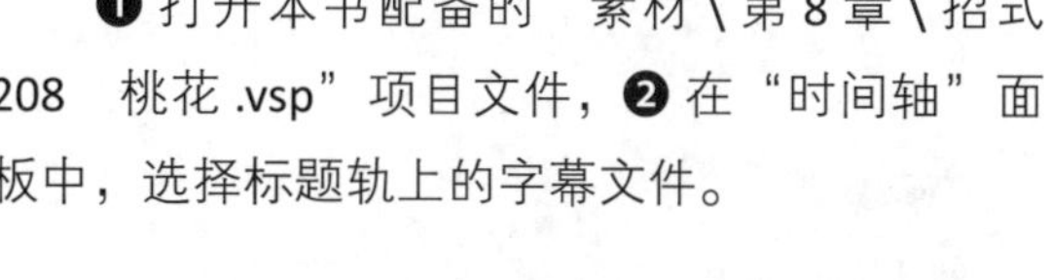

2. 修改“文字背景”参数

❶ 双击鼠标左键，进入“编辑”选项面板，勾选“文字背景”复选框，单击“自定义文字背景的属性”按钮，❷ 弹出“文字背景”对话框，修改背景的形状和填充颜色。

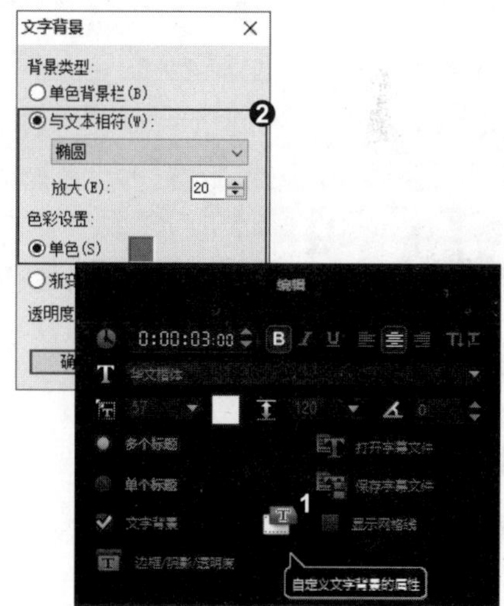

3. 预览字幕效果

单击“确定”按钮，即可为字幕文件添加文字背景效果，并在导览面板中预览最终的效果。

知识拓展

在为字幕添加文字背景效果时，用户不仅可以添加椭圆形状的文字背景，还可以添加圆角矩形的文字背景。❶ 在“文字背景”对话框的“形状”下拉列表中选择“圆角矩形”选项，❷ 单击“确定”按钮，即可为字幕添加圆角矩形形状。

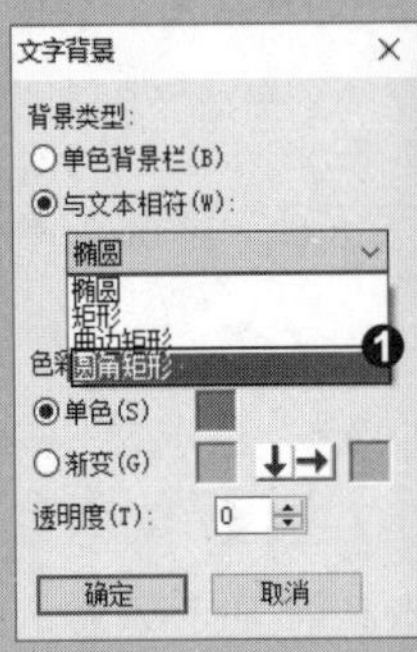

招式 209 为轻舞飞扬设置淡化标题动画

Q 在添加字幕后，想为字幕设置淡入淡出效果，从而让静态的文本动起来，您能教教我如何为素材设置淡化标题动画吗？

A 没问题，您可以在“属性”选项面板中的“淡化”列表框中选择合适的动画选项来实现。

1. 选择字幕文件

❶ 打开本书配备的“素材\第8章\招式209 轻舞飞扬.vsp”项目文件，❷ 在“时间轴”面板中，选择标题轨上的字幕文件。

2. 预览标题动画

❶ 在“属性”选项面板中，勾选“应用”复选框，在“淡化”列表框中选择第2个动画预设，❷ 即可为字幕设置淡化标题动画，并在导览面板中单击“播放”按钮，预览标题动画效果。

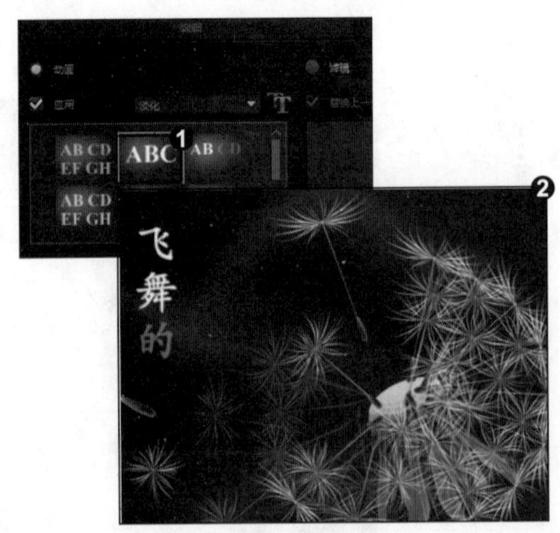

知识拓展

在“淡化”列表框中包含多种标题动画效果，选择不同的标题动画，即可呈现不同的淡化动画效果。❶ 在“淡化”列表框中选择第 6 个淡化标题动画，❷ 即可设置淡化标题动画，并在导览面板中预览动画效果。

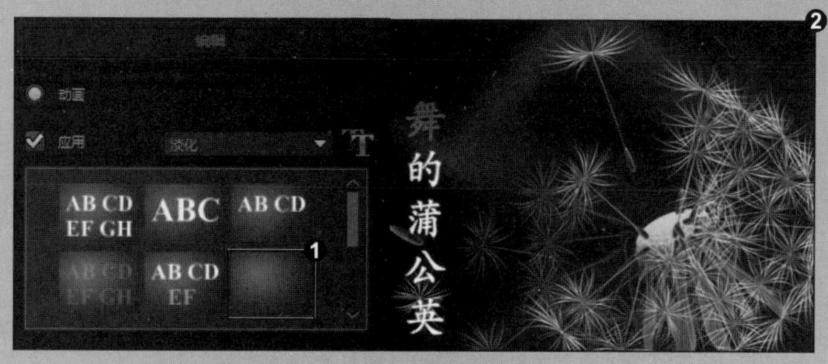

招式 210　为甜蜜的爱字幕自定义淡化动画属性

Q 在会声会影中添加字幕后，不想使用已有的淡化动画效果，想自己定义一个，您能教教我如何为字幕自定义淡化动画属性吗?

A 没问题，您可以在“属性”选项面板中单击“自定义动画属性”按钮来实现。

1. 选择字幕文件

❶ 打开本书配备的“素材 \ 第 8 章 \ 招式 210　甜蜜的爱 .vsp”项目文件，❷ 在“时间轴”面板中，选择标题轨上的字幕文件。

2. 设置“淡化动画”参数

❶ 在“属性”选项面板中勾选“应用”复选框，并单击“自定义动画属性”按钮，❷ 弹出“淡化动画”对话框，选中“交叉淡化”单选按钮，在“暂停”列表框中选择“长”选项。

3. 预览动画效果

单击“确定”按钮，即可为字幕自定义淡化动画属性，并在导览面板中单击“播放”按钮，预览自定义淡化动画效果。

知识拓展

在自定义淡化动画属性时，用户不仅可以添加“交叉淡化”动画，还可以添加其他的淡化动画。❶在“淡化动画”对话框中，选中“淡入”单选按钮，即可设置淡入动画；❷在“淡化动画”对话框中，选中“淡出”单选按钮，即可设置淡出动画。

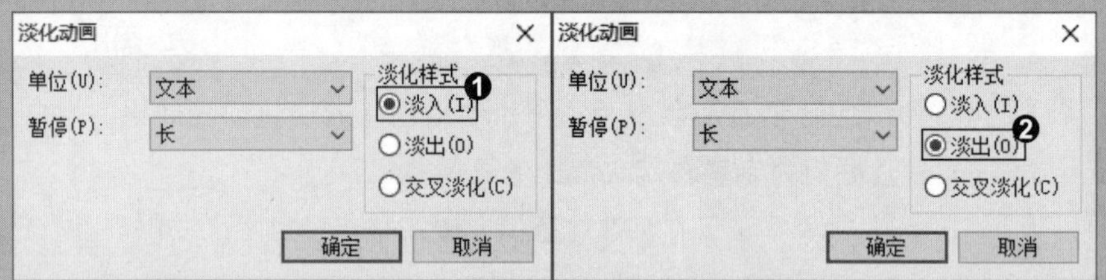

招式 211 为魔兽世界设置下降标题动画

Q 在会声会影中添加字幕后，想为字幕添加运动效果，并在运动的过程中由小到大，然后逐渐回到原来的位置，您能教教我如何为字幕设置下降标题动画吗?

A 没问题，您只要在“属性”选项面板的“下降”列表框中选择合适的动画选项即可。

1. 选择字幕文件

❶打开本书配备的“素材\第8章\招式211 魔兽世界.vsp”项目文件，❷在“时间轴”面板中，选择标题轨上的字幕文件。

2. 设置下降标题动画

❶ 在“属性”选项面板中勾选“应用”复选框，在“下降”列表框中选择第 1 个动画预设，❷ 即可为字幕设置下降标题动画，并在导览面板中单击“播放”按钮，预览标题动画效果。

知识拓展

在“下降”列表框中包含多种标题动画效果，选择不同的标题动画，即可呈现不同的下降动画效果。❶ 在“下降”列表框中选择第 3 个下降标题动画，❷ 即可设置下降标题动画，并在导览面板中预览动画效果。

招式 212 为春天自定义下降动画属性

Q 在会声会影中添加字幕后，不想使用已有的下降动画效果，想自己定义一个，您能教教我如何为字幕自定义下降动画属性吗?

A 没问题，您可以在“属性”选项面板中单击“自定义动画属性”按钮来实现。

1. 单击“自定义动画属性”按钮

❶ 打开本书配备的“素材 \ 第 8 章 \ 招式 212　春天 .vsp”项目文件，在“时间轴”面板中，选择标题轨上的字幕文件，❷ 在“属性”选项面板中勾选“应用”复选框，并在“下降”列表框中单击“自定义动画属性”按钮。

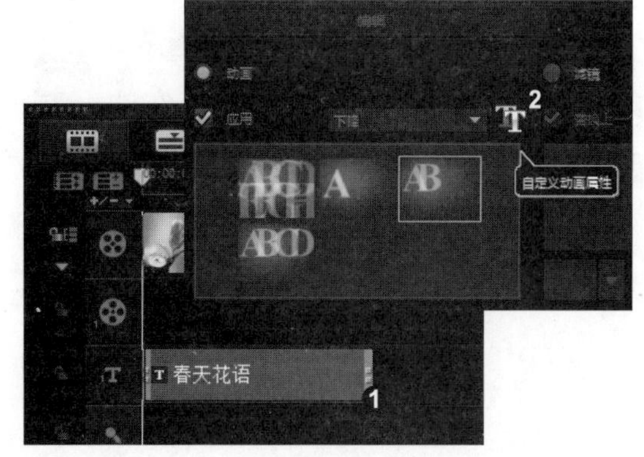

2. 预览下降动画效果

❶ 弹出“下降动画”对话框，在“单位”列表框中选择“文本”选项，勾选“加速”复选框，❷ 单击“确定”按钮，完成下降动画的自定义操作，在导览面板中预览下降动画效果。

知识拓展

在自定义下降动画时，“下降动画”对话框中的单位不仅可以设置为“文本”，还可以设置为“字符”等其他单位。❶ 在“下降动画”对话框中修改“单位”为“行”选项即可；❷ 在“下降动画”对话框中修改“单位”为“字符”选项即可。

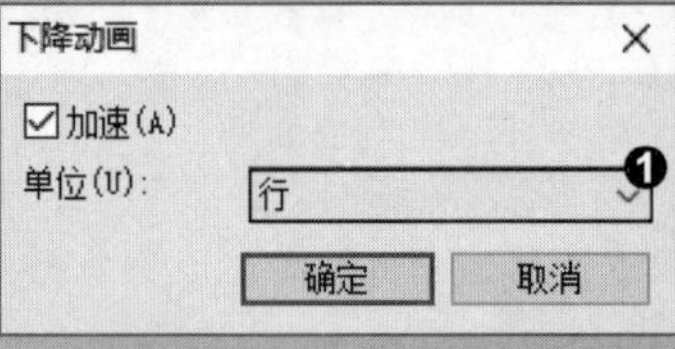

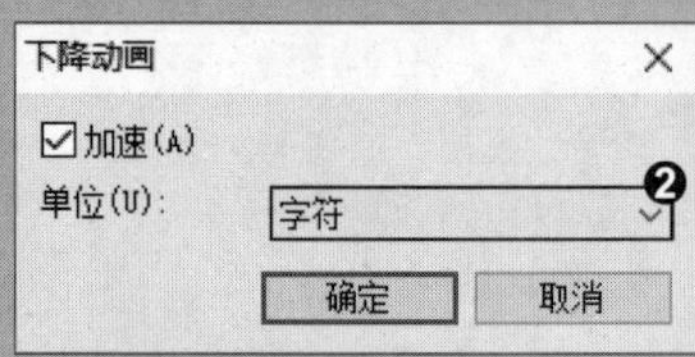

招式 213 为百花齐放设置摇摆标题动画

Q 在会声会影中添加字幕后，想将字幕以左右摇动的效果进入或退出视频画面，您能教教我如何为字幕设置摇摆标题动画吗？

A 没问题，您只要在“属性”选项面板的“摇摆”列表框中选择合适的动画选项即可。

1. 选择字幕文件

❶ 打开本书配备的“素材\第 8 章\招式 213 百花齐放.vsp”项目文件，❷ 在“时间轴”面板中，选择标题轨上的字幕文件。

2. 预览摇摆标题动画

❶ 在“属性”选项面板中，勾选“应用”复选框，在“摇摆”列表框中选择第6个动画预设，❷ 即可为字幕设置摇摆标题动画，并在导览面板中单击“播放”按钮，预览标题动画效果。

知识拓展

在“摇摆”列表框中包含多种标题动画效果，选择不同的标题动画，即可呈现不同的摇摆化动画效果。❶ 在“摇摆”列表框中选择第 4 个摇摆标题动画，❷ 即可设置摇摆标题动画，并在导览面板中预览动画效果。

招式 214　为感恩母亲节自定义摇摆动画属性

Q 在会声会影中添加字幕后，不想使用已有的摇摆动画效果，想自己定义一个，您能教教我如何为字幕自定义摇摆动画属性吗？

A 没问题，您可以在“属性”选项面板中单击“自定义动画属性”按钮来实现。

1. 单击“自定义动画属性”按钮

❶ 打开本书配备的“素材\第 8 章\招式 214　感恩母亲节.vsp”项目文件，在“时间轴”面板中，选择标题轨上的字幕文件，❷ 在“属性”选项面板中勾选“应用”复选框，在“摇摆”列表框中单击“自定义动画属性”按钮。

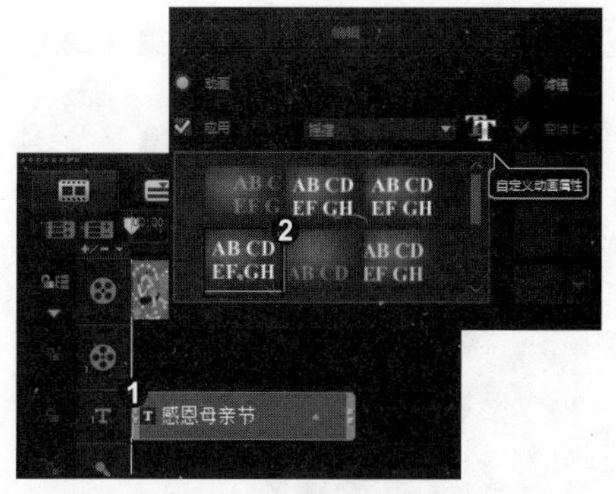

2. 预览摇摆动画效果

❶弹出“摇摆动画”对话框，修改“摇摆角度”为4，设置“进入”方式为“上”，❷单击“确定”按钮，完成摇摆动画的自定义操作，在导览面板中预览下降动画效果。

知识拓展

在自定义摇摆动画时，用户不仅可以顺时针摇摆标题动画，还可以逆时针摇摆标题动画。在“摇摆动画”对话框中，取消勾选所有的“顺时针”复选框，单击“确定”按钮即可。

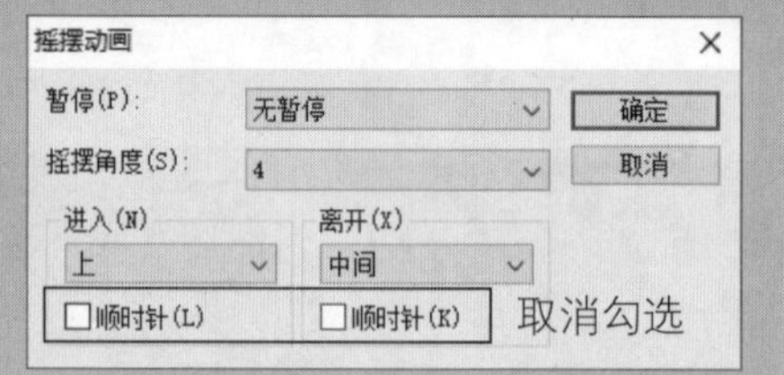

招式215 为丝滑浓郁设置弹出标题动画

Q 在会声会影中添加字幕后，想将字幕以弹出的效果进入或退出视频画面，您能教教我如何为字幕设置弹出标题动画吗?

A 没问题，您只要在“属性”选项面板的“弹出”列表框中选择合适的动画选项即可。

1. 选择字幕文件

❶打开本书配备的“素材\第8章\招式215 丝滑浓郁.vsp”项目文件，❷在“时间轴”面板中，选择标题轨上的字幕文件。

2. 预览弹出标题动画

❶在“属性”选项面板中勾选“应用”复选框，在“弹出”列表框中选择第2个动画预设，❷即可为字幕设置弹出标题动画，并在导览面板中单击“播放”按钮，预览标题动画效果。

知识拓展

在“弹出”列表框中包含多种标题动画效果，选择不同的标题动画，即可呈现不同的弹出动画效果。❶ 在“弹出”列表框中选择第 4 个弹出动画，❷ 即可设置弹出标题动画，并在导览面板中预览动画效果。

招式 216 为漂流瓶设置翻转标题动画

Q 在会声会影中添加字幕后，想将字幕以翻转的方式进入视频画面中，您能教教我如何为字幕设置翻转标题动画吗?

A 没问题，您只要在“属性”选项面板的“翻转”列表框中选择合适的动画选项即可。

1. 选择字幕文件

❶ 打开本书配备的“素材\第 8 章\招式 216　漂流瓶 .vsp”项目文件，❷ 在“时间轴”面板中，选择标题轨上的字幕文件。

2. 预览翻转标题动画

❶ 在“属性”选项面板中勾选“应用”复选框，在“翻转”列表框中选择第 2 个动画预设，❷ 即可为字幕设置翻转标题动画，并在导览面板中单击“播放”按钮，预览标题动画效果。

知识拓展

在“翻转”列表框中包含多种标题动画效果，选择不同的标题动画，即可呈现不同的翻转标题动画效果。❶在“翻转”列表框中选择第4个翻转动画，❷即可设置翻转标题动画，并在导览面板中预览动画效果。

招式217 为玫瑰情缘设置缩放标题动画

Q 在会声会影中添加字幕后，想将字幕以缩放的方式进入视频画面中，您能教教我如何为字幕设置缩放标题动画吗？

A 没问题，您只要在“属性”选项面板的“缩放”列表框中选择合适的动画选项即可。

1. 选择字幕文件

❶打开本书配备的“素材\第8章\招式217 玫瑰情缘.vsp”项目文件，❷在“时间轴”面板中，选择标题轨上的字幕文件。

2. 预览缩放标题动画

❶在“属性”选项面板中勾选“应用”复选框，在“缩放”列表框中选择第4个动画预设，❷即可为字幕设置缩放标题动画，并在导览面板中，单击“播放”按钮，预览标题动画效果。

知识拓展

在“缩放”列表框中包含多种标题动画效果，选择不同的标题动画，即可呈现不同的缩放标题动画效果。❶ 在“缩放”列表框中选择第 6 个缩放动画，❷ 即可设置缩放标题动画，并在导览面板中预览动画效果。

招式 218 为日记情缘设置飞行标题动画

Q 在会声会影中添加字幕后，想将字幕以飞行的方式进入视频画面中，您能教教我如何为字幕设置飞行标题动画吗?

A 没问题，您只要在“属性”选项面板的“飞行”列表框中选择合适的动画选项即可。

1. 选择字幕文件

❶ 打开本书配备的“素材\第 8 章\招式 218　日记情缘.vsp”项目文件，❷ 在“时间轴”面板中，选择标题轨上的字幕文件。

2. 预览飞行标题动画

❶ 在“属性”选项面板中勾选“应用”复选框，在“飞行”列表框中选择第 7 个动画预设，❷ 即可为字幕设置飞行标题动画，并在导览面板中单击“播放”按钮，预览标题动画效果。

知识拓展

在“飞行”列表框中包含多种标题动画效果，选择不同的标题动画，即可呈现不同的飞行动画效果。❶ 在“飞行”列表框中选择第 8 个飞行动画，❷ 即可设置飞行标题动画，并在导览面板中预览动画效果。

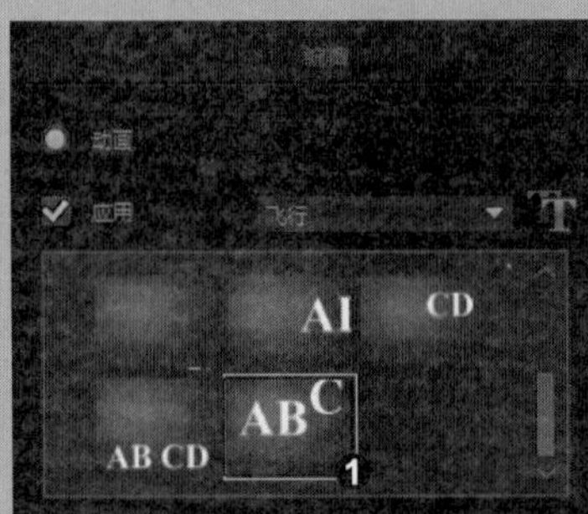

招式 219 为美味寿司设置移动路径动画

Q 在会声会影中添加字幕后，想将字幕沿着指定的路径进行运动，您能教教我如何为字幕设置移动路径标题动画吗?

A 没问题，您只要在“属性”选项面板的“移动路径”列表框中选择合适的动画选项即可。

1. 选择字幕文件

❶ 打开本书配备的“素材 \ 第 8 章 \ 招式 219　美味寿司 .vsp”项目文件，❷ 在“时间轴”面板中，选择标题轨上的字幕文件。

2. 选择“3D 彩屑”转场效果

❶ 在“属性”选项面板中勾选“应用”复选框，在“移动路径”列表框中选择第 2 个动画预设，❷ 即可为字幕设置移动路径标题动画，并在导览面板中单击“播放”按钮，预览标题动画效果。

知识拓展

在“移动路径”列表框中包含多种标题动画效果，选择不同的标题动画，即可呈现不同的移动路径动画效果。❶ 在“移动路径”列表框中选择第 6 个移动路径动画，❷ 即可设置弹出移动路径标题动画，并在导览面板中预览动画效果。

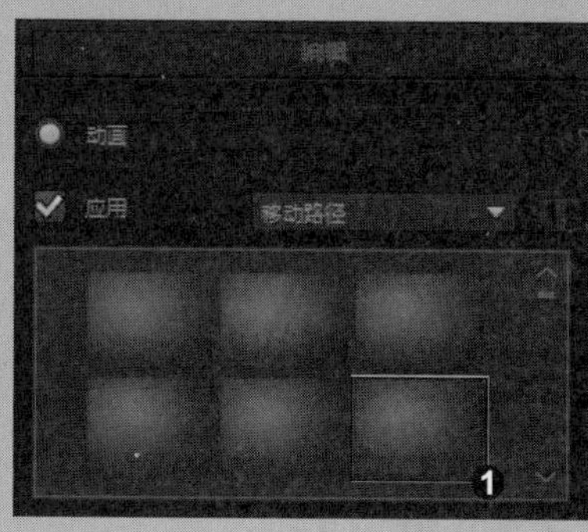

招式 220 为荷花字幕设置透明度效果

Q 在会声会影中添加字幕后，想为字幕添加透明度效果，您能教教我如何为字幕设置透明度效果吗?

A 没问题，您可以在“编辑”选项面板中单击“边框 / 阴影 / 透明度”按钮来实现。

1. 选择字幕文件

❶ 打开本书配备的“素材 \ 第 8 章 \ 招式 220　亭亭玉立 .vsp”项目文件，❷ 在“时间轴”面板中，选择标题轨上的字幕文件。

2. 勾选“透明文字”复选框

❶ 双击鼠标左键，进入“编辑”选项面板，单击“边框 / 阴影 / 透明度”按钮，❷ 弹出“边框 / 阴影 / 透明度”对话框，勾选“透明文字”复选框。

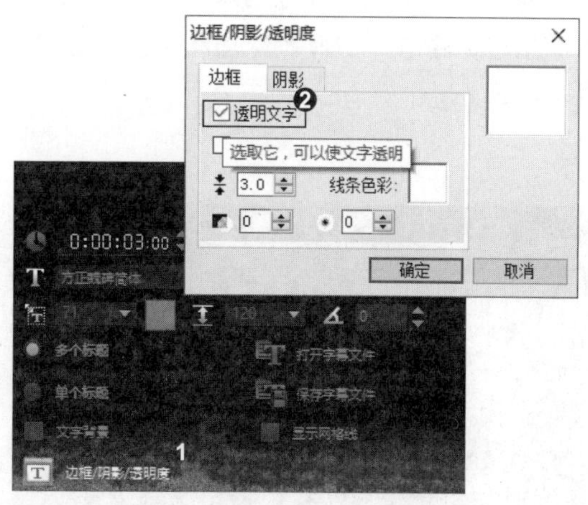

3. 预览字幕效果

单击“确定”按钮，即可为字幕文件设置透明度效果，并在导览面板中预览最终的效果。

知识拓展

在设置字幕的透明度效果时，可以修改“透明度”的参数值，得到半透明字幕效果。❶ 在“边框/阴影/透明度”对话框中，修改“透明文字”的参数为 30，❷ 单击“确定”按钮，即可设置半透明的字幕效果。

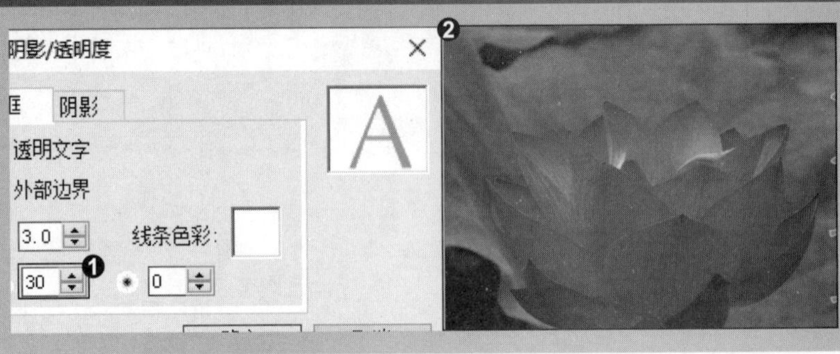

招式 221 使用字幕编辑器制作风景记录字幕

Q 影片中带有视频或音频，单独编辑字幕，很难让字幕与视频或音频同步，您能教教我如何使用字幕编辑器制作字幕吗?

A 没问题，您可以使用“字幕编辑器”功能添加字幕，从而提高制作字幕的工作效率。

1. 单击“字幕编辑器”按钮

❶ 在“时间轴”面板的视频轨上添加一段视频素材，❷ 在“时间轴”面板上方单击“字幕编辑器”按钮。

2. 输入字幕

❶ 在弹出的“字幕编辑器”对话框中单击“新增字幕”按钮，❷ 在字幕下单击鼠标，输入字幕。

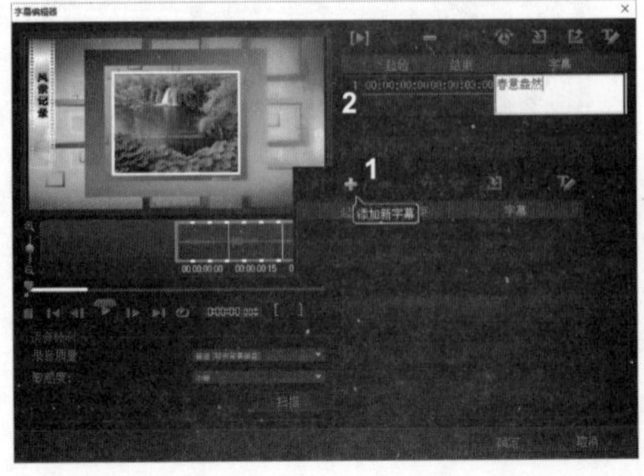

3. 新增字幕

❶ 在左侧拖动滑块到合适的位置，单击“结束标记”按钮。❷ 使用同样的操作方法，依次新增其他字幕。

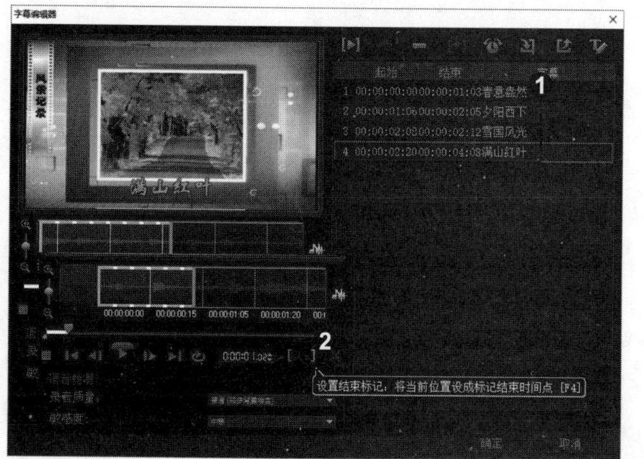

4. 预览字幕效果

单击“确定”按钮，完成设置，在预览窗口调整文字的位置，并单击导览面板中的“播放”按钮，预览字幕效果。

知识拓展

在使用字幕编辑器制作字幕时，还可以使用“文本选项”功能设置字幕的字体效果。❶ 在“字幕编辑器”对话框中，单击“文本选项”按钮，❷ 弹出“文本选项”对话框，修改相应的字体效果参数即可。

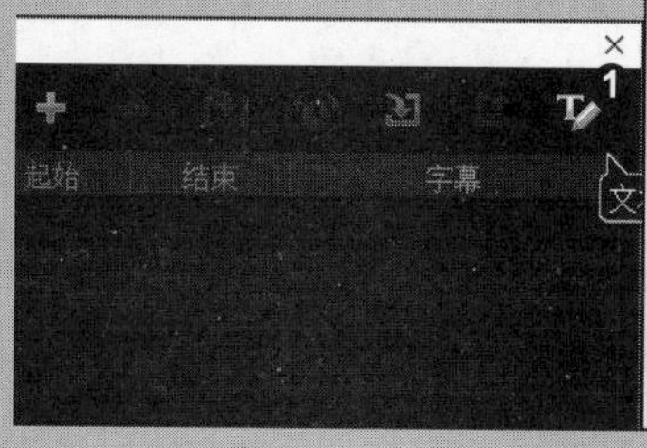

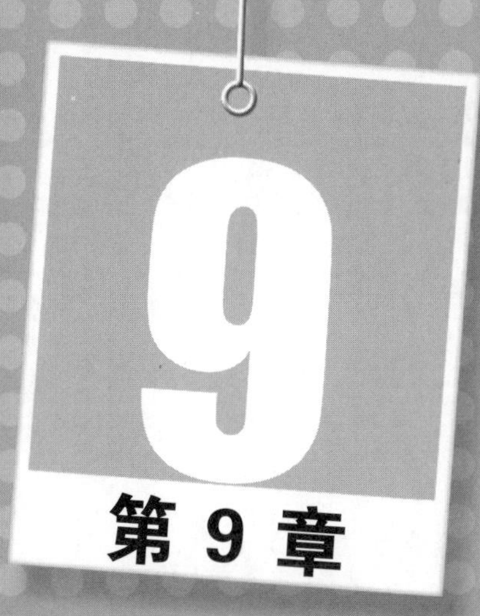

第 9 章 音频效果的应用技巧

影视作品是一门声画艺术，音频在影片中是不可或缺的元素，尤其在后期制作中，音频的处理相当重要，如果声音运用恰到好处，往往给观众带来耳目一新的感觉。本章将详细讲解音频效果应用的操作方法，其内容包括添加音频文件、添加自动音乐、分割音频文件、为音频添加淡入淡出效果、应用音频滤镜等。通过本章的学习，可以帮助用户更好地掌握音频的应用技巧，为处理音频打下坚实的基础。

招式 222 为调皮仓鼠添加音频文件

Q 在会声会影中完成电子相册的制作后，还需要添加音频文件，才能使电子相册呈现最完美的效果，您能教教我如何为素材添加音频文件吗?

A 没问题，您可以使用“插入音频”功能来实现。

1. 选择相应命令

❶ 打开本书配备的“素材\第9章\招式222 调皮仓鼠.vsp”项目文件，❷ 在菜单栏中选择“文件”|“将媒体文件插入到时间轴”|“插入音频”|“到音乐轨#1”命令。

2. 添加音频文件

❶ 弹出“打开音频文件”对话框，选择“音乐1”音频文件，❷ 单击“打开”按钮，即可将选择的音频文件添加至“时间轴”面板的音乐轨上，并调整音频的长度与图像素材长度一致。

知识拓展

在添加音频文件时，用户不仅可以将音频文件添加到音乐轨上，还可以添加到声音轨上。在菜单栏中选择“文件”|“将媒体文件插入到时间轴”|“插入音频”|“到声音轨”命令即可。

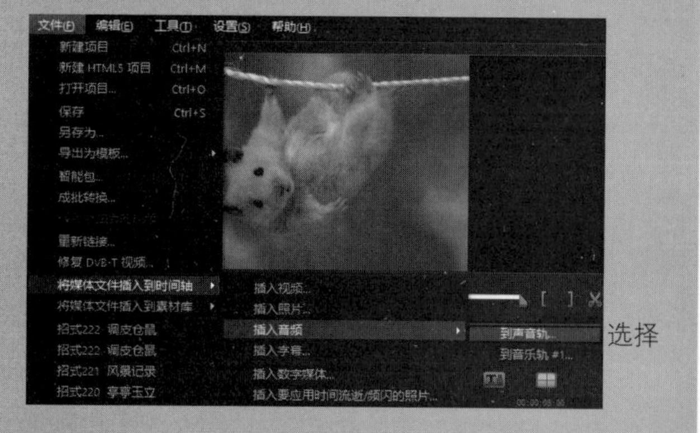

招式 223 为凤凰古镇添加自动音乐

Q 在制作电子相册时，想添加自动音乐，从而直接变换音乐的风格，您能教教我如何为素材添加自动音乐吗？

A 没问题，您可以使用“自动音乐”按钮来实现。“自动音乐”是程序当中自带的一个音频库。

1. 单击“自动音乐”按钮

❶ 打开本书配备的“素材\第 9 章\招式 223　凤凰古镇 .vsp”项目文件，❷ 在“时间轴”面板中，单击“自动音乐”按钮。

2. 试听音乐

❶ 展开“自动音乐”面板，依次在“类别”“歌曲”和“版本”列表框中选择合适的选项，❷ 单击“添加到时间轴”按钮。

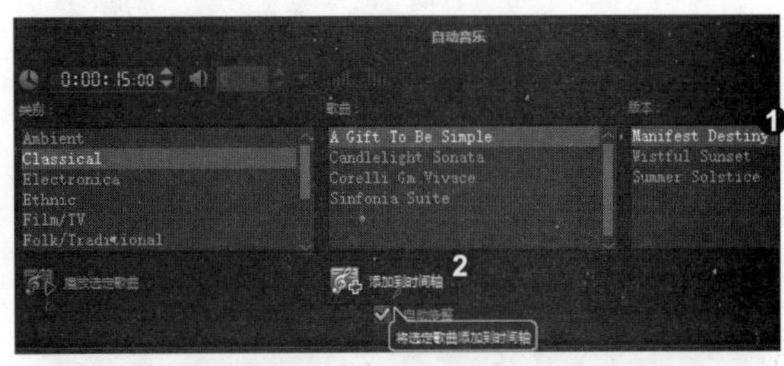

3. 添加自动音乐

音乐将自动添加到音乐轨上。

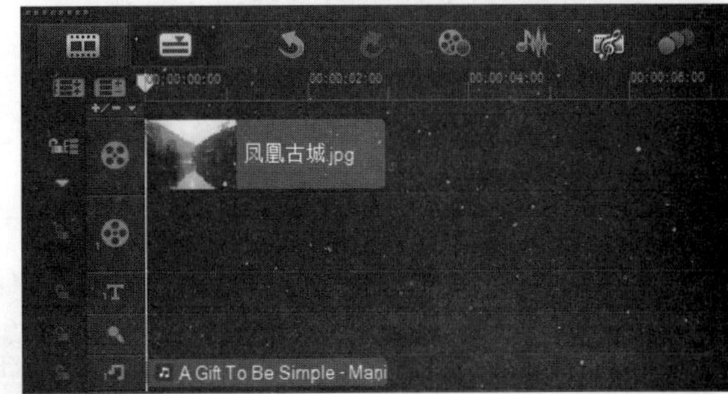

知识拓展

在“自动音乐”面板中包含多种自动音乐，用户可以选择不同的自动音乐进行添加即可。

招式 224 删除美味蛋糕中的音频文件

Q 在制作电子相册时，发现添加的音频文件有些多余，想将其删除，您能教教我如何删除素材中的音频文件吗?

A 没问题，您可以使用“删除”功能将其删除。

1. 选择音频文件

❶ 打开本书配备的“素材\第 9 章\招式 224 美味蛋糕.vsp”项目文件，❷ 在“时间轴”面板的音乐轨上选择音频文件。

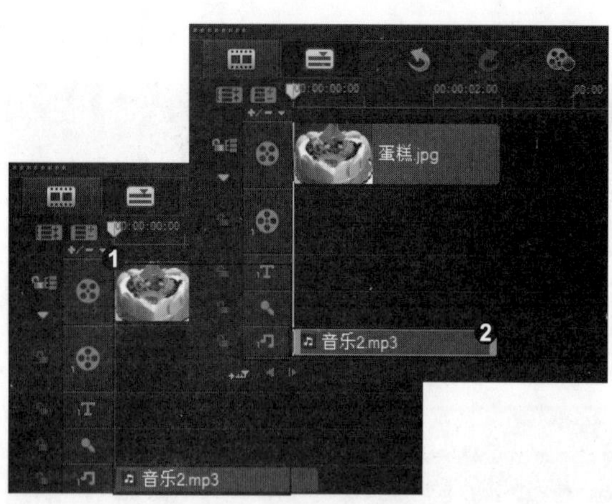

2. 删除音频文件

❶ 然后右击，弹出快捷菜单，选择“删除”命令，❷ 即可删除音频文件，并且“时间轴”面板中不再显示音频文件。

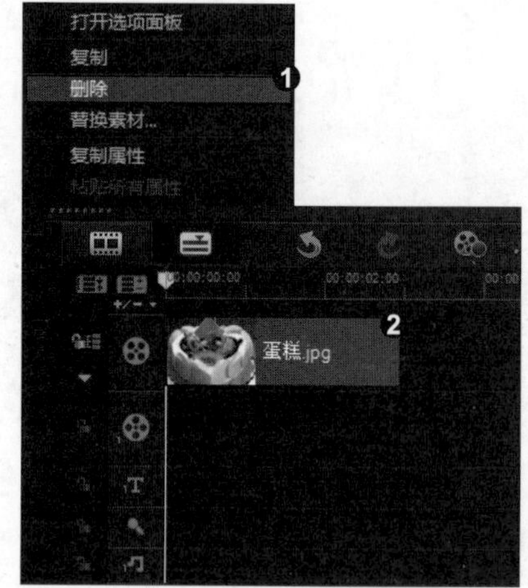

知识拓展

会声会影中的“删除”功能十分强大，不仅可以删除音频文件，还可以删除多余的视频、图像和字幕文件。选择需要删除的媒体文件后，在菜单栏中选择“编辑”|“删除”命令即可。

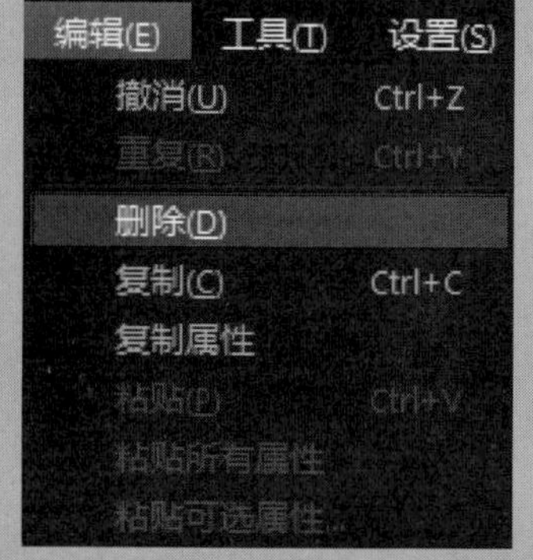

招式 225 分割创意鸡蛋的音频文件

Q 在添加音频文件后，常常会出现导入的音频文件太长或者不需要用到的某部分音频，您能教教我如何分割视频中的音频文件吗?

A 没问题，您可以使用“分割音频”功能分割音频，以达到想要的音频效果。

1. 选择音频文件

❶ 打开本书配备的“素材\第 9 章\招式 225 创意鸡蛋.vsp”项目文件，拖动滑块到需要分割音频的地方，❷ 在“时间轴”面板的音乐轨上选择音频。

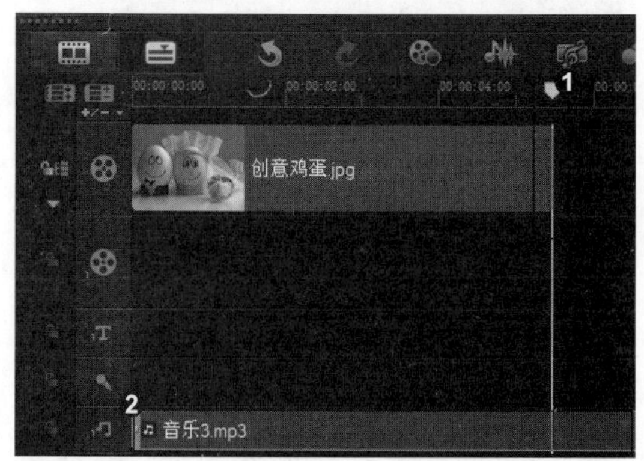

2. 分割音频

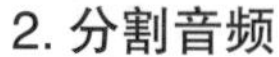

❶ 然后右击，弹出快捷菜单，选择“分割素材”命令，❷ 即可分割音频文件，并在“时间轴”面板的音乐轨上显示两段音频。

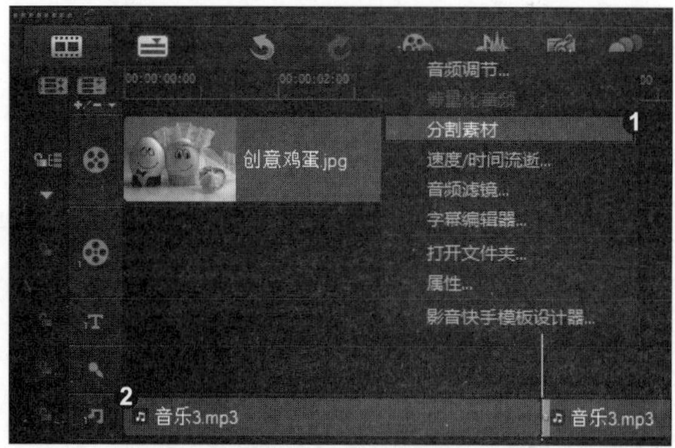

知识拓展

在会声会影中不仅可以分割音频素材，还可以将视频中的音频和视频进行分离操作。❶ 选择视频，右击，弹出快捷菜单，选择“分离音频”命令，❷ 即可将视频中的音频单独分离出来。

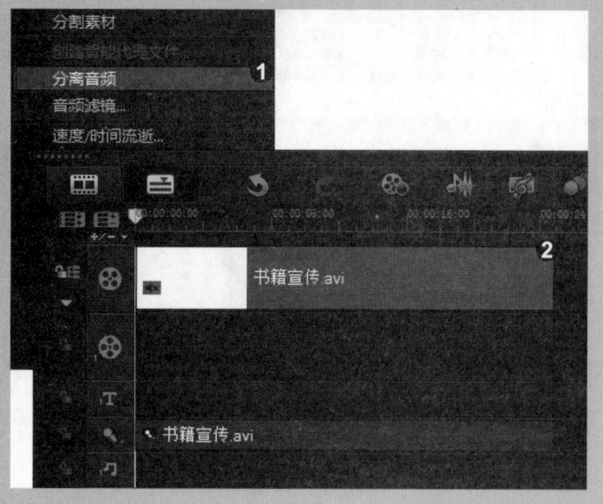

招式 226 为海底世界的音频添加淡入淡出效果

Q 在添加音频后，想对音频素材设置淡入和淡出效果，从而使音频文件的过渡更加自然，您能教教我如何为音频添加淡入淡出效果吗？

A 没问题，您可以在“音乐和声音”面板中分别单击“淡入”和“淡出”按钮来实现。

1. 添加淡入效果

❶ 打开本书配备的“素材\第9章\招式226 海底世界.vsp”项目文件，选择音乐轨上的音频文件，❷ 双击鼠标左键，打开“音乐和声音”面板，单击“淡入”按钮，添加淡入效果。

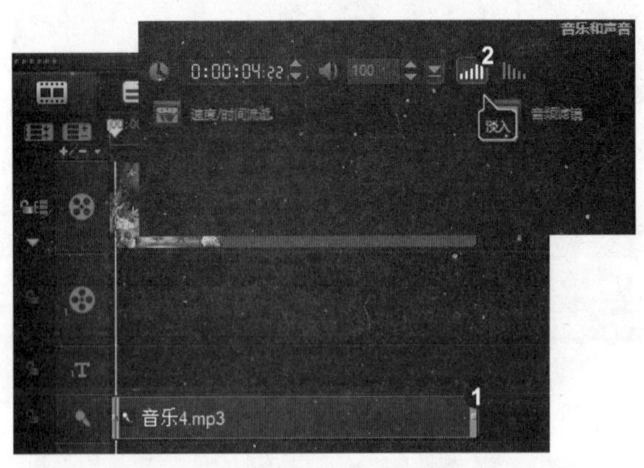

2. 添加淡出效果

❶ 在“音乐和声音”面板中，单击“淡出”按钮，添加淡出效果，❷ 单击“时间轴”面板上方的“混音器”按钮，在音频轨上显示淡入、淡出音轨曲线。

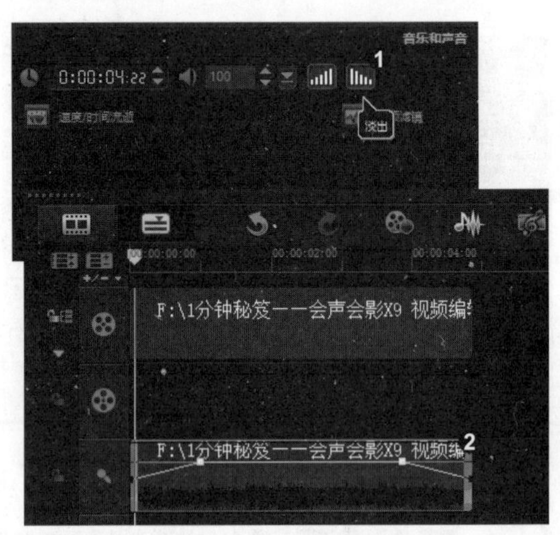

知识拓展

在为音频添加淡入或淡出效果后，用户可以为音频素材取消淡入或者淡出效果。选择音频素材，在“音乐和声音”面板中单击“淡入”或“淡出”按钮即可取消。

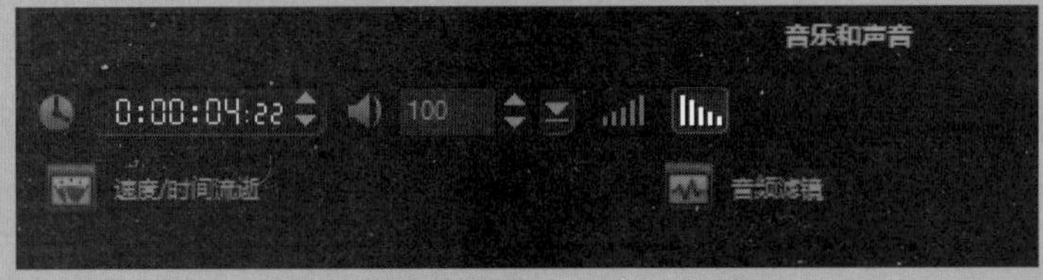

招式 227 调整享受音乐的音频音量

Q 为影片添加音频后，想对整个音频的音量进行调节，您能教教我如何调整音乐的音频音量吗？

A 没问题，您只要在“音乐和声音”面板中直接拖曳“音量”列表框中的滑块即可。

1. 进入“音乐和声音”面板

❶ 打开本书配备的“素材 \ 第 9 章 \ 招式 227　享受音乐 .vsp”项目文件，在“时间轴”面板中选择音频素材，❷ 双击鼠标左键，进入“音乐和声音”面板。

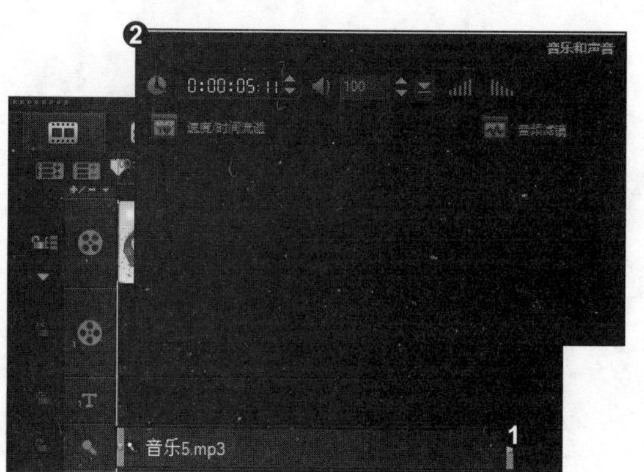

2. 降低声音音量

单击“音量”右侧的下三角按钮，展开列表框，向下拖曳，调整音频的音量为 50，即可降低声音的音量。

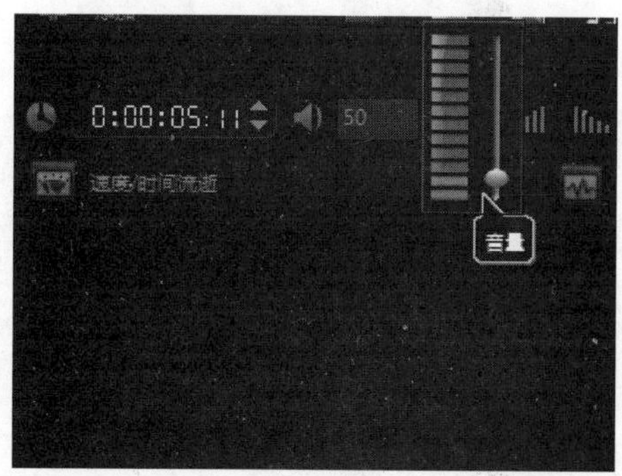

知识拓展

在调整音频的音量时，用户不仅可以降低音乐的音量，还可以调高音乐的音量。在“音乐和声音”面板的“音量”列表框中，向上拖曳滑块即可调高音量。

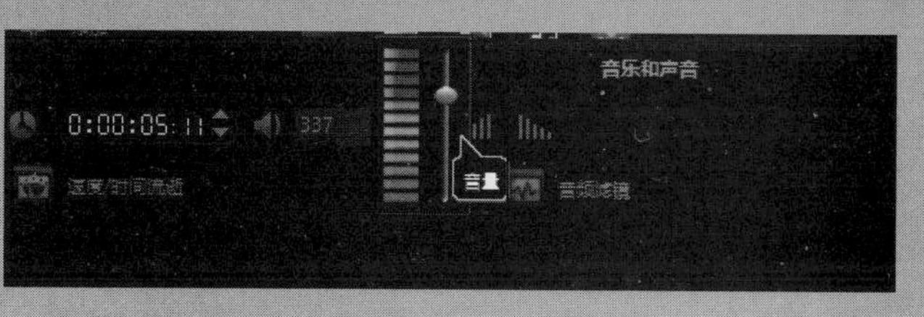

招式 228 设置音频素材为静音

Q 在添加音频素材后，有时需要将相应的音乐的声音调整为静音，您能教教我如何设置音频素材为静音吗？

A 没问题，您只要在“音乐和声音”面板中将“音量”参数修改为 0 即可。

1. 选择音频文件

打开上一招式保存的效果项目文件，在“时间轴”面板中，选择音乐轨上的音频文件。

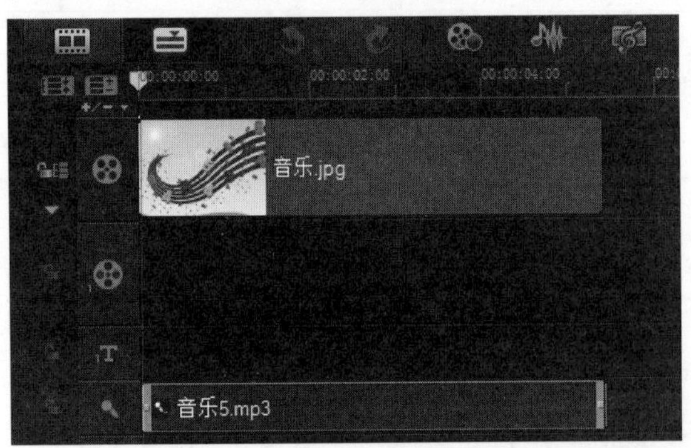

2. 设置静音

双击鼠标左键，打开“音乐和声音”面板，修改“音量”参数为0，即可设置静音。

知识拓展

在会声会影中，用户不仅可以将音频素材设置为静音，还可以取消音频素材的静音效果。在“音乐和声音”面板中，重新修改“音量”参数为0以上的数值即可。

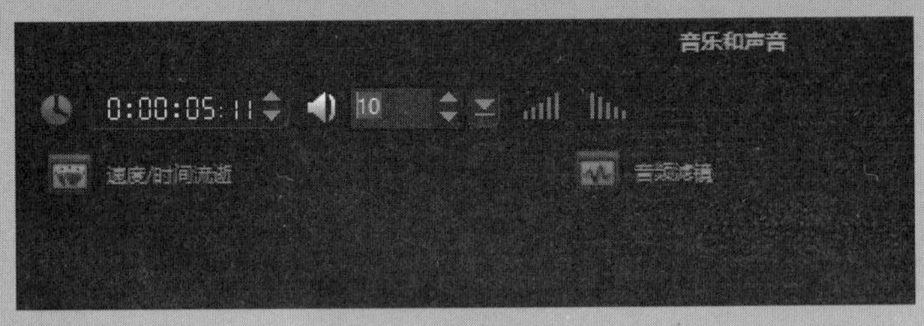

招式229 为魅力女人使用调节线

Q 在会声会影中调整音频素材时，想为音频素材添加关键帧来调整音量，您能教教我如何进行调整吗?

A 没问题，您可以使用调节线来进行调整，音量调节线是音乐轨中央的水平线条。

1. 选择音频文件

❶ 打开本书配备的“素材\第9章\招式229 魅力女人.vsp”项目文件，❷ 在“时间轴”面板中，选择音乐轨上的音频文件。

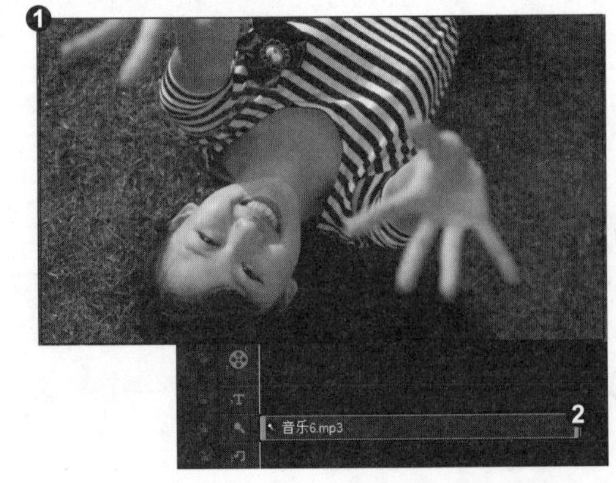

2. 向上拖动调节线

在“时间轴”面板上方单击“混音器”按钮，将鼠标放置在音量调节线上，当鼠标变成箭头形状时，单击音量调节线并向上拖动。

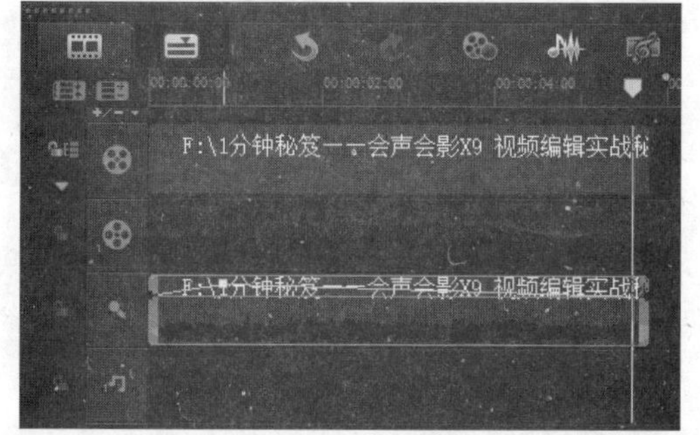

3. 调节音量高低

使用同样的方法，依次将调节线向上或向下拖曳，添加关键帧，即可完成用音量调节线调节音量的高低。

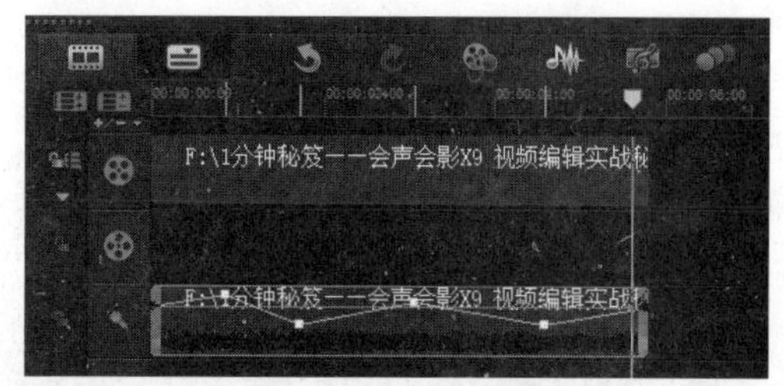

知识拓展

在使用调节线调整音量的高低后，还可以使用“重置音量”功能，将调节线恢复到默认状态。❶ 选择调节后的音频素材，右击，弹出快捷菜单，选择“重置音量”命令，❷ 即可将调节线恢复到默认状态。

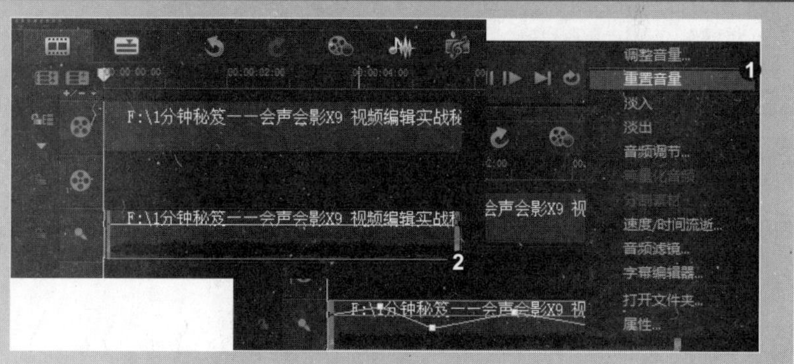

招式 230　使用“音频调节”功能调整音频

Q 在会声会影中调整音频时，想对音频的音量级别和敏感度进行调整，您能教教我如何调整音频吗?

A 没问题，您可以使用“音频调节”选项来实现。

1. 选择“音频调节”命令

❶ 打开本书配备的“素材 \ 第 9 章 \ 招式 230　黄色花朵 .vsp”项目文件，在“时间轴”面板中，选择音频文件，❷ 右击，弹出快捷菜单，选择“音频调节”命令。

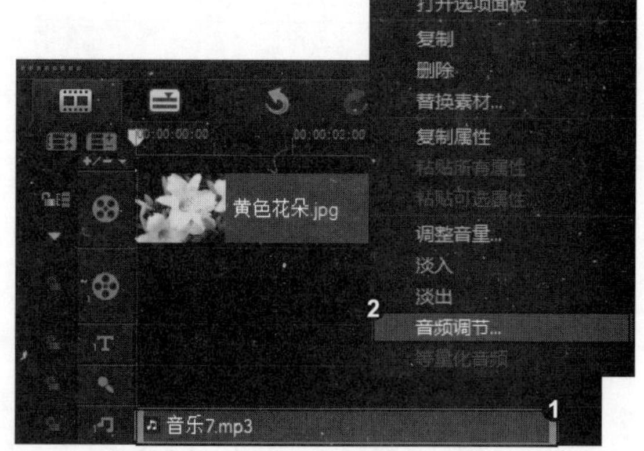

2. 移动转场效果

❶ 弹出“音频调节”对话框，修改“调节级别”参数为60、“敏感度”参数为30，❷ 单击“确定”按钮，即可完成音频的调整操作，并自动切换至“混音器”视图。

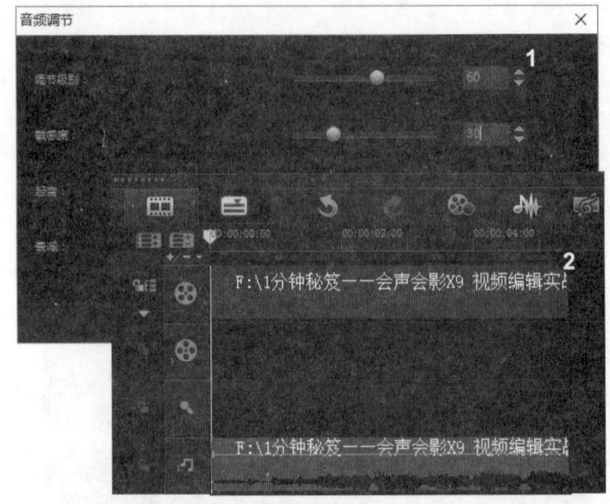

知识拓展

在使用“音频调节”功能调整音频时，还可以对音频的衰减时间进行调整。在“音频调节”对话框中，修改“衰减”参数即可。

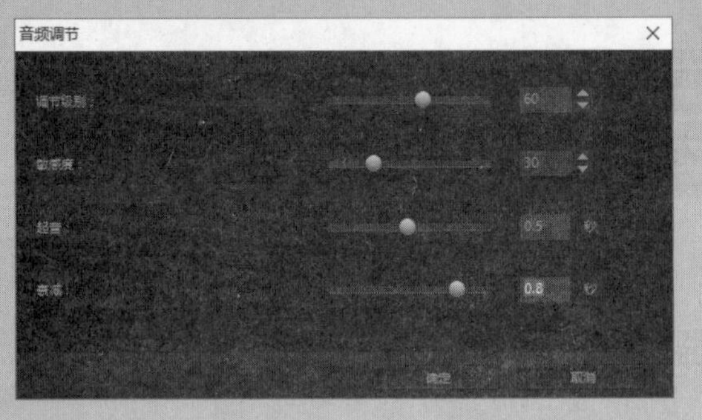

招式 231 调整音频的左右声道

Q 在会声会影中编辑音频素材时，常常需要对音频的左右声道分别进行调整，使得左声道与右声道的播放音频分开，您能教教我如何调整音频的左右声道吗？

A 没问题，您可以在“混音器”模式下修改“环绕混音”面板中的参数来实现。

1. 单击“播放”按钮

❶ 打开一上招式的素材项目文件，在“时间轴”面板上，单击“混音器”按钮，并选择音频素材，❷ 在“环绕混音”面板中单击“播放”按钮。

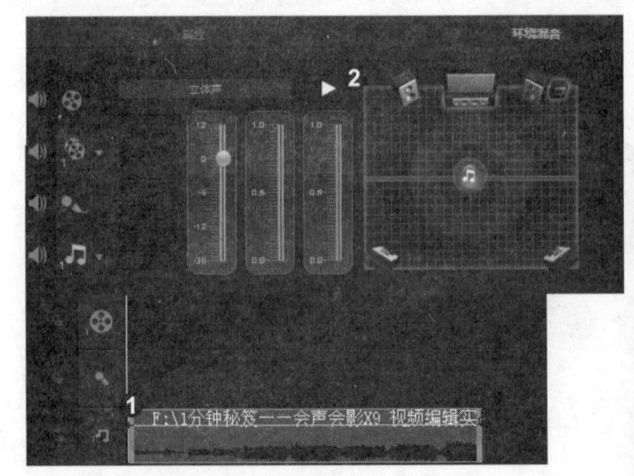

2. 拖曳蓝色图标

❶ 播放选择的音乐，向左拖曳“环绕混音”面板中的蓝色图标至合适的位置，❷ 向右拖曳“环绕混音”面板中的蓝色图标至合适的位置。

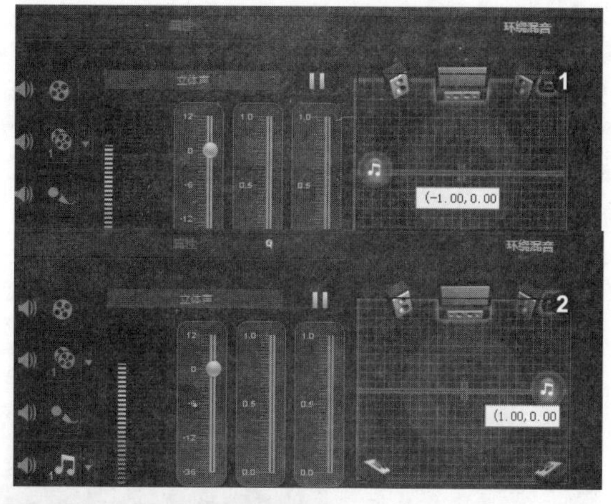

3. 添加关键帧

此时，即可完成音频左右声道的调整，并在音乐轨中的音频素材上添加了许多关键帧。

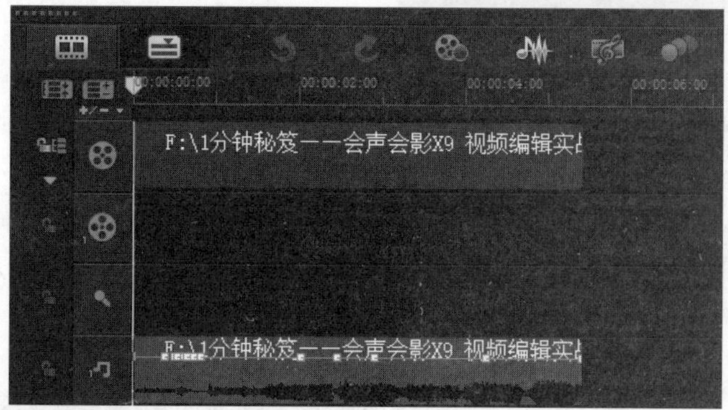

知识拓展

在“环绕混音”面板中播放音频时，可以在“音量”列表框中拖曳滑块，调整立体声播放音频的音量。

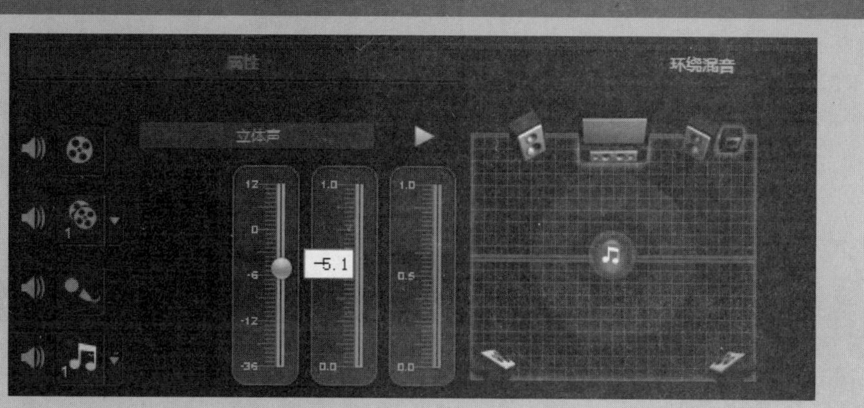

招式 232 为海的故事应用“混响”音频滤镜

Q 在会声会影中编辑音频时，想为音频制作一种带有“混响”效果的音频效果，您能教教我如何实现吗？

A 没问题，您可以使用“混响”音频滤镜来实现。

1. 单击“音频滤镜”按钮

❶ 打开本书配备的“素材\第9章\招式232 海的故事.vsp”项目文件，选择音乐轨上的音频文件，❷ 双击鼠标左键，打开“音乐和声音”面板，单击“音频滤镜”按钮。

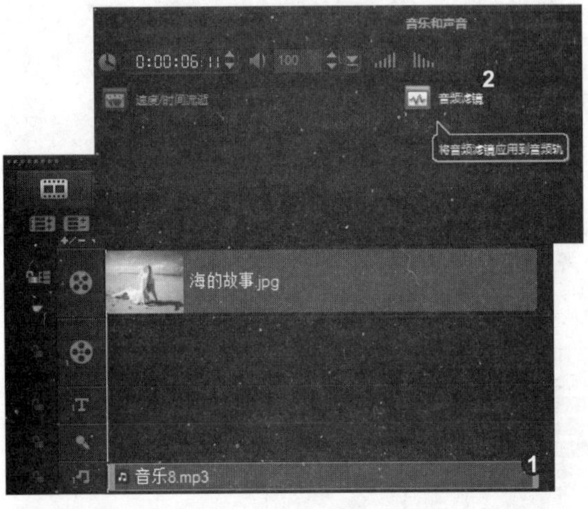

2. 添加“混响”音频滤镜

❶ 弹出“音频滤镜”对话框，在左侧的列表框中选择“混响”音频滤镜，单击“添加”按钮，❷ 即可将选择的音频滤镜添加至右侧的列表框中，单击“确定”按钮。

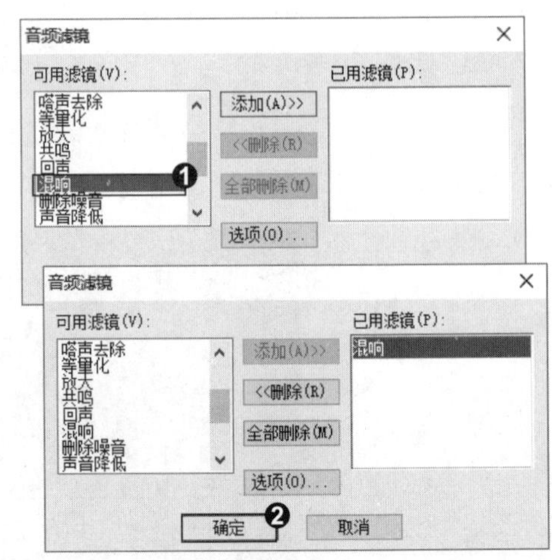

3. 应用“混响”音频滤镜

此时，即可添加所选择的滤镜效果到音频文件上，单击导览面板中的“播放”按钮，即可试听“混响”滤镜效果。

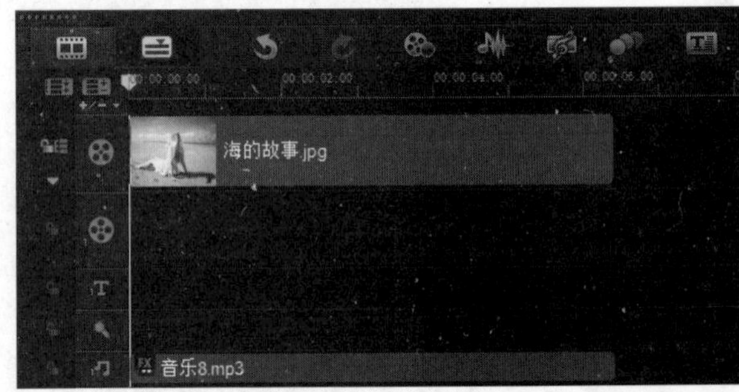

知识拓展

在添加好“混响”音频滤镜后，用户还可以使用“选项”功能对“混响”音频滤镜的“回馈”和“强度”参数。❶ 在“音频滤镜”对话框，单击“选项”按钮，❷ 弹出“混响”对话框，设置各参数即可。

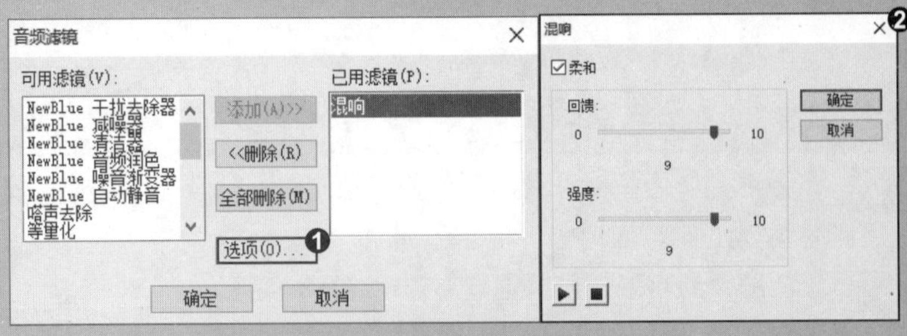

招式 233 为欢乐谷游玩应用“长回声”音频滤镜

Q 在会声会影中编辑音频时，想为音频制作一种带有“长回声”的音频效果，您能教教我如何实现吗？

A 没问题，您可以使用“长回声”音频滤镜来实现。

1. 单击“音频滤镜”按钮

❶ 打开本书配备的“素材 \ 第 9 章 \ 招式 233　欢乐谷游玩 .vsp”项目文件，选择音乐轨上的音频文件，❷ 双击鼠标左键，打开“音乐和声音”面板，单击“音频滤镜”按钮。

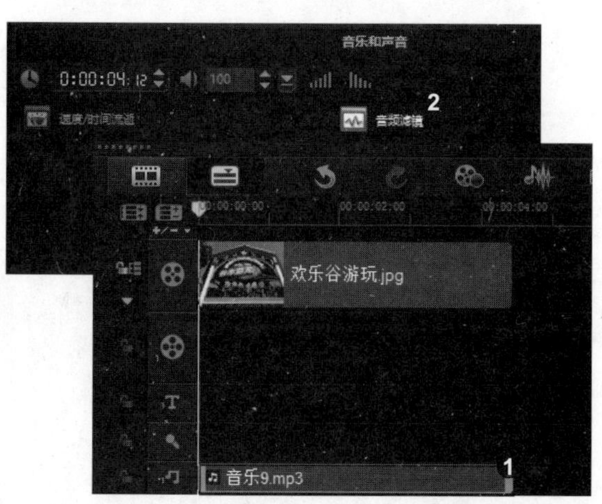

2. 添加“长回声”音频滤镜

❶ 弹出“音频滤镜”对话框，在左侧的列表框中选择“长回声”音频滤镜，❷ 依次单击“添加”和“确定”按钮，即可添加所选择的滤镜效果到音频文件上。

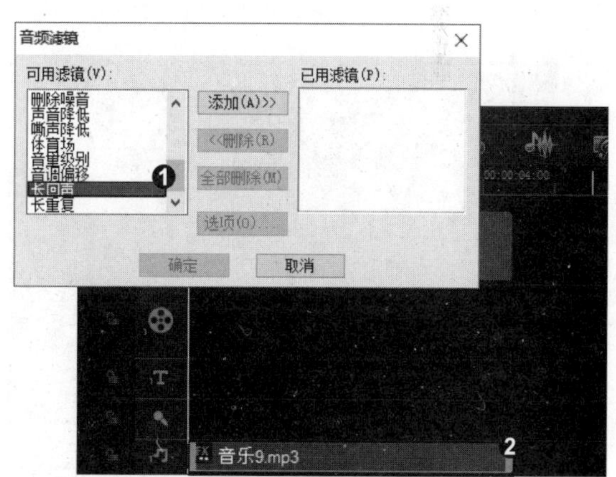

知识拓展

在为音频素材添加音频滤镜后，如果不想再使用音频滤镜效果，则可以使用“删除”功能删除。在“音频滤镜”对话框中，选择需要删除的音频滤镜，单击“删除”按钮即可。

音频滤镜
可用滤镜(V):
NewBlue 干扰去除器
NewBlue 减噪器
NewBlue 清洁器
NewBlue 音频润色
NewBlue 噪音渐变器
NewBlue 自动静音
嗒声去除
等量化
添加(A)>>
<<删除(R)
全部删除(M)
选项(O)...
已用滤镜(P):
长回声
单击
确定
取消

招式 234 为梅花应用“放大”音频滤镜

Q 在会声会影中编辑音频时，想为音频制作一种带有“放大”的音频效果，您能教教我如何实现吗?

A 没问题，您可以使用“放大”音频滤镜来实现。

1. 单击“音频滤镜”按钮

❶ 打开本书配备的“素材\第9章\招式234 梅花.vsp”项目文件，选择音乐轨上的音频文件，❷ 双击鼠标左键，打开“音乐和声音”面板，单击“音频滤镜”按钮。

2. 应用“放大”音频滤镜

❶ 弹出“音频滤镜”对话框，在左侧的列表框中选择“放大”音频滤镜，❷ 依次单击“添加”和“确定”按钮，即可添加所选择的滤镜效果到音频文件上。

知识拓展

在应用“放大”音频滤镜后，用户不仅可以使用默认的音频参数值，还可以通过“选项”功能对“放大”音频滤镜的放大参数进行修改。❶ 在“音频滤镜”对话框中，选择“放大”音频滤镜，单击“选项”按钮，❷ 弹出“放大”对话框，修改相应的参数即可。

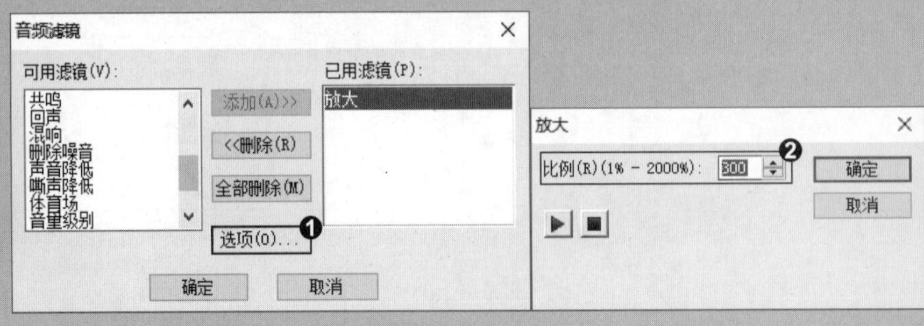

招式 235 为假日海滩应用“音调偏移”音频滤镜

Q 在会声会影中编辑音频时，想为音频制作一种带有“音调偏移”的音频效果，您能教教我如何实现吗?

A 没问题，您可以使用“音调偏移”音频滤镜来实现。

1. 单击“音频滤镜”按钮

❶ 打开本书配备的“素材 \ 第 9 章 \ 招式 235　假日海滩 .vsp”项目文件，选择音乐轨上的音频文件，❷ 双击鼠标左键，打开“音乐和声音”面板，单击“音频滤镜”按钮。

2. 单击“选项”按钮

❶ 弹出“音频滤镜”对话框，在左侧的列表框中选择“音调偏移”音频滤镜，单击“添加”按钮，❷ 将选择的音频滤镜添加至右侧的列表框中，单击“选项”按钮。

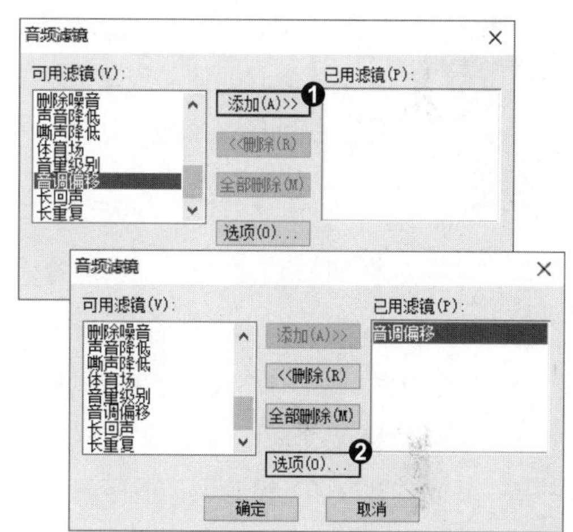

3. 添加“音调偏移”音频滤镜

❶ 弹出“音调偏移”对话框，向右拖曳滑块，调整其参数为 7，❷ 依次单击“确定”按钮，即可将选择的音频滤镜添加至音频素材上，并在导览面板中单击“播放”按钮，试听音乐效果。

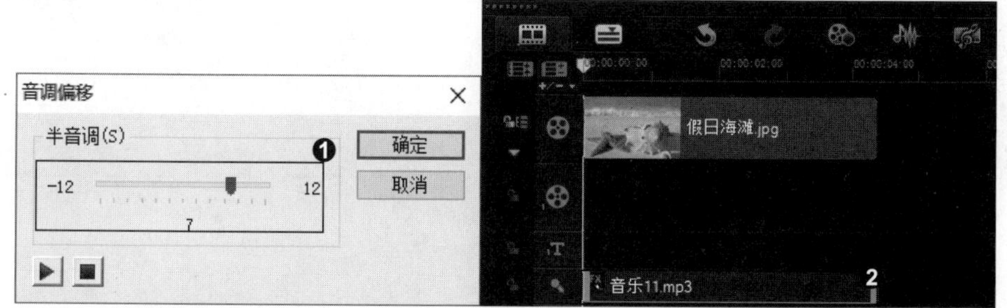

知识拓展

在调整“音调偏移”对话框中的“半音调”参数时，除了可以将半音调调大，还可以将半音调调小。在“音调偏移”对话框中，将滑块向右拖曳，即可将半音调调小。

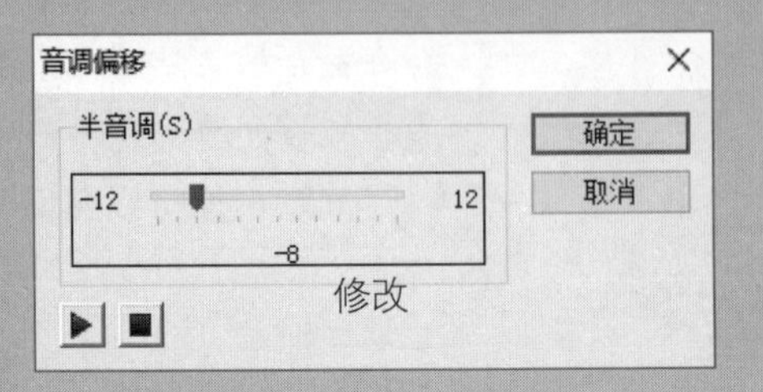

招式 236 为哭泣的女孩应用“声音降低”音频滤镜

Q 在会声会影中编辑音频时，想为音频制作一种带有“声音降低”的音频效果，您能教教我如何实现吗？

A 没问题，您可以使用“声音降低”音频滤镜来实现。

1. 单击“音频滤镜”按钮

❶ 打开本书配备的“素材\第9章\招式236 哭泣的女孩.vsp”项目文件，选择音乐轨上的音频文件，❷ 双击鼠标左键，打开“音乐和声音”面板，单击“音频滤镜”按钮。

2. 单击“选项”按钮

❶ 弹出“音频滤镜”对话框，在左侧的列表框中选择“声音降低”音频滤镜，单击“添加”按钮，❷ 将选择的音频滤镜添加至右侧的列表框中，单击“选项”按钮。

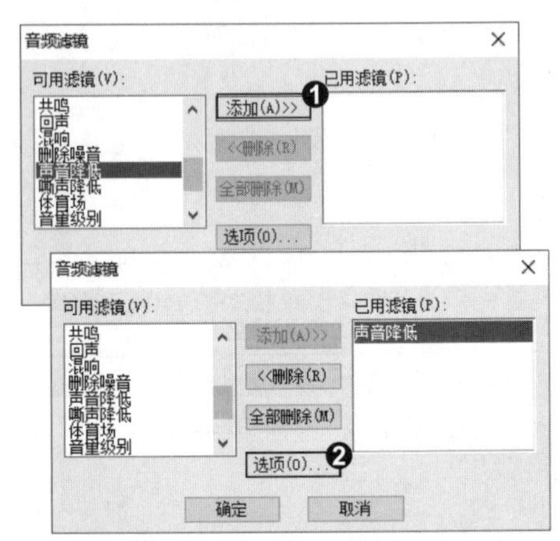

3. 添加“声音降低”音频滤镜

❶ 弹出“声音降低”对话框，拖曳“强度”滑块，修改其参数为 9，❷ 依次单击“确定”按钮，即可将选择的音频滤镜添加至音频素材上，并在导览面板中单击“播放”按钮，试听音乐效果。

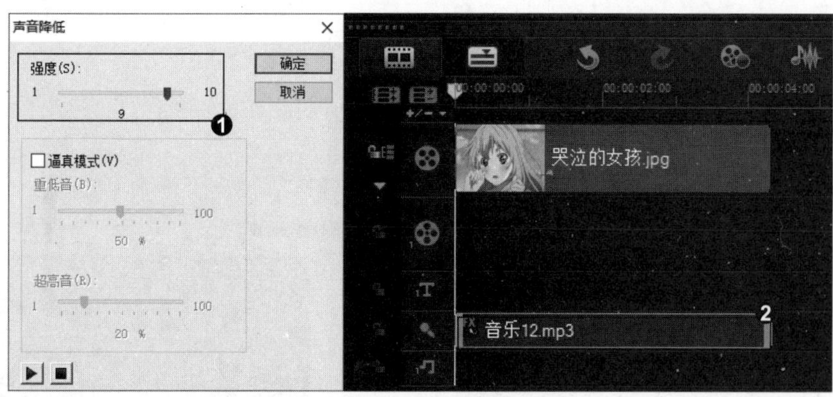

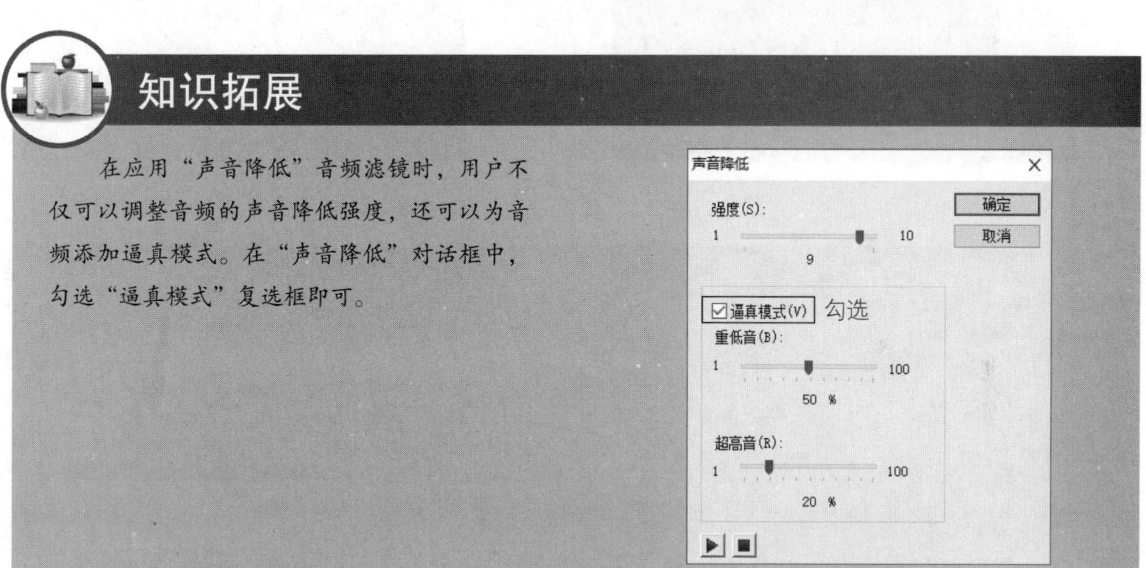

知识拓展

在应用“声音降低”音频滤镜时，用户不仅可以调整音频的声音降低强度，还可以为音频添加逼真模式。在“声音降低”对话框中，勾选“逼真模式”复选框即可。

招式 237 为美好生活应用“共鸣”音频滤镜

Q 在会声会影中编辑音频时，想为音频制作一种带有“共鸣”的音频效果，您能教教我如何实现吗？

A 没问题，您可以使用“共鸣”音频滤镜来实现。

1. 单击“音频滤镜”按钮

❶ 打开本书配备的“素材\第9章\招式237 美好生活.vsp”项目文件，选择音乐轨上的音频文件，❷ 双击鼠标左键，打开“音乐和声音”面板，单击“音频滤镜”按钮。

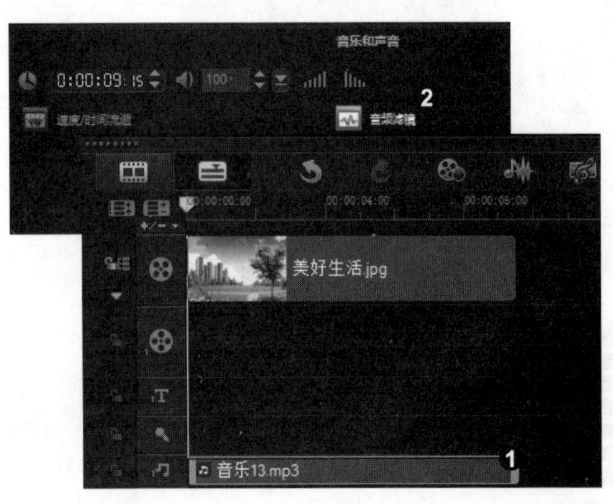

2. 添加“共鸣”音频滤镜

❶ 弹出“音频滤镜”对话框，在左侧的列表框中选择“共鸣”音频滤镜，❷ 依次单击“添加”和“确定”按钮，即可添加所选择的滤镜效果到音频文件上。

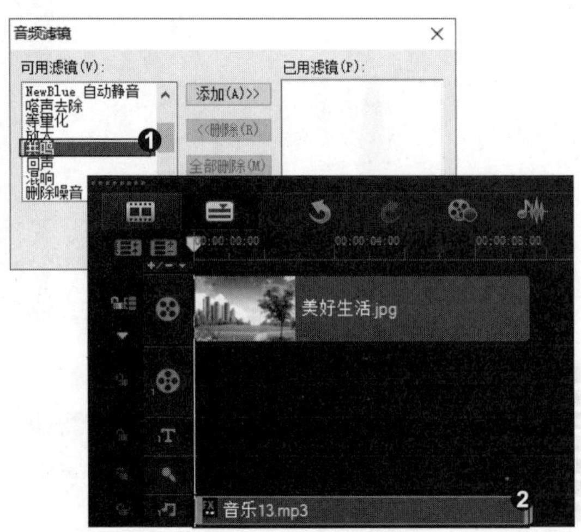

知识拓展

在会声会影中添加音频滤镜时，用户不仅可以添加单个音频滤镜，还可以添加多个音频滤镜。在“音频滤镜”对话框中，选择多个音频滤镜，单击“添加”按钮即可。

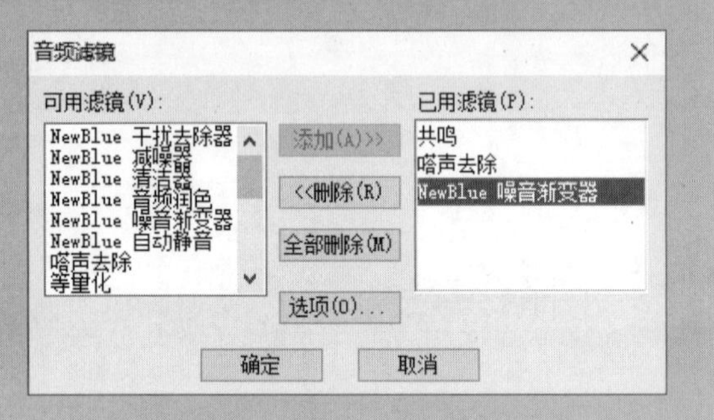

招式238 为调皮少女应用“删除噪音”音频滤镜

Q 在会声会影中编辑音频时，想为音频制作一种将噪音删除的音频效果，您能教教我如何实现吗？

A 没问题，您可以使用“删除噪音”音频滤镜来实现。

1. 单击“音频滤镜”按钮

❶ 打开本书配备的“素材 \ 第 9 章 \ 招式 238　调皮少女 .vsp”项目文件，选择音乐轨上的音频文件，❷ 双击鼠标左键，打开“音乐和声音”面板，单击“音频滤镜”按钮。

2. 添加“删除噪音”音频滤镜

❶ 弹出“音频滤镜”对话框，在左侧的列表框中选择“删除噪音”音频滤镜，❷ 依次单击“添加”和“确定”按钮，即可添加所选择的滤镜效果到音频文件上。

知识拓展

在添加完“删除噪音”音频滤镜后，用户还可以调整“删除噪音”音频滤镜的“阈值”参数。❶ 在“音频滤镜”对话框，单击“选项”按钮，❷ 弹出“删除噪音”对话框，拖曳滑块即可。

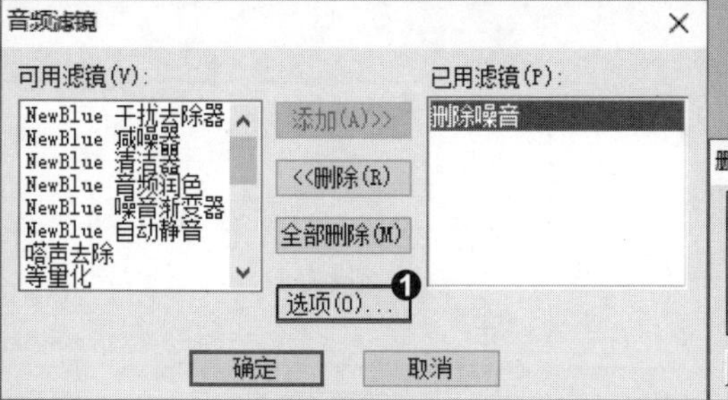

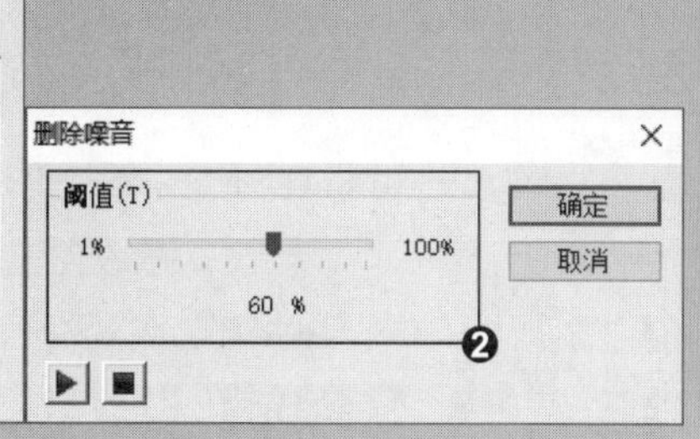

招式 239　为花朵应用“噪音渐变器”音频滤镜

Q 在会声会影中编辑音频时，想为音频制作一种带有“噪音渐变”的音频效果，您能教教我如何实现吗？

A 没问题，您可以使用“噪音渐变器”音频滤镜来实现。

1. 单击“音频滤镜”按钮

❶ 打开本书配备的“素材\第9章\招式239 花朵.vsp”项目文件，选择音乐轨上的音频文件，❷ 双击鼠标左键，打开“音乐和声音”面板，单击“音频滤镜”按钮。

2. 添加音频滤镜

❶ 弹出“音频滤镜”对话框，在左侧的列表框中选择“NewBlue 噪音渐变器”音频滤镜，❷ 依次单击“添加”和“确定”按钮，即可添加所选择的滤镜效果到音频文件上。

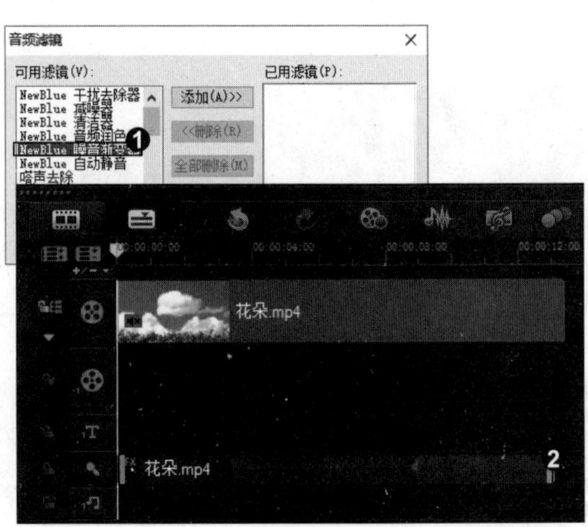

知识拓展

在添加完“噪音渐变器”音频滤镜后，用户还可以调整“噪音渐变器”音频滤镜的“阈值”和“淡化”参数。❶ 在“音频滤镜”对话框，单击“选项”按钮，❷ 弹出“NewBlue 噪音渐变器”对话框，修改各参数即可。

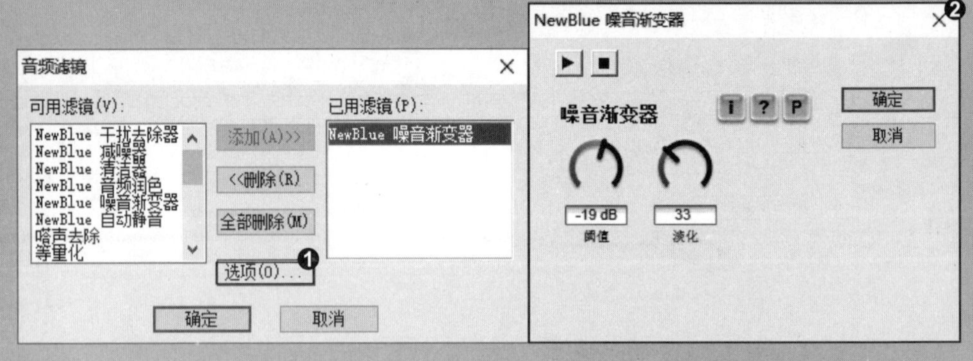

第10章 视频的输出与共享技巧

在完成影片的制作后，为了能与更多人进行分享，需要将影片创建成视频文件，然后发布到网站共享、刻录成光盘等。本章将详细讲解视频的输出与共享的操作方法，其内容包括输出影片、创建宽屏视频、创建独立视频、录制视频、输出为智能包等。通过本章的学习，可以帮助用户有效、合理地输出与共享成品视频。

招式 240 输出快乐宝贝整部影片

Q 在会声会影中完成整部影片的制作后，需要将编辑完成的影片输出为视频文件，以供其他用户观赏，您能教教我如何输出整部影片吗？

A 没问题，您只要在“共享”步骤面板中单击“自定义”按钮即可。

1. 单击“自定义”按钮

❶ 打开本书配备的“素材 \ 第 10 章 \ 招式 240 快乐宝贝 .vsp”项目文件，❷ 单击“共享”按钮，切换至“共享”步骤面板，单击“自定义”按钮。

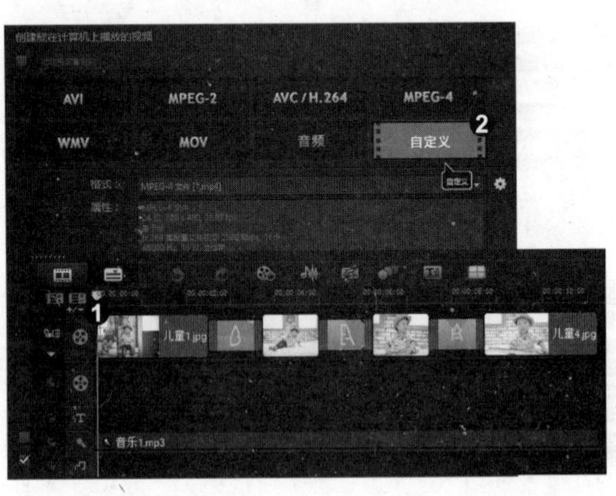

2. 设置文件保存位置

❶ 单击“文件位置”右侧的“浏览”按钮，弹出“浏览”对话框，修改保存路径，单击“保存”按钮即可。❷ 接着单击“开始”按钮，显示渲染文件进度。

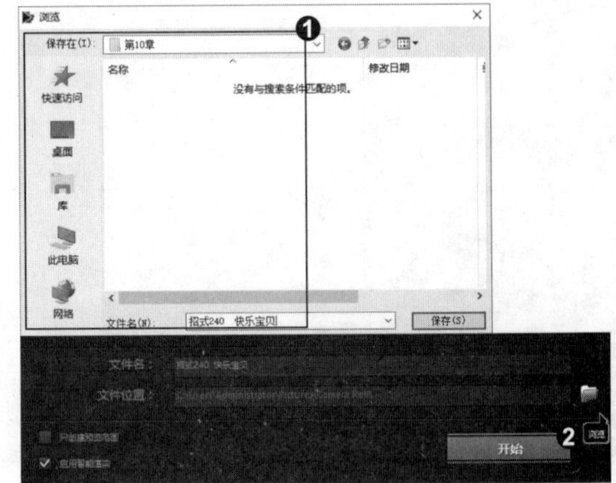

3. 输出整部影片

❶ 渲染完成后弹出提示对话框，单击“确定”按钮。❷ 单击步骤面板上的“编辑”步骤，在素材库中可查看输出完成的影片。

知识拓展

输出整部影片时，用户可以在“格式”列表框中，根据需要选择其他视频格式进行导出即可。

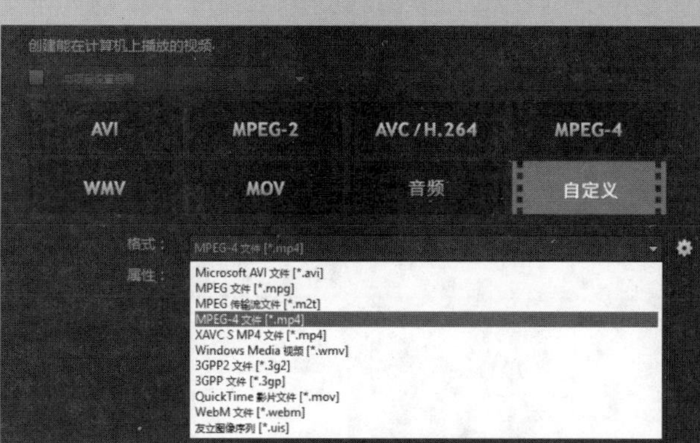

招式 241 输出可口冷饮部分影片

Q 在输出影片时，有时只需要输出其中的一部分影片，您能教教我如何输出吗?

A 没问题，您可以先指定影片的输出范围，然后输出指定部分视频即可。

1. 单击“开始标记”按钮

❶ 打开本书配备的“素材 \ 第 10 章 \ 招式 241　可口冷饮 .vsp”项目文件，❷ 在导览面板中拖动滑块到指定开始位置，并单击“开始标记”按钮。

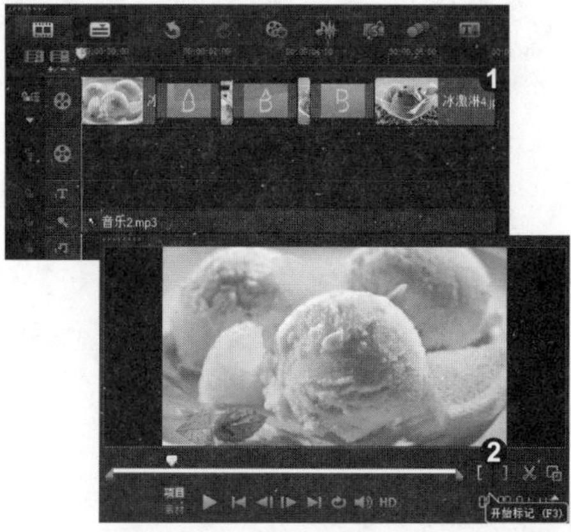

2. 单击“自定义”按钮

❶ 在导览面板上继续拖动滑块到指定结束位置，并单击“结束标记”按钮，即可添加结束标记，❷ 单击“共享”按钮，切换至共享面板，单击“自定义”按钮。

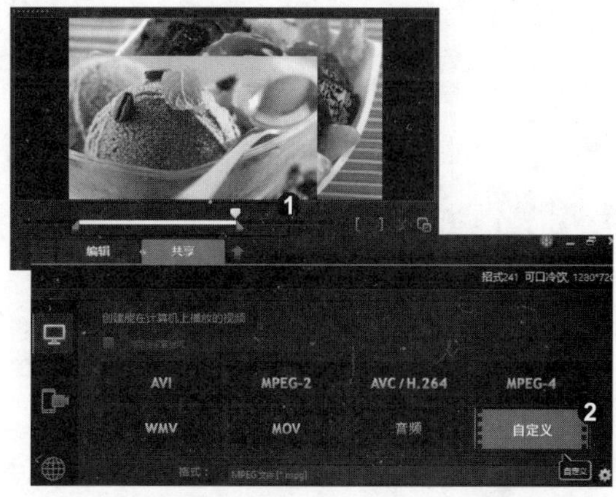

3. 输出部分影片

❶ 设置文件名称及位置，勾选“只创建预览范围”复选框，❷ 单击“开始”按钮，显示视频渲染进度，渲染完成后弹出提示对话框，单击“确定”按钮，❸ 进入“编辑”面板，渲染完成的影片会自动保存到素材库中。

知识拓展

在会声会影中，用户不仅可以用滑块标记指定预览范围，还可以直接拖动“修整标记”来指定预览范围。

招式 242 创建海滩游玩宽屏视频

Q 在制作好影片后，想将影片创建为宽屏幕的视频，您能教教我如何创建吗？

A 没问题，您可以在“共享”步骤面板中单击“选项”按钮来实现。

1. 单击“选项”按钮

❶ 打开本书配备的“素材 \ 第 10 章 \ 招式 242　海滩游玩 .vsp”项目文件，❷ 单击“共享”按钮，切换至“共享”步骤面板，单击“自定义”按钮，进入“自定义”面板，单击“选项”按钮。

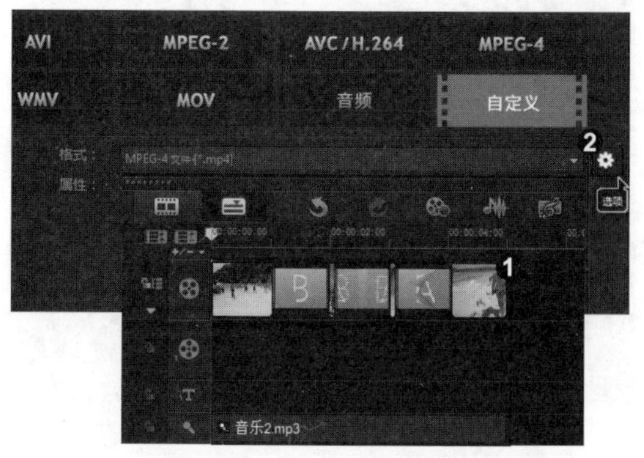

2. 创建宽屏视频

❶ 弹出“选项”对话框，在“显示宽高比”列表框中选择“16 ∶ 9”选项，❷ 单击“确定”按钮后，即可对其进行输出渲染，并在素材库面板中查看创建的宽屏视频。

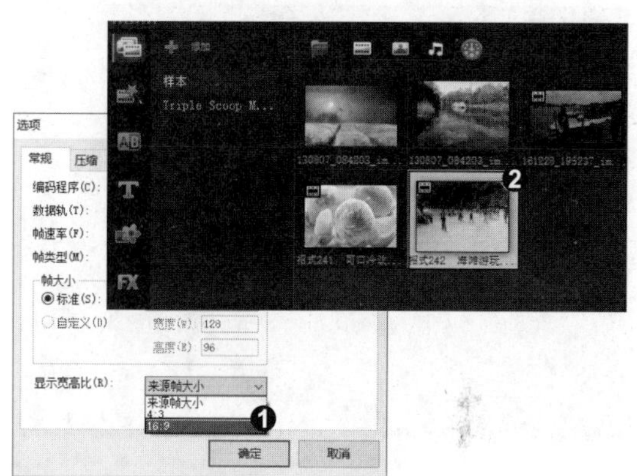

知识拓展

在会声会影中，屏幕的高宽比分为 4:3 和 16 ∶ 9 两种，因此用户不仅可以创建宽高比为 16 ∶ 9 宽屏视频，还可以创建 4 ∶ 3 宽屏视频。❶ 在“自定义”面板，单击“选项”按钮，❷ 弹出“选项”对话框，在“显示宽高比”列表框中选择“4 ∶ 3”选项即可。

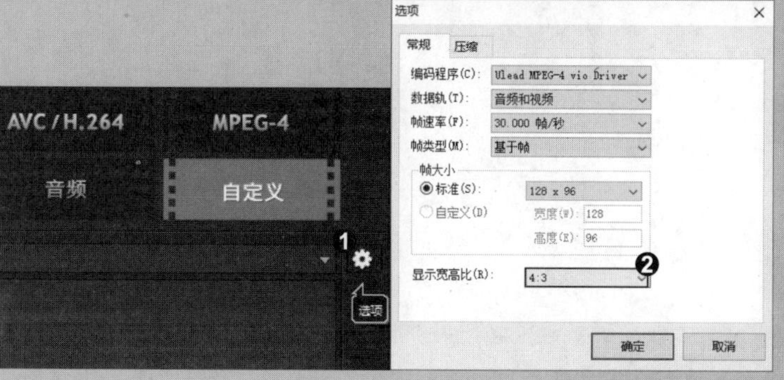

招式 243　将海滩游玩项目导出为 3D 影片

Q　在制作影片后，想将影片导出为 3D 影片，从而使用会声会影配有的 3D 眼镜享受更具冲击力的视频特效，您能教教我如何将项目导出为 3D 影片吗？

A　没问题，您可以在“共享”步骤面板中单击 3D 按钮来实现。

1. 选中“红蓝”单选按钮

❶打开上一招式的素材项目文件，单击“共享”按钮，进入“共享”面板，单击3D按钮，❷进入“创建3D视频”界面，选中“红蓝”单选按钮。

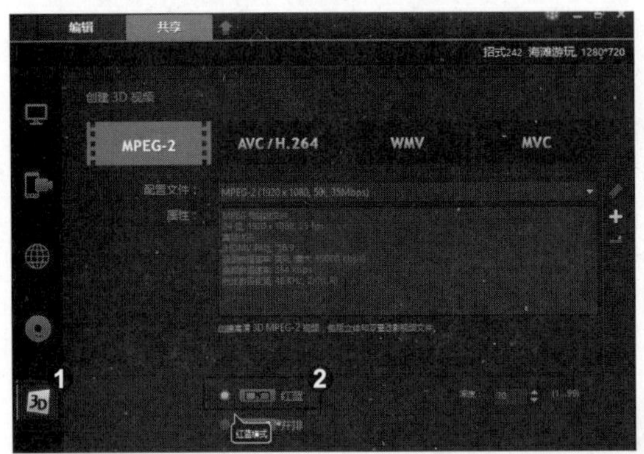

2. 创建3D影片

❶修改文件名，单击“开始”按钮，❷即可对其进行输出渲染，并在素材库面板中查看创建的3D影片。

知识拓展

在导出3D影片时，用户不仅可以将3D影片导出为红蓝模式，还可以导出为并排模式。在“创建3D视频”界面中，选中“并排模式”单选按钮即可。

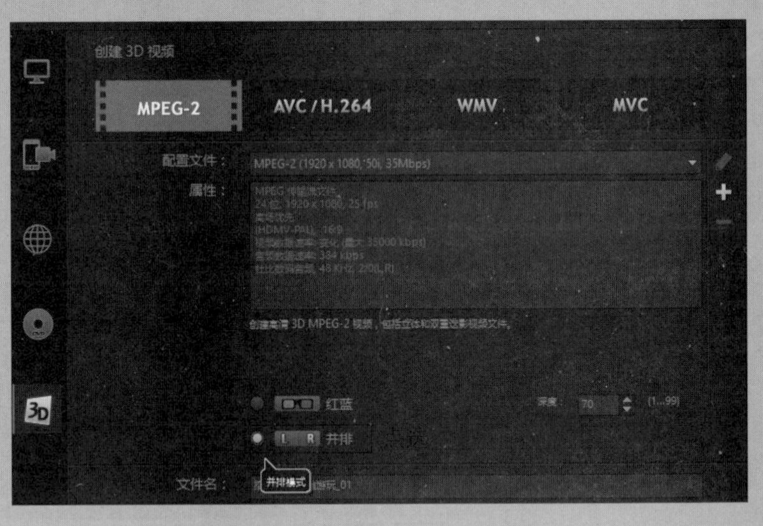

招式 244 创建影视频道的声音文件

Q 在会声会影中，想将影片中的音频文件单独创建出来，您能教教我如何创建项目的声音文件吗？

A 没问题，您可以在“共享”步骤面板中单击“音频”按钮来实现。

1. 单击“音频”按钮

❶ 打开本书配备的“素材\第 10 章\招式 244 影视频道 .vsp”项目文件，❷ 单击“共享”按钮，切换至“共享”步骤面板，单击“音频”按钮。

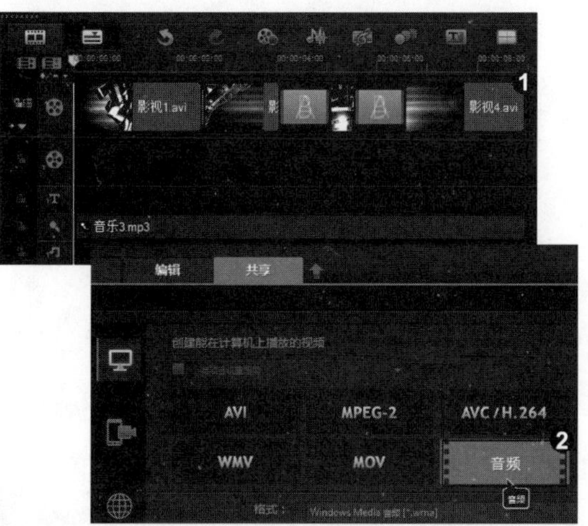

2. 输出音频文件

❶ 输入文件名称，并设置存储路径，单击“开始”按钮，❷ 输出完成的音频文件自动保存到素材库中，音频文件输出完成。

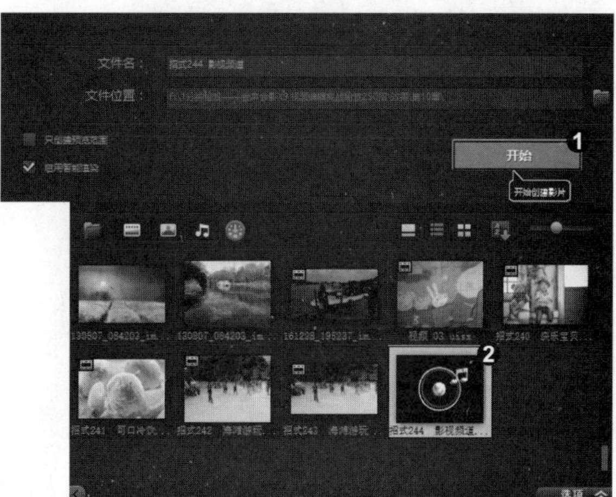

知识拓展

在单独创建声音文件时，用户可以在“格式”列表框中，根据需要选择其他的音频格式进行导出即可。

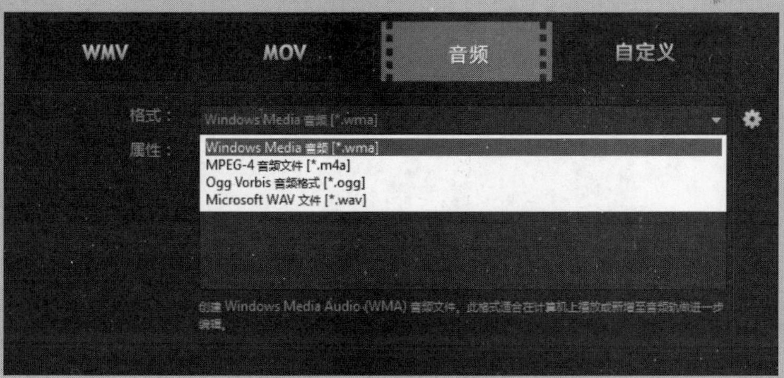

招式 245 创建阳光海岸的独立视频

Q 在会声会影中，有时需要去除影片中的声音，单独保存视频部分，以便添加背景音乐或配音，您能教教我如何创建独立视频吗？

A 没问题，您可以在“共享”步骤面板中使用“创建自定义配置文件”按钮来实现。

1. 单击相应的按钮

❶ 打开本书配备的“素材\第10章\招式245 阳光海岸.vsp”项目文件，❷ 切换至“共享”步骤面板，单击“创建自定义配置文件”按钮。

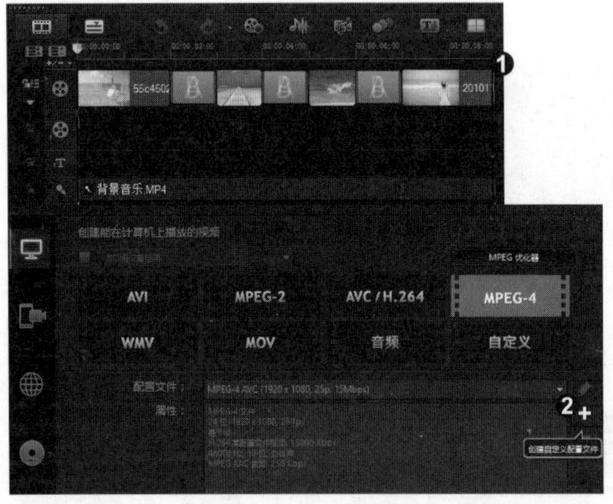

2. 选择“仅视频”选项

❶ 弹出“新建配置文件选项”对话框，切换至“常规”选项卡，❷ 在“数据轨”列表框中，选择“仅视频”选项。

新建配置文件选项
Corel VideoStudio 常规 压缩
编码程序(C): Ulead MPEG-4 vio Driver
数据轨(T): 仅视频
帧速率(F): 25.000 帧/秒
帧类型(M): 基于帧
帧大小
标准(S): 1920 x 1080
自定义(D) 宽度(W): 1920 高度(E): 1080
显示宽高比(R): 来源帧大小
确定 取消

3. 收藏转场效果

依次单击“确定”和“开始”按钮，开始显示渲染文件，渲染完成后，在“编辑”素材库中显示文件，播放时可以发现视频只有画面没有音频。

知识拓展

在“共享”步骤面板中，用户不仅可以创建新的自定义配置文件，还可以删除自定义配置文件。在“共享”步骤面板中，选择需要删除的自定义配置文件，单击“删除自定义配置文件”按钮即可。

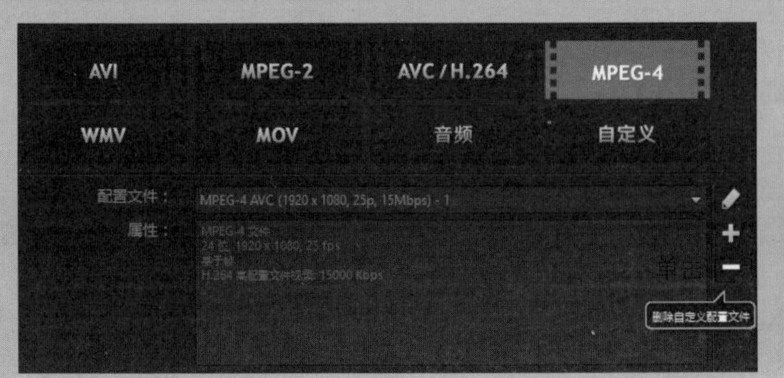

招式 246 使用 DV 录制视频

Q 在会声会影中，想将编辑完成的影片直接回录到 DV 机上，您能教教我如何使用 DV 录制视频吗？

A 没问题，您可以在“共享”步骤面板中单击“设备”按钮进行操作来实现。

1. 单击“设备”按钮

将 DV 与计算机连接，进入会声会影编辑界面，单击“共享”按钮，在“共享”步骤面板上单击“设备”按钮。

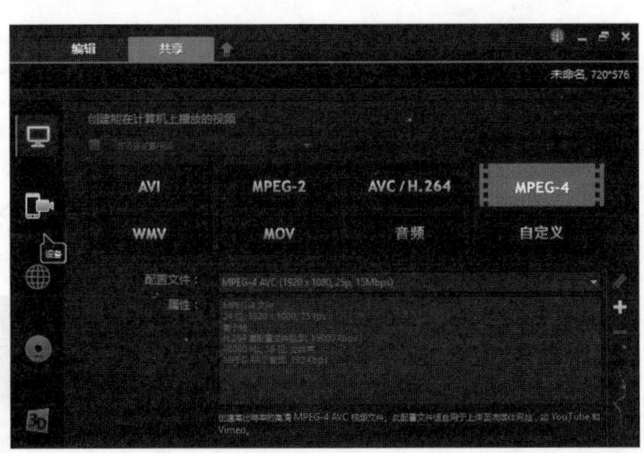

2. 设置文件名称和保存位置

进入“设备”界面，输入文件名称并设置保存位置，单击“开始”按钮即可。

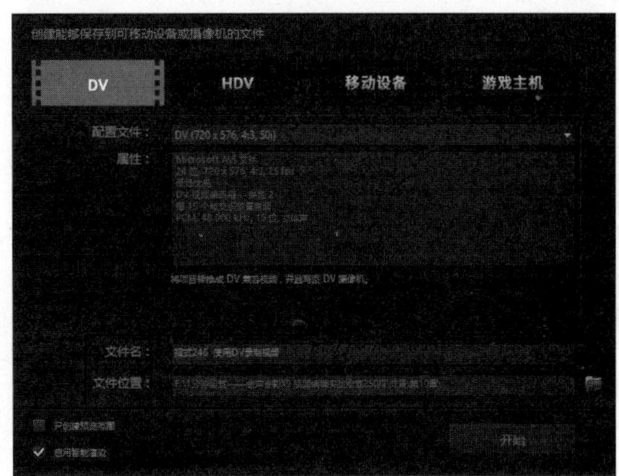

知识拓展

在会声会影中，用户不仅可以使用 DV 录制视频，还可以使用 HDV 录制视频。在“共享”步骤面板中，单击“设备”按钮，进入“设备”界面，单击 HDV 按钮，再进行操作即可。

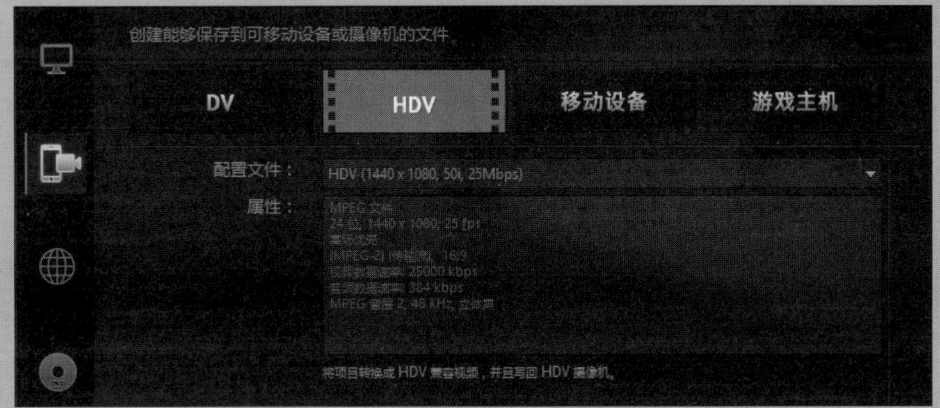

招式 247 将蝴蝶相册导出到 HTML5 网页

Q 在会声会影中制作好影片后，想将制作的影片文件直接保存为网页，以便分享给其他人欣赏，您能教教我如何将相册导出到 HTML5 网页吗？

A 没问题，您可以在“共享”步骤面板中单击“HTML5 文件”按钮来实现。

1. 添加素材图像和视频

❶ 在菜单栏中选择“文件”|“新建 HTML5 项目”命令，❷ 并在背景轨中添加蝴蝶的素材图像和视频，并调整为“保持宽高比(无字母框)”采样。

2. 单击“HTML5 文件”按钮

❶ 在背景轨上的素材之间添加随机转场效果，❷ 单击“共享”按钮，切换至“共享”步骤面板，单击“HTML5 文件”按钮。

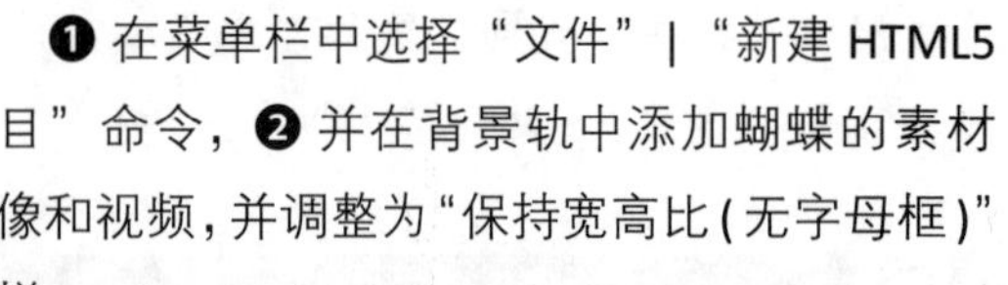

3. 导出 HTML5 网页

❶ 在面板的右侧对参数进行设置，然后单击“开始”按钮，❷ 渲染输出后弹出提示对话框，单击“确定”按钮，❸ 打开网页所在文件夹，显示导出后的 HTML5 网页文件。

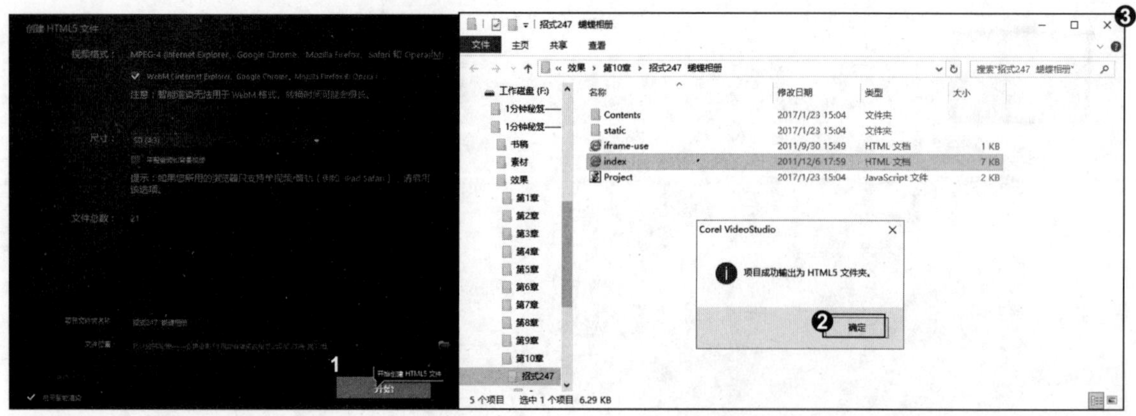

知识拓展

在导出 HTML5 网页时，用户还可以在“创建 HTML5 文件”面板的“尺寸”列表框中选择其他的尺寸进行导出。

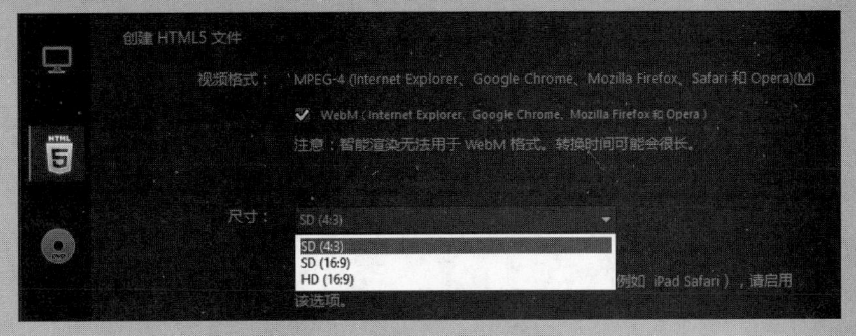

招式 248 将旅游相册输出为智能包

Q 在编辑影片时，想将项目文件中使用的所有素材整理到指定文件夹中，以防止素材因移动或丢失，而进行重新链接，您能教教我如何将项目文件输出为智能包吗？

A 没问题，您可以使用“智能包”命令进行操作来实现。

1. 选择“智能包”命令

❶ 打开本书配备的“素材 \ 第 10 章 \ 招式 248　旅游相册 .vsp”项目文件，❷ 在菜单栏中选择“文件” | “智能包”命令。

2. 输出智能包

❶ 弹出提示对话框，单击“是”按钮，❷ 弹出“智能包”对话框，设置文件的保存路径，单击“确定”按钮，❸ 渲染文件，稍后将弹出提示对话框，单击“确定”按钮，完成智能包的输出操作。

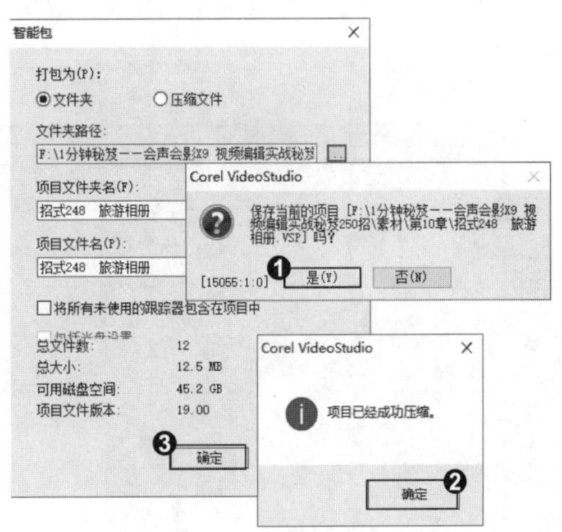

知识拓展

在将影片输出为智能包时，用户不仅可以将影片输出为文件夹，还可以将影片输出为智能包的压缩文件。在“智能包”对话框中，选中“压缩文件”单选按钮即可实现。

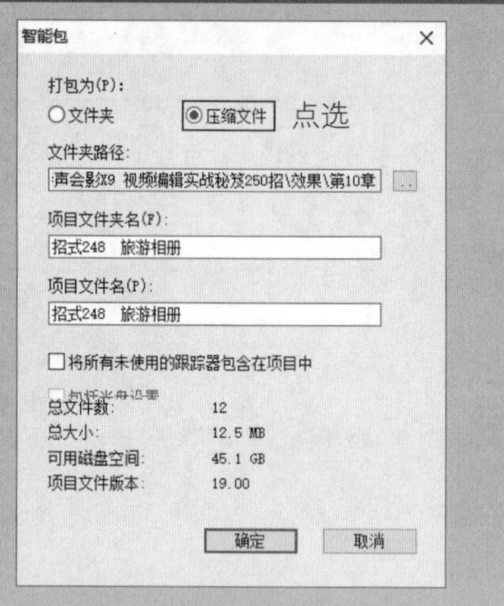

招式249 创建个人写真的光盘

Q 在创建完影片后，想将影片直接刻录成光盘，便于永久保存或者邮寄，您能教教我如何创建项目文件的光盘吗？

A 没问题，您可以在“共享”步骤面板中单击“光盘”按钮来实现。

1. 单击“光盘”按钮

❶打开本书配备的“素材\第10章\招式249 个人写真.vsp”项目文件，❷单击“共享”按钮，切换至“共享”步骤面板，单击“光盘”按钮。

2. 单击“下一步”按钮

❶进入“光盘”界面，单击DVD按钮，❷打开相应的对话框，单击“下一步”按钮。

3. 设置参数

❶ 进入“菜单和预览”步骤，在左侧的画廊下选择一个智能场景，❷ 在右侧的预览窗口中双击文本，修改文本内容，调整视频素材的大小。

4. 刻录光盘

❶ 单击“下一步”按钮，进入“输出”步骤，单击“展开更多输出选项”按钮，对文件夹路径进行设置，❷ 单击“刻录”按钮，即可对光盘进行刻录。

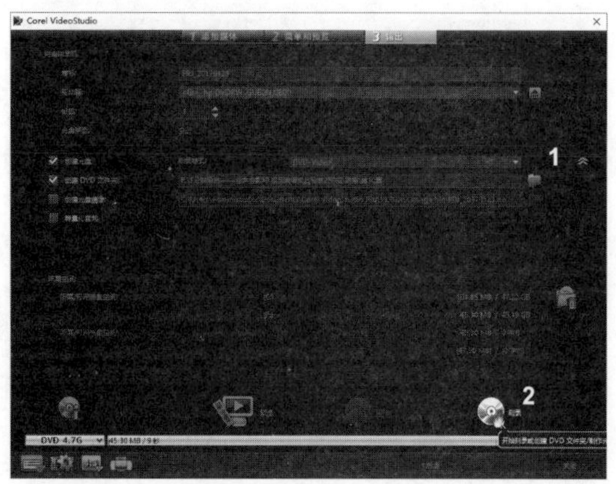

知识拓展

在刻录光盘时，用户可以使用“预览”功能对已经设置好的视频效果进行预览，再进行刻录。❶ 在对话框中，单击“预览”按钮，❷ 进入预览窗口，开始预览视频效果。

招式 250 将个人写真项目导出到移动设备

Q 在编辑好影片后，想将制作完成的影片导出 iPod、iPhone、PSP、移动电话等移动设备中，您能教教我如何将项目导出到移动设备吗?

A 没问题，您可以在“共享”步骤面板中单击“设备”按钮进行操作来实现。

1. 单击“设备”按钮

将移动设备与计算机进行连接，使计算机正确识别移动设备，打开上一招式的素材项目文件，单击“共享”按钮，切换至“共享”步骤面板，单击“设备”按钮。

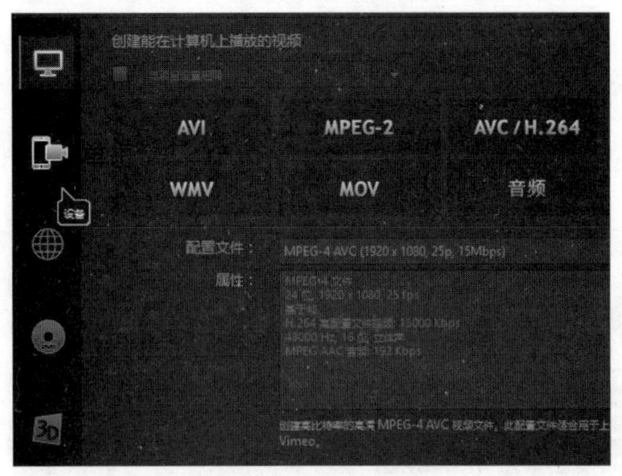

2. 将项目导出到移动设备

❶进入“设备”界面，单击“移动设备”按钮，输入文件名及文件位置，单击“开始”按钮，❷渲染完成后，完成的影片会自动保存到素材库中。

知识拓展

在会声会影中，用户不仅可以将影片导出到移动设备，还可以将影片导出到游戏主机。在“共享”步骤面板的“设备”界面中，单击“游戏主机”按钮即可。

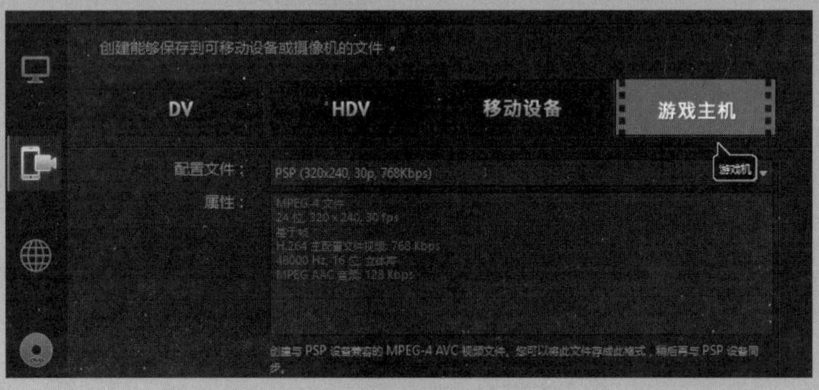